普通高等院校“十三五”规划教材

工程测试与信息处理

GONGCHENG CESHI YU XINXI CHULI

王妍玮　胡　琥　编著

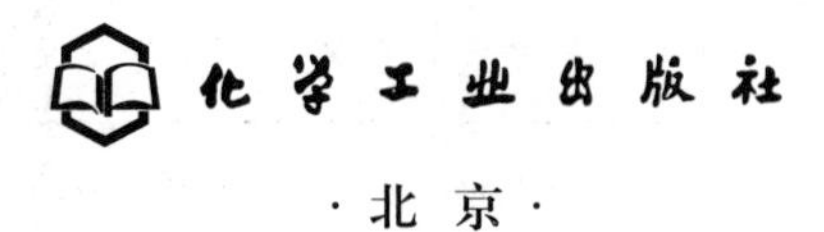

·北京·

图书在版编目(CIP)数据

工程测试与信息处理/王妍玮，胡琥编著. —北京：化学工业出版社，2017.2

ISBN 978-7-122-28809-7

Ⅰ.①工… Ⅱ.①王…②胡… Ⅲ.①工程测量-信息处理-高等学校-教材 Ⅳ.①TB22

中国版本图书馆 CIP 数据核字（2016）第 321404 号

责任编辑：高墨荣　　文字编辑：徐卿华
责任校对：宋　玮　　装帧设计：史利平

出版发行：化学工业出版社（北京市东城区青年湖南街 13 号　邮政编码 100011）
印　　装：北京云浩印刷有限责任公司
787mm×1092mm　1/16　印张 11¾　字数 281 千字　2017 年 4 月北京第 1 版第 1 次印刷

购书咨询：010-64518888（传真：010-64519686）　售后服务：010-64518899
网　　址：http://www.cip.com.cn
凡购买本书，如有缺损质量问题，本社销售中心负责调换。

定　　价：38.00 元

前言

FOREWORD

工程测试与信息处理是一门实践性很强的专业基础课，它涉及工业自动化、楼宇监测、交通领域中常见物理量（如温度、光、声音、压力、位移、加速度、温度等）的传感器测量原理，测量电路搭建、信号处理、分析方法和工程应用背景。

为了适应21世纪机械、电子、智能控制的飞速发展和高等院校应用型本科教育的客观要求，本着整合、拓宽、更新的原则，本书在注重基础理论知识和实际应用能力的讲授、强调基础理论与实际应用结合的基础上，重点介绍测试方法和测试信号中数字处理的原理、仪器设备的构成特点以及应用技术，为解决工程中测试技术问题奠定了坚实基础。

本书主要介绍工业自动化、环境监测、交通系统、信息领域的温度、湿度、压力、声音、光、位移、速度、加速度、流量、压力等常见物理量的测量过程、电路分析及信号处理的方法。

本书共分为7章，从信号的描述、测试系统的组成与基本特性、传感器、信号的调理与处理、测试信号的显示、记录和分析等方面由浅入深、循序渐进地对测试系统进行阐述。从最初的信号描述为切入点，到最终的信号显示、记录及分析为终点，阐述了信号在测试系统中的一系列变换过程，本书结合实例，直观、清晰地展现常见工程量的测试过程，也符合应用型本科院校注重学生动手实践能力的培养方针，本书在编写中具有以下特点。

1. 案例丰富，入门容易

本书编写中列举了大量例题，由浅入深，使读者易于参考书中实例理解理论，易于上手。

2. 软硬结合，易于教学

本书采用MATLAB软件编程仿真实际的测试信号，通过模拟仿真的方式观测信号处理的过程和信号的波形变化，直观易懂，有利于教学，激发学生的学习兴趣。

3. 内容精练，突出实践

本书根据工程实践需要，对于原理本着系统、够用的原则进行了精练，避免了复杂的理论基础知识的推导，同时，本书不断吸收最新的测试技术相关知识，注重教学知识点的更新。

本书的应用实例来自编者多年的教学实例、科研和生产实践中的新研究成果。此外，工程测试技术是一门快速发展的学科，为了进一步丰富本书的知识点拓展，本书配有多媒体课件及MATLAB安装程序，增强本书的实用性。

本书可以作为机械专业、自动化相关专业的必修课教材，也可作为从事机电方面研究人员的参考用书。

本书由哈尔滨石油学院王妍玮、黑龙江东方学院胡琥共同编写。王妍玮编写第 1～4 章及附录部分，胡琥编写第 5～7 章。全书由王黎明主审。普渡大学 George Chiu、Steven T. Wereley，哈尔滨工程大学梁洪、李丽洁，东北林业大学徐凯宏、李滨、谷志新，哈尔滨石油学院于惠力为本书的出版提供了帮助，在此一并表示感谢。

本书在编写中参考了已有的工程测试与信息处理相关教材和资料，并在书后的参考文献中列出，这些宝贵的资料对本书的编写起到重要作用，在此对所有参考文献的作者表示感谢。

由于水平有限，书中不足之处在所难免，恳请广大读者批评指正。

编　者

目录
CONTENTS

第 4 章 传感器

绪 论

学习要点

本章在概述测试系统基础上，介绍了测试的基本概念和方法，测试系统的组成，测试技术的应用，比较了测试系统与控制系统的异同，最后，给出测试系统的发展趋势，对现代测试技术和虚拟仪器进行了介绍，并对常用的测试技术常用软件MATLAB的安装方法进行了介绍。

工程测试与信息处理课程是培养学生解决实际问题能力的专业基础课，它具有一定的实践性。测试是进行各种科学实验研究和生产过程参数测量必不可少的手段，相当于人的感觉器官。

测量一般指以确定被测物理量值为目的进行的实验过程，测试则是指具有试验性的测量，它包含测量和试验两方面的内容，在测试过程中，借助专门的仪器设备，通过试验和运算，求得所研究对象的信息，它包括工业自动化设备、环境检测、智能交通等常见物理量（如温度、声音、压力、位移、速度等）的检测原理、测量电路、信号分析与处理及工程应用等。

1.1 概述

随着信息化的发展，测试技术也不断地发展，并已成为信息技术的一个重要分支，但它与常规的测量和计量又有所不同。测量通常是指以确定被测对象“量值”为目的的实验过程，计量是实现单位统一和量值准确的测量。而测试是测量和试验（Measurement & Test）的综合，它具有测量和试验两方面的含义，是指具有试验性质的测量。

宏观地说，测试是人们从客观事物中提取所需信息，借以认识客观事物，并掌握其客观规律的一种科学方法。

测试技术是实验科学的一部分，主要研究各种物理量的测量原理和信号处理的方法，它是人们探索、认识事物不可缺少的技术手段，它在各种科学实验和生产过程参数测量中起到感官作用。它是现代新的科学发现、技术发明及其发展的基础和前提。因此，在测试过程中借助专门的仪器设备、通过试验和运算，可获得研究对象的有关信息。

简单的测试系统只有一个模块，例如水银柱温度计，它将温度值直接转化为液面显示值，没有电量的转换和分析电路，组成简单，但精度低，无法实现自动测量，如图 1-1 所示。

图 1-1　简单温度计测量温度

为了提高测量精度和智能化水平，常将被测物理量转换为电量，再对电信号进行处理和输出，如马路上的噪声检测器，如图 1-2 所示。

图 1-2　噪声检测器

因此，在现代测试过程中，常需要选用专门的仪器设备，设计合理的实验方法和进行必要的数据处理，从而获得被测对象有关信息及其量值。

随着机电一体化和生产过程自动化的发展，先进的测试与信号分析设备已成为生产系统不可缺少的组成部分。因为，测试技术与信号分析技术在生产过程和机构运行中起着类似人的感觉器官的作用，如宇航测控、木材干燥、生产过程控制、生产线控制、产品质量测控等。同时，也为新产品设计、开发提供基础数据。

1.2　测量的基本方法及单位

1.2.1　测量的基本方法

测量的最基本形式是比较，即将待测的未知量和预定的标准作比较，由测量所得到的被测对象的量值表示为数值和计量单位的乘积。测量可分为直接测量、间接测量和组合测量等方式。

直接测量指无需经过函数关系的计算，直接通过测量仪器得到被测量值的测量。如用米尺测量物体长度，测量导体的电阻，利用水银温度计测体温及弹簧测力等。

间接测量是指在直接测量的基础上，根据已知的函数关系，计算出所要测量的物理量的大小，如用线圈靶测弹丸速度。

一般尽可能地不采用间接测量，因为它的准确度往往不如直接测量高，但是，有时所要测的物理量本身就是根据数学关系定义的，没有比较的标准可供使用（如冲量、马赫数等），或者没有能够探测所要测量的物理量的仪器，在这些场合，就不得不采用间接测量了，例如用线圈靶测弹丸速度。

组合测量指将直接测量值或间接测量值与被测量值之间按已知关系组合成一组方程（函数关系），通过解方程组得到被测值的方法。组合测量实质是间接测量的推广，其目的就是在不提高计量仪器准确度的情况下，提高被测量值的准确度。

1.2.2 测量单位

国际单位规定七个基本单位：米、千克、秒、安培、开尔文、坎德拉、摩尔。

① 米：长度单位，单位符号为 m。1884 年曾规定 1 米等于保存在巴黎国际标准计量局内的铂铱合金棒上两根细线在 0℃时的距离。1960 年第十一次国际计量会议重新规定，1 米等于真空中氪-86（Kr-86）在 2p10 和 5d5 能级间跃迁时辐射的橘红光的波长的 1,650,763.73 倍。1983 年新基准定义 1 米是光在真空中 1/299，792，458s 时间内运动的距离。

规定英制长度单位和 SI 制长度单位之间的换算关系为

$$1\text{英寸}=2.54\text{厘米} \tag{1-1}$$

② 千克（公斤）：质量单位，单位符号为 kg。1889 年规定以保存在巴黎国际标准计量局内的高度和直径均为 39mm 的铂铱合金圆柱体——国际公斤原器为质量标准。质量标准可保持 $(1\sim2)\times10^{-8}$的准确度。

规定英制质量单位与 SI 制质量单位之间的换算关系为

$$1\text{磅}=453.59237\text{克} \tag{1-2}$$

③ 秒：时间单位，单位符号为 s。规定以英国格林威治 1899 年 12 月 31 日正午算起的回归年的 1/31,556,925.9747 为 1 秒。但该标准的建立需要依靠天文观测，使用起来不方便，1967 年第十三次国际计量会议上规定 1 秒为铯-133（Cs-133）原子基态的两个超精细能级之间跃迁所产生的辐射周期的 9,192,631,770 倍的持续时间。该标准的准确度可达 3×10^{-9}。

④ 安培：电流强度单位，单位符号为 A。真空中两根相距 1 米的无限长的圆截面极小的平行直导线内通以恒定的电流，使这两根导线之间每米长度产生的力等于 2×10^{-7} 牛顿，这个恒定电流就是 1 安培。它由电流天平（安培天平）来实现。

⑤ 开尔文：热力学温度单位，单位符号为 K。是水的三相点（即水的固、液、气三相共存的温度）的热力学温度的 1/273.15。热力学温标是建立在热力学第二定律的基础上的，它和工作介质的性质无关，因此是一种理想的温标。热力学温标因绝对零度无法达到而难以实现，故又规定用国际温标来复制温度基准。国际温标由基准点、基准温度计和补插公式三部分组成。它选择一些纯净物质和平衡态温度作为温标的基准点，1968 年国际温标共规定了 11 个基准点，然后又规定了在不同温度区间中使用的基准温度计和插值公式。例如，在冰点（0℃）和锑点（630.5℃）之间，采用纯铂电阻温度计为基准温度计，在这个温度区间

内各中间点的温度，用纯铂电阻温度计按下式计算：

$$R_t = R_0(1 + A_t + B_t) \tag{1-3}$$

式(1-3) 中，R_0为温度 t 时的铂电阻值，Ω；A_t 和 B_t 为铂电阻温度系数，可通过冰点(0℃)、汽点（100℃）、硫点（444.600℃）来测定。

摄氏温标是工程上通用的温标。摄氏温度和国际温标间的换算关系为

$$t = T - 273.15(℃) \tag{1-4}$$

$$T = t + 273.15(K) \tag{1-5}$$

式(1-4)、式(1-5) 中，t 为摄氏温度，T 为国际温标。

⑥ 坎德拉：发光强度单位，单位符号为 cd。规定 1 坎德拉是一光源在给定方向上的发光强度，该光源发出频率为 540×1012Hz 的单色辐射，且在此方向上的辐射强度为(1/683)W/sr。

⑦ 摩尔：物质的量单位，单位符号为 mol。规定构成物质系统的结构粒子数目和 0.012kg 碳-12 中的原子数目相等时，这个系统的物质的量为 1 摩尔。使用这个单位时，应指明结构粒子，它们可是原子、分子、离子、电子、光子及其他粒子，或是这些粒子的特定组合。

在国际单位制中，其他物理量的单位可通过与基本单位相联系的物理关系来定。例如，速度单位用物理方程来定义，若长度 l 和时间 t 的单位分别为米（m）和秒（s），并令 $k=1$，得速度单位（m/s）。

1977 年 5 月 17 日，国务院发布《中华人民共和国计量管理条例》规定："国家基准计量仪器是实现全国量值统一的基本依据，由中华人民共和国标准计量局（简称国家计量局）根据生产建设的需要组织研究和建立，经国家鉴定合格后使用"。1984 年 2 月 27 日国务院又发布了统一实行法定计量单位的命令，进一步统一我国的计量单位，颁布了《中华人民共和国计量单位》。1993 年 12 月 27 日国家技术监督局参照先进的国际单位制，结合我国的实际情况发布了新的国家标准 GB 3100～GB 3102—93《量和单位》。

为适应全国各地区、各部门生产建设和科学研究的需要，除国家标准计量局管理的国家计量基准器外，还要根据不同等级的准确度建立各级计量标准器及日常使用的工作标准器。例如温度测量，除国家标准计量局遵照国际温标规定，建立一套温度基准（包括基准温度计和定点分度装置）作为全国温度最高标准外，还设立了一级和二级标准温度计，逐级比较检定，把量值传递到工作温度计，使全国温度计示值都一致，以得到统一的温度测量。

对于各个导出单位，我国也建立了相应的测量标准，如力的标准、加速度标准等。这些量的标准制定和建立及量值的传递，是进行准确测量的基础，对实际测量具有重大意义。

1.3 非电量测试系统的组成

现代测量技术的一个显著特点是采用非电量的电测法。即首先将输入物理量转换成电量，然后再进行必要的调节、转换、运算，最后以适当的形式输出。这一转换过程决定了测量系统的组成。只有对测试系统有一个完整的了解，才能按照实际需要设计或搭配出一个有效的测试系统，以解决实际测试课题。另一个特点是采用计算机作为测量系统的核心器件，具有数据处理、信号分析及显示功能。

因此，测试系统由一个或若干个功能元件组成。一般说来，简单的测试系统由传感器、

中间变换装置和显示记录装置组成。广义地说，一个测试系统应具有以下的功能，即将被测对象置于预定状态下，并对被测对象所输出的特征信息进行拾取、变换放大、分析处理、判断、记录显示，最终获得测试目的所需要的信息。图 1-3 表示测试系统的构成。

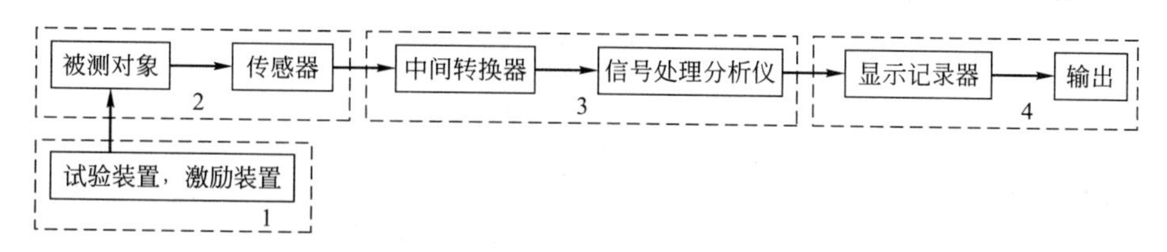

图 1-3 测试系统框图

由图可见，测试系统一般由试验装置、测量装置、数据处理装置和显示记录装置四个主要部分组成。

（1）试验装置（激励装置）

试验装置是使被测对象处于预定的状态下，并将其有关方面的内在联系充分显露出来，以便进行有效测量的一种专门装置。测定结构的动力学参数时，所使用的激振系统就是一种试验装置。激振系统由虚拟仪器中的信号发生器（也可以是单独的信号源）、功率放大器、激振器等组成。信号发生器提供频率在一定范围内可变的正弦信号，经功率放大后，驱动激振器。激振器便产生与信号发生器频率一致的交变激振力，此力作用于被测构件上，使构件处于该频率激振下的强迫振动状态。为保证试验进行所需的各种机械结构也属于试验装置。

（2）测量装置

测量装置是把被测量（如激振力和振动所产生的位移）通过传感器变换成电信号，经过后接仪器的变换、放大、运算，变成易于处理和记录的信号，例如在图 1-5 所示系统中，需要观察在各种频率正弦激振力的作用下，构件产生振动的位移幅值和激振力幅值之比，以及这两个信号相位差的变化情况，为此，采用测力传感器和测力仪组成力的测量装置；用测振传感器和测振仪组成振动位移的测量装置。被测的机械参量经过传感器变换成相应的电信号，然后再输入到后接仪器进行放大、运算等，变换成易于处理和记录的信号形式。所以，测量装置是根据不同的机械参量，选用不同的传感器和相应的后接仪器所组成的测量环节。不同的传感器要求的后接仪器也不相同。

（3）数据处理装置

数据处理装置是将测量装置输出的信号进一步进行处理，以排除干扰和噪声污染，并清楚地估计测量数据的可靠程度。虚拟仪器中的信号分析仪就是一台数据处理装置，它可以把被测对象的输入（力信号）与输出（构件的振动位移信号）通过相关的分析运算，得到这两个信号中不同频率成分的振动位移和激振力幅值之比、相位差，并能有效地排除混杂在信号中的干扰信息（噪声），提高所获得信号（或数据）的置信度。

（4）显示记录装置

显示记录装置是测试系统的输出环节，它可将对被测对象所测得的有用信号及其变化过程显示或记录（或存储）下来，数据显示可以用各种表盘、电子示波器和显示屏等来实现。数据记录则可采用模拟式的各种笔式记录仪、磁带记录仪或光线记录示波器等设备来实现，而在现代测试工作中，越来越多的是采用虚拟仪器直接记录存储在硬盘或软盘上。

1.4 测试技术的应用

测试技术在科学实验、产品开发、工程设计、质量监控等方面都有着重要的应用，其应用涉及到航天、机械、控制、石化等许多工程领域中。

(1) 工业自动化领域的应用

在现代机电设备中，测试环节起着感觉器官的作用。在机械手和机器人方面，存在着角度传感器、力传感器、视觉传感器、听觉传感器、接近传感器等许多类型的传感器；在智能车检测中，使用红外传感器检测小车路径，使用超声波传感器感测人和物所在的位置；在生产加工中，使用到切削力传感器、加工噪声传感器等检查工件工艺过程。图 1-4 列出了测试技术应用在 AGV 小车巡线运动的示例，图中利用红外传感器检测黑色跑道，再通过单片机控制，使得小车沿着黑线行驶。

图 1-4 AGV 小车巡线运动

(2) 在工业设备运转中的监控

测试技术广泛应用于电力、冶金、石油化工等作业中，在线检测设备运行状态，一旦发生故障及时监测。在电力设备中使用监测系统对电力设备运行状态实时监测；在冶金中使用网络化监测系统对风机运行状态、冷轧钢振动纹等进行检测；在石油化工行业，常对输油管道、储油罐压力容器的破损和泄漏进行检测。在电力设备检修过程中，利用 X 射线光机对 GIS 中常用的电压互感器进行检测，如图 1-5 中所示，这种检测方法可以实现电压互感器的

图 1-5 X 光机对 GIS 设备检测

非接触式无损检测，在不拆卸设备的条件下，判断设备中壁厚、异物等缺陷。

（3）产品质量鉴定

在机床设备中，应用测试技术对电机、发动机等零部件生产和出厂校验，保证产品的质量和性能。特别在汽车行业中，常通过对润滑油温度、冷却水温度、燃油压力及发动机转速、汽车扭矩等信息量进行检测，进而了解产品质量；在机床运转时，也常把机床精度分为静精度、尺寸加工精度、几何加工精度、定位精度、重复定位精度5种，进而完成机床动态性能的评价。在产品质量检测和鉴定中，也利用测试技术完成，如图1-6所示标准螺母自动检测和分拣设备，根据图像处理的方法检测加工的螺母是否符合标准，并将合格的螺母和不合格的螺母进行有效分拣。

图1-6 螺母缺陷检测及自动分拣系统

（4）日常生活中的应用

在智能化设备中，测试技术广泛存在于楼宇管理和安全状态监测中，通过声控传感器实现楼道的声光控制，通过温湿度传感器检测室内温湿度，通过烟雾传感器检测房屋中是否存在危险因素。此外，在家电产品和办公自动化中，测试技术也有着广泛应用，图1-7所示为温度检测系统，温度传感器采用DS18B20总线式温度传感器，通过检测环境温度，当达到设定值30℃时候，蜂鸣器发出高温报警。

图1-7 洗衣机中测试技术的应用

1.5 测试系统与控制系统

在非电量电测技术和机电控制技术中，经常遇到机械量和电量的相互变换问题，即一个机电系统可以输入机械量输出电量，也可以输入电量输出机械量。多数机电变换装置都具有这种可逆的特性，例如磁电式传感器、压电式传感器等，这种可逆的特性叫作机电系统的双向性。系统的双向性不仅把机械和电气联系起来，而且把测试与控制联系起来。下面从几个方面对测试系统与控制系统进行比较。

1.5.1 系统、输入和输出

通常的工程测试问题就是处理输入量 $x(t)$、输出量 $y(t)$ 和系统本身的特性 $h(t)$ 三者之间的关系，其中变量可以是时域变量 t，也可以是频域变量 s，如图 1-8 所示。

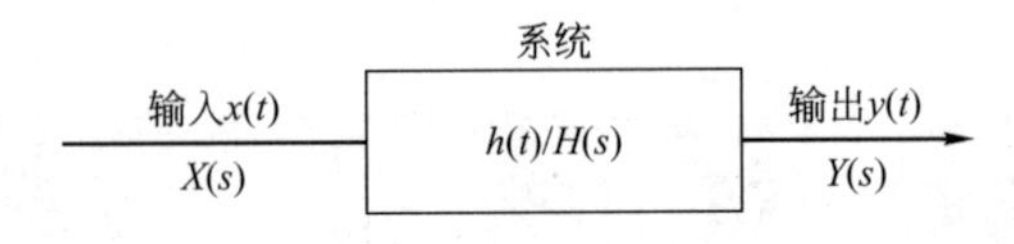

图 1-8 系统输入输出框图

图 1-8 中表示了系统中各个变量之间的关系。总的来说，工程上经常把三者关系分为以下三类：

① 已知系统特性和输出量，求输入量；

② 已知系统特性和输入量，求输出量；

③ 已知输入量和输出量，求系统特性。

一般说来，问题①属于测试问题，问题②属于控制问题，问题③属于系统辨识问题。但在实际工作中，三者又密不可分，在测试工作中都会遇到。例如，问题③是求测试系统本身的特性，常常是测试装置的定度问题。定度问题又是属于测试技术范畴。此外，测试与控制也是密不可分的。

1.5.2 开环测试系统和闭环测试系统

常用的测量仪器一般是由传感器、测量电路、输出电路和记录显示装置组成的开环测试系统，每一个组成部分又往往分为若干组成环节，从而整个仪器的相对误差为各个环节相对误差之和，并且每一个环节的动态特性都直接影响整个仪器的动态特性。为了保证整个测试系统的动态特性和精度，往往要对每一个组成环节都提出严格的技术要求，而且环节越多，对每一个环节的要求越严格，这会使整个仪器制造困难、价格昂贵。

随着科学技术的发展，控制工程的理论和方法在测试技术中得到越来越广泛的应用。例如，根据反馈控制原理，将开环测试系统接成闭环测试系统，提高开环增益、加深负反馈的同时，可大大改善测试系统的动态特性，提高精度和稳定性。

1.5.3 反馈测试系统和反馈控制系统

图 1-9 为反馈控制系统和反馈测试系统，从工作原理来讲二者是相同的。

不同的是前者的目的是使输出量（被控制量）精确地受输入量（控制量）的控制，而后者的目的是希望输入量（被测量）能准确地用输出量（测得量）显示出来或记录下来。此外，反馈测试系统中的被测量的反馈量通常是非电量，测得量一般是电量，反馈装置为逆传感器。当然，这是对非电量电测技术而言。一般说来，测试系统比控制系统所需功率小。

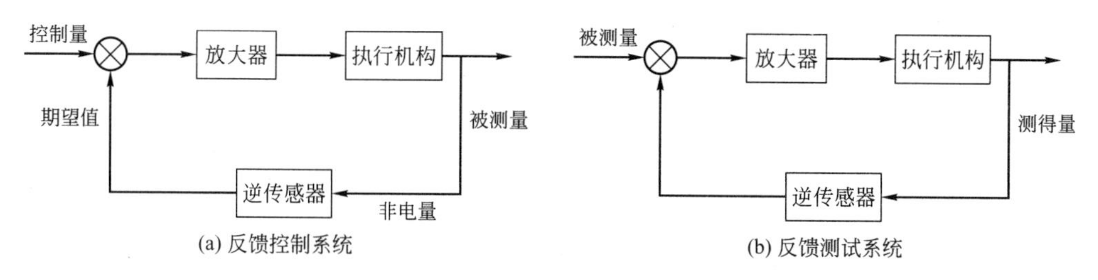

图 1-9 反馈控制系统和反馈测试系统

1.6 测试技术的发展趋势

进入 21 世纪以来，测试技术发展越来越快，测试技术的发展引起了传感器方面、信号处理和分析方面的变革。在传感器方面，新的材料和物理、生物、化学等方面新型传感器推动测试技术的发展，同时，随着计算机的飞速发展，嵌入式传感器也推动了智能传感器的发展。如前所述，由于微电子技术、智能传感技术和计算机技术的发展，测试的技术手段越来越先进，越来越完善。在信号处理方面，计算机虚拟仪器技术利用计算机和仪器板卡取代了传统的分析电路，计算机软件处理取代了硬件分析电路，使得测试过程易于验证。

目前，工业自动化类传感器的生产厂商主要有美国霍尼威尔（Honeywell）公司和丹麦 B&K 公司，其中，B&K 公司主要生产振动测量、声学测量类传感器。

随着计算机技术的发展，虚拟仪器技术就是利用高性能的模块化硬件，结合高效灵活的软件来完成各种测试、测量和自动化的应用。自 1986 年问世以来，世界各国的工程师和科学家们都已将美国国家仪器 NI 公司的 LabVIEW 图形化开发工具用于产品设计周期的各个环节，从而改善了产品质量、缩短了产品投放市场的时间，提高了产品开发和生产效率，成为现代测试的一个发展方向。此外，MATLAB 语言是当今国际上科学界（尤其是自动控制领域）最具影响力，也是最有活力的软件。它已经发展成一种高度集成的计算机语言。它提供了强大的科学运算、灵活的程序设计流程、高质量的图形可视化与界面设计、便捷的与其他程序和语言接口的功能，使得 MATLAB 软件在时域与频域的分析及综合应用中起着重要的作用。

1.7 MATLAB 软件概述

MATLAB 的含义是矩阵实验室（MATRIX LABORATORY），主要用于方便矩阵的存取，其基本元素是无须定义维数的矩阵。MATLAB 进行数值计算的基本单位是复数数组（或称阵列），这使得 MATLAB 高度“向量化”。

由于 MATLAB 不需定义数组的维数，并给出矩阵函数、特殊矩阵专门的库函数，使之在求解诸如信号处理、建模、系统识别、控制、优化等领域的问题时，显得大为简捷、高效、方便，这是其他高级语言所不能比拟的。

本书以 MATLAB7.1 为例，讲解 MATLAB 的安装过程及程序界面。首先在安装盘中找到图 1-10 所示图标。

然后用鼠标双击图 1-10，进入图 1-11 所示安装示意图。

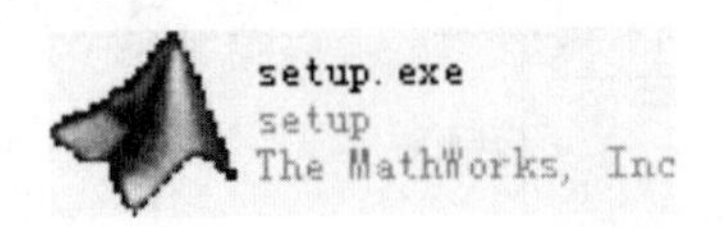

图 1-10　MATLAB 安装界面

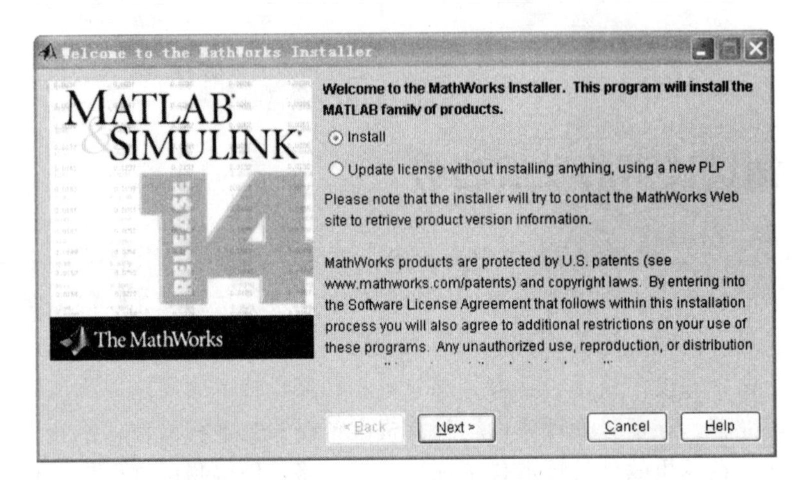

图 1-11　MATLAB 安装界面

单击“Install”选项后，确定，再从出现的对话框里面输入序列号：“14-32870-49920-49896-58246-19816-45005-64167-13164-12259-15322-02074-21550-33193-34083-12149-48782-63931-22327-29728-34330-44739-29317-53808-49573-22456-63987-21090-64494-50426-11038-35541-42112-41589-40482-33473-17184-53884-22365-12265-34457-26310-48962-42884”，在图 1-12 出现的对话框里面填写名字和单位，选择确定。

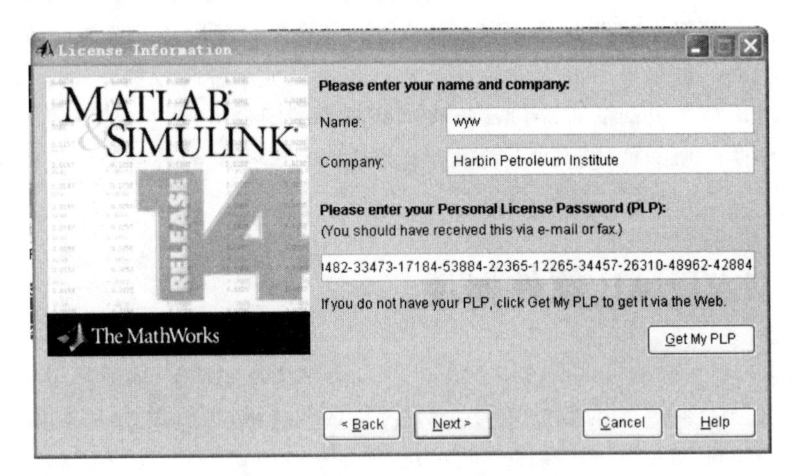

图 1-12　MATLAB 输入口令界面

随后在出现的对话框里面选择确定键，选择“Yes”后，进入允许协议对话框，如图 1-13所示。

此后，在出现的对话框中选择安装目录对话框，如图 1-14 所示。

单击“Next”按键后，会出现安装提示界面，如图 1-15 所示。

在出现的对话框里面选择确定安装按键，这样就进入 MATLAB 进度框，如图 1-16

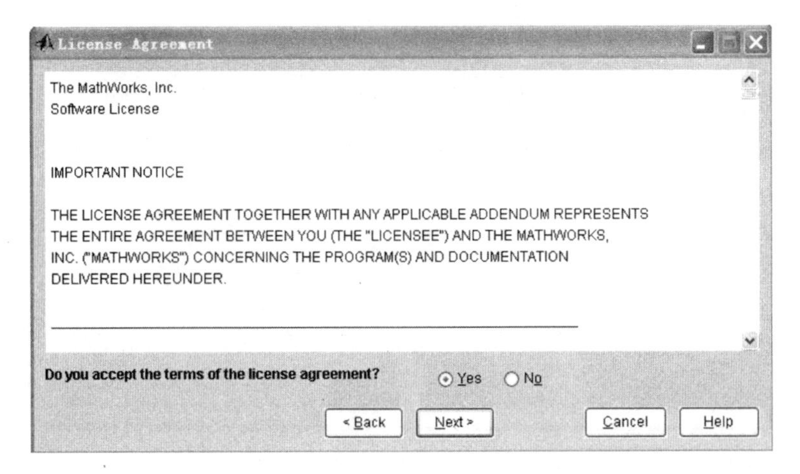

图 1-13　MATLAB 协议确认界面

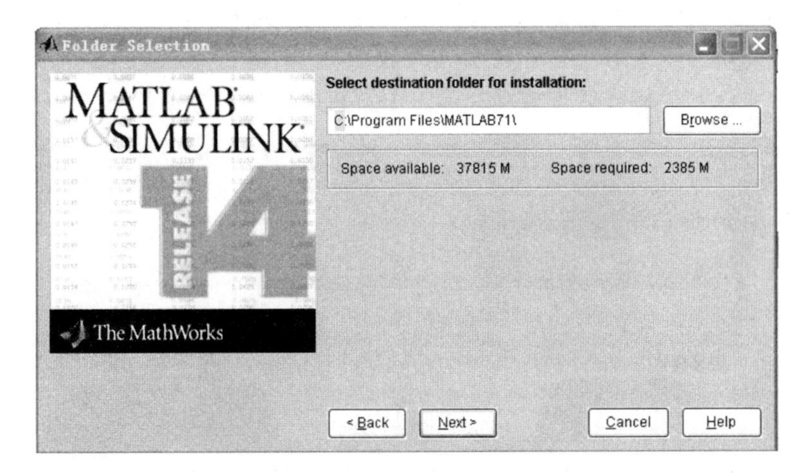

图 1-14　MATLAB 安装目录界面

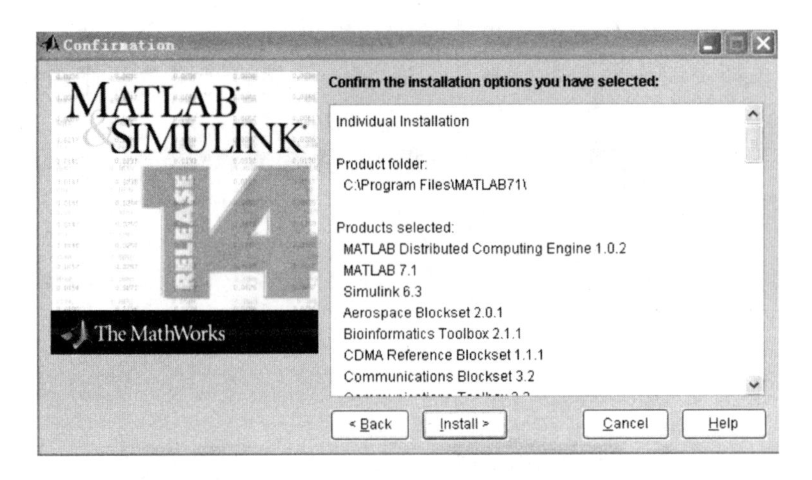

图 1-15　MATLAB 安装提示界面

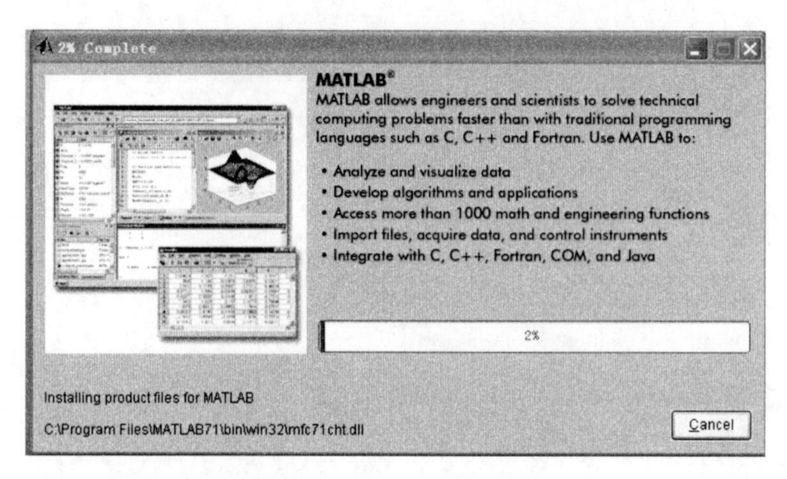

图 1-16 MATLAB 安装进度界面

所示。

因为 MATLAB 安装文件在三个文件夹中出现，因此，当第一个安装文件进度完毕后，需要在目录中找到第二个安装文件，此时在出现的“Browse”按钮下选择原始安装程序所在目录，再点击“OK”，同样的方式寻找第三个安装文件，如图 1-17 所示。

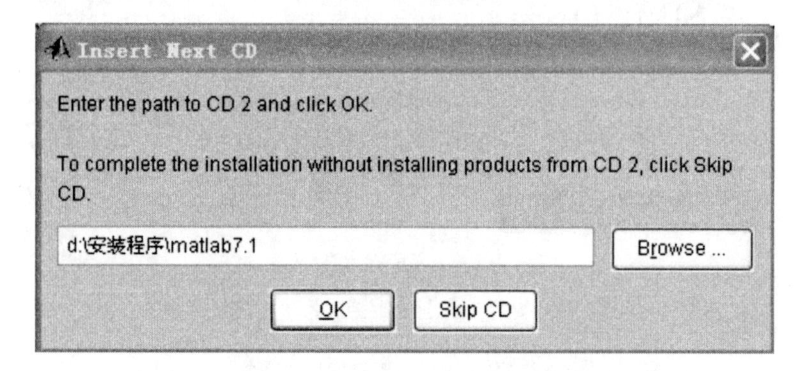

图 1-17 MATLAB 寻找安装路径

在出现的复选框中依次选择 CD2 和 CD3，再单击 Select，就可以使进度条继续执行。图 1-18 为选择安装文件夹的示意图，图 1-19 为第二个安装程序选择后的安装进度条。

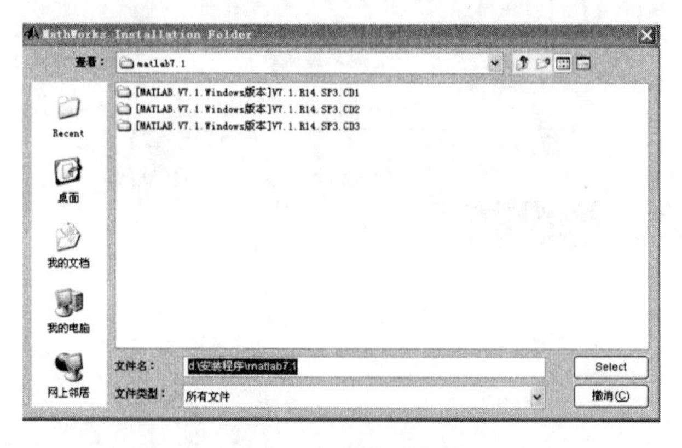

图 1-18 MATLAB 安装程序目录文件夹

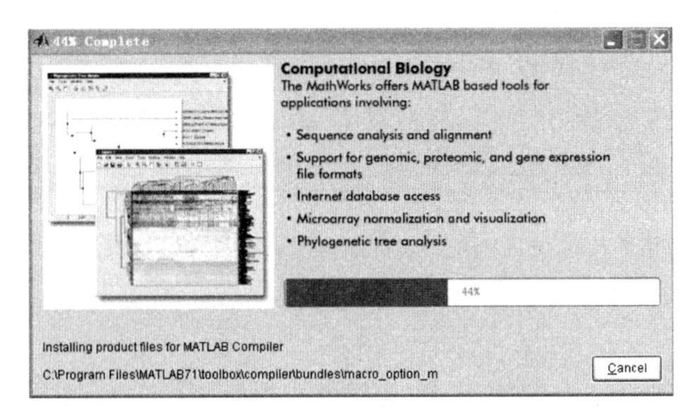

图 1-19 第二个安装程序选择后的安装进度条

当进度条执行完成后，MATLAB 软件就安装完毕，这时，可以进入 MATLAB 程序界面，如图 1-20 所示。

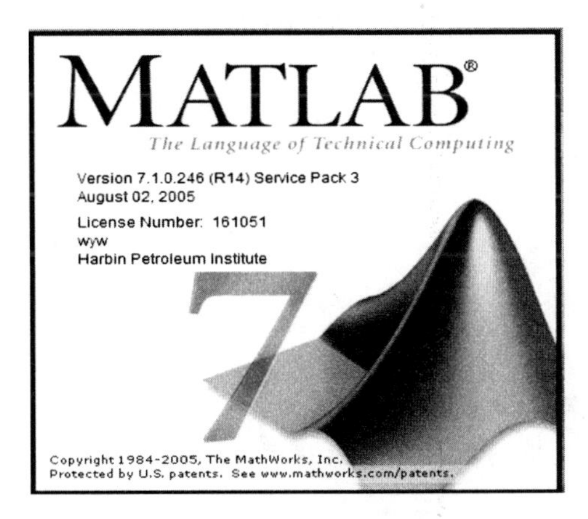

图 1-20 MATLAB 程序界面

MATLAB 软件安装成功后，可以进入程序的启动，启动后的屏幕界面如图 1-21 所示的默认界面，MATLAB 主界面嵌入了一些子窗口，包括菜单栏和工具栏等，命令窗口是 MATLAB 的主要交互窗口，在命令提示后就会解释执行所输入的命令，并在命令后给出计

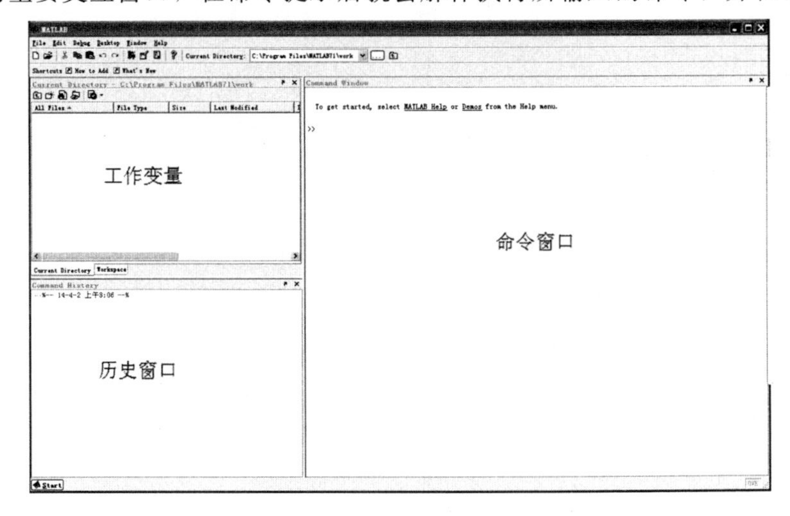

图 1-21 MATLAB 运行界面

算结果。

MATLAB的命令窗口是用户使用 MATLAB 进行工作的窗口，同时也是实现MATLAB各种功能的窗口。用户可以直接在 MATLAB 命令窗口内输入命令，实现其相应功能。MATLAB命令窗口除了能够直接输入命令和文本，还包括菜单命令和工具栏，信号合成与信息处理多是在命令窗口中完成。MATLAB 提供了两种运行程序的方式，一种是在 Command Window 中输入命令行方式，另一种是 M 文件方式。

第一种是命令行方式，使用命令行方式时，可以直接在 Command Window 中输入命令来执行计算或作图功能。

第二种是 M 文件方式，如果采用 M 文件方式执行程序，则需在 MATLAB 窗口单击 File 菜单，然后依次选择 New—M—File，打开 M 文件输入运行窗口，可以在该窗口中编辑程序文件，进行调试和运行。M 文件方式的优点是便于调试，可重复执行。

复习思考题

1. 简述测试系统的组成。
2. 举例说明测试技术的实际应用。
3. 什么是测试？测试与测量和计量有什么不同？
4. 测量分哪几种基本类型？
5. 简述测试系统与控制系统的区别。
6. 简述现代测试技术的发展趋势。
7. 举例说明测量的基本方法。
8. 画出测试系统的组成框图，并说明激励装置、测量装置、数据处理装置和显示记录装置。

第2章 信号描述及分析

学习要点

本章主要介绍了信号的概念、分类及描述方法，并阐述了信号的时域表述和频域表述两种基本描述方法。对于周期信号，在介绍其离散频谱特征及几种强度表达形式基础上，阐述了利用傅里叶级数实现时域与频域的转换。对于非周期性信号，在介绍其连续频谱特征基础上，阐述了利用傅里叶变换实现时域与频域的转换，最后对非确定性信号进行了简单的介绍。

工程测试中，通过传感器获得被测对象的信号，这些信号中蕴含着被测对象的有用信息。一般情况下，只能通过直接对信号波形观察，很难提取出信号中的有用信息，需要对信号进行处理，才能得到有用信息。为此，本章主要介绍信号的分类和描述方法，并重点阐述周期性信号和非周期性信号的时域、频域描述方法，以及时域、频域相互转换的方法，这些转换的方法为后续章节信号处理的学习奠定了基础。

2.1 信号分类与描述

2.1.1 信号的概念

信号最初起源于“符号”或“记号”，用来作为承载信息的物质，它是其本身在传输的起点到终点所携带信息的物理表现。在测试系统中，信号包含着反映被测物理系统的状态或特性的某些信息，是客观事物存在状态或属性的反映。例如，回转机械由于动不平衡而产生振动，振动信号中就包含了该回转机械动不平衡的信息，因此，它就成为研究回转机械动不平衡的信息载体和依据。同样，在质量-弹簧系统中，系统受到激励后的运动情况，可以通过质量块的位移和时间关系来描述，因此，反映质量块位移的时间变化过程的信号包含了系统的固有频率和阻尼比的信息。

2.1.2 信号的分类

信号分类主要是依据信号波形特征来划分的，信号波形指信号幅度随时间的变化历程。实际中常用被测物理量的强度作为纵坐标，用时间作为横坐标，记录被测物理量随时间变化的情况。

信号形式不同，从不同的角度观察，信号有不同的分类方法，主要体现在以下四个方面。

① 根据物理性质不同分为非电信号和电信号。

电信号是指随着时间而变化的电压或电流，因此在数学描述上可将它表示为时间的函数，并可画出其波形。信息通过电信号进行传送、交换、存储、提取等，而非电信号指随时间变化的力、位移、速度等信号。非电信号和电信号可以借助于一定的装置互相转换。在实际中，对被测的非电信号通常都是通过传感器转换成电信号，再对此电信号进行测量。

② 按信号取值情况不同分为连续信号和离散信号。

连续信号的数学表达式中的独立变量取值是连续的；离散信号的数学表达式中独立变量取值是离散的，将连续信号独立变量等时距采样后的结果就是离散信号。有时，在电子线路中常将信号分为模拟信号和数字信号。模拟信号是指信息参数在给定范围内表现为连续的信号。或在一段连续的时间间隔内，其代表信息的特征量可以在任意瞬间呈现为任意数值的信号，其信号的幅度，或频率，或相位随时间作连续变化，如目前广播的声音信号、图像信号等。数字信号则是指信号数学表达式的独立变量和信号的幅值都是离散的。

③ 按能量功率不同，可以分为能量信号与功率信号。

在非电量测量中，常把被测信号转换为电压和电流信号来处理。显然，电压信号 $x(t)$ 加到电阻 R 上，其瞬时功率 $P(t)=x^2(t)/R$，当 $R=1$ 时，$P(t)=x^2(t)$。当不考虑信号的实际量纲，而把信号 $x(t)$ 的平方 $x^2(t)$ 及其对时间的积分分别称为信号的功率和能量。瞬时功率对时间的积分就是信号在该积分时间内的能量。

因此，当 $x(t)$ 满足 $\int_{-\infty}^{\infty} x^2(t)\mathrm{d}t < \infty$，则认为信号的能量是有限的，并称之为能量有限信号，简称为能量信号，如矩形脉冲信号、指数衰减信号等；当信号在区间 $(-\infty,\infty)$ 的能量是无限的，即 $\int_{-\infty}^{\infty} x^2(t)\mathrm{d}t \to \infty$，但在有限区间 (t_1,t_2) 的平均功率是有限的，即 $x(t)=\int_{-\infty}^{+\infty} X(\omega)\mathrm{e}^{\mathrm{j}2\pi ft}\mathrm{d}f$，这种信号称为功率有限信号或功率信号，例如各种周期信号、常值信号、阶跃信号等。

需要说明的是，信号的功率和能量未必具有真实功率和真实能量的量纲。一个能量信号具有零平均功率，而一个功率信号具有无限大能量。

④ 按信号在时域上变化的特性不同分为静态信号和动态信号。

静态信号主要指在测量期间内其值可认为是恒定的信号；动态信号指瞬时值随时间变化的信号。通常来说信号都是随时间变化的时间函数，即为动态信号。

2.1.3 动态信号的分类

动态信号又可根据信号值随时间变化的规律细分为确定性信号和非确定性信号。若信号随时间有规律变化，可用数学关系式或图表来确切地描述其相互关系，即可确定其任何时刻的量值，这种信号称之为确定性信号。确定性信号又可分为周期信号和非周期信号。

周期信号是按一定时间间隔周而复始重复出现，无始无终的信号，可表达为

$$x(t)=x(t+nT_0)\quad(n=1,2,3,\cdots) \tag{2-1}$$

式中　T_0——周期，s。

周期信号又可分为简谐信号和复合周期信号。其中简谐信号是指简单周期信号或正弦信号，只有一个谐波，简谐信号波形如图 2-1 所示。复合周期信号是由多个谐波构成的周期性复合函数，用傅里叶展开后其相邻谐波的频率比 ω_{n+1}/ω_n 为整数，复合周期信号波形如图 2-2 所示，在波形图中，横坐标是时间 t，单位为 s（秒）；纵坐标是幅值 $x(t)$，单位为 V（伏）。

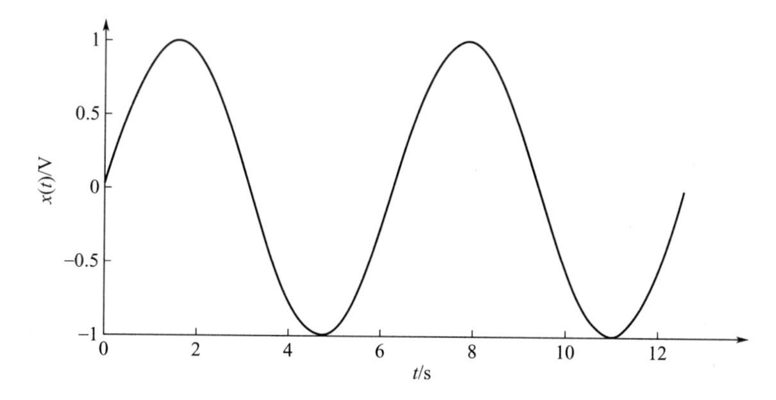

图 2-1　简谐信号波形

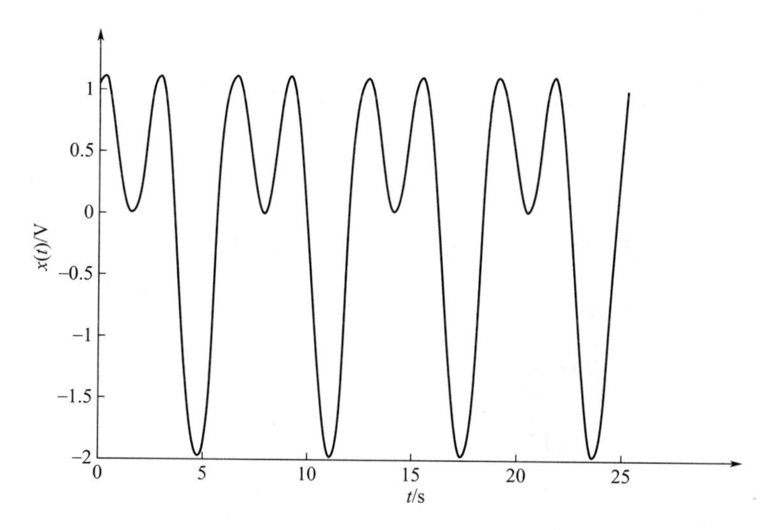

图 2-2　复合周期信号波形

非周期信号能用确定的数学关系表达，但其值不具有周期重复特性，如指数信号、阶跃信号等都是非周期信号。非周期信号又可分为准周期信号和瞬变信号。

准周期信号指由有限个周期信号合成的确定性信号，但周期分量之间没有公倍数关系，即没有公共周期，因而无法按某一确定的时间间隔周而复始重复出现，如图 2-3 所示。这种信号往往出现于通信、振动等系统之中，其特点为各谐波的频率比为无理数。在实际工程中，由不同独立振动激励系统的输出信号，往往属于这一类。

瞬变信号是指在一定时间区域内存在，或随时间 t 增大而衰减至零，如图 2-4 所示。如机械脉冲信号、阶跃信号和指数衰减信号等。

非确定性信号也称随机信号，是一种不能用确切的数学关系来描述的信号，所描述的物理现象是一种随机过程。它随时间的变化是随机的，没有确定的规律，每一次观测的结果都不相同，无法用数学关系式或图表描述其关系，更不能准确预测其未来的瞬时值，只能用概

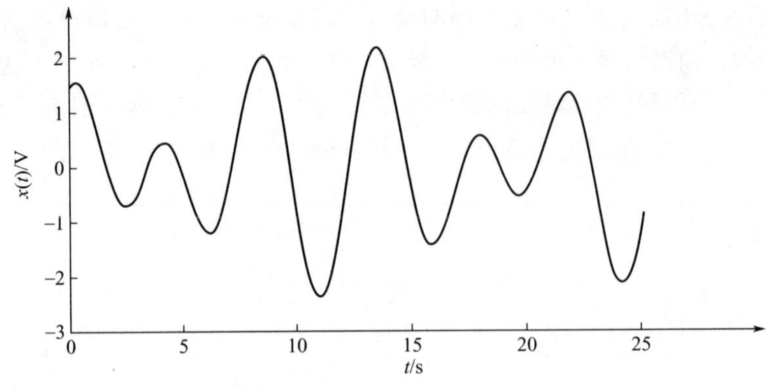

图 2-3　准周期信号波形

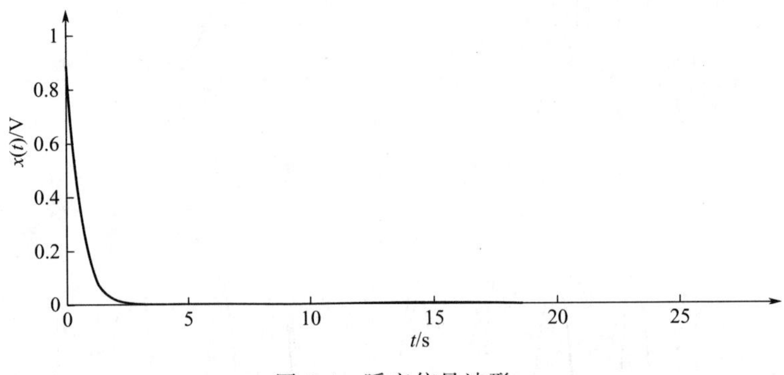

图 2-4　瞬变信号波形

率统计的方法来描述，如列车、汽车运行时的振动情况。随机信号又分为平稳随机信号和非平稳随机信号。

平稳随机信号是指其统计特征参数不随时间而变化的随机信号，其概率密度函数为正态分布。平稳随机信号又可分为各态历经信号和非各态历经信号。在平稳随机信号中，若任一单个样本函数的时间平均统计特征等于该随机过程的集合平均统计特征，这样的平稳随机信号称为各态历经（遍历性）的随机信号。否则，即为非各态历经信号。

非平稳随机信号是指其统计特征参数随时间而变化的随机信号。在随机信号中，凡不属于平稳随机信号范围的，都可归为非平稳随机信号类型。

工程上所遇到的很多随机信号具有各态历经性，有的虽然不具备严格的各态历经性，但也可简化为各态历经随机信号来处理。事实上，一般的随机信号需要足够多的样本（理论上应为无穷多个）才能描述它，而要进行大量的观测来获取足够多的样本函数是非常困难的，有时是做不到的。因此实际中，常把随机信号按各态历经过程来处理。

根据信号的上述特性，信号在时域上可以分类归纳如下所示。

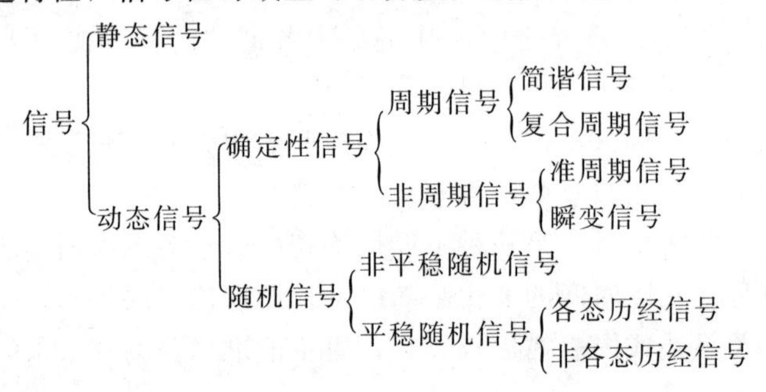

2.1.4 信号的描述

信号包含着丰富的信息，根据描述信号的自变量不同分为时域信号和频域信号。

时域信号描述信号的幅值随时间的变化规律，是可直接检测或记录到的信号。从信号的时域描述中可以得出信号的周期、峰值、平均值等信息，可以反映信号的变化快慢和波动情况。时域描述信号形象、直观，图 2-5 是周期信号的时域描述。

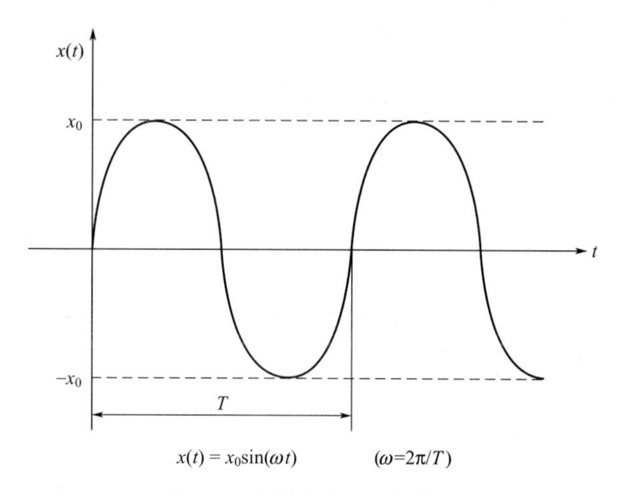

图 2-5 周期信号的时域描述

但这种描述方式只能反映信号的幅值随时间变化的特征，不能揭示信号的频率结构特征，因此，采用信号的频域描述方式。

频域信号是指以频率作为独立变量的方式，也就是所谓信号的频谱分析，包括幅频谱和相频谱。这种描述方式可以反映信号各频率成分的幅值和相位特征，提取出信号中的有用信息。信号的频域表述方式有图形法和序列法两种，图形表示法如图 2-6(a) 所示，序列表示法如图 2-6(b) 所示。

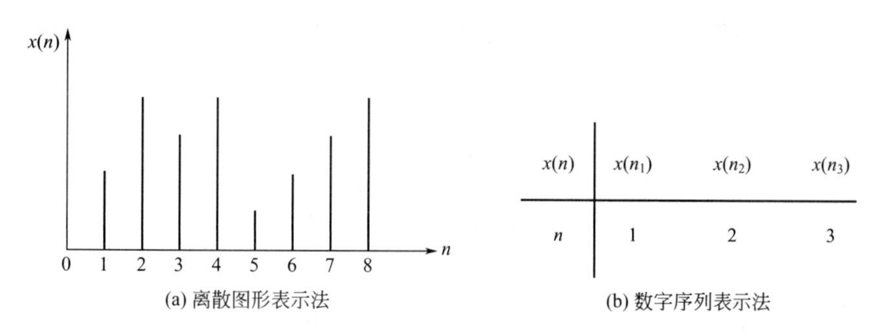

图 2-6 信号的频域表示方法

这两种描述方式都是从不同侧面对信号进行观察分析，之所以采用不同的方法对信号进行描述，是因为一个信号所需要解决的问题不同，需要信号的描述方式也不同。同一信号无论选用哪种描述方法都含有同样的信息，两种描述方法可互相转换，但并没有增加新的信息。时域表述和频域表述为从不同的角度观察、分析信号提供了方便。运用傅里叶级数、傅里叶变换及其反变换，可以方便地实现信号的时域、频域转换。

［例 2-1］ 从示波器光屏中测得正弦波图形的“起点”坐标为（0，−1），振幅为 2，周

期为 4π，求该正弦波的表达式。

解 已知幅值 $X=2$，频率 $\omega_0=\frac{2\pi}{T}=\frac{2\pi}{4\pi}=0.5$，而在 $t=0$ 时，$x=-1$，则将上述参数代入一般表达式 $x(t)=X\cdot\sin(\omega_0 t+\varphi_0)$，得 $-1=2\sin(0.5t+\varphi_0)$，$\varphi_0=-30°$ 所以 $x(t)=2\sin(0.5t-30°)$。

2.2 周期信号与离散频谱

2.2.1 周期信号的傅里叶级数三角函数形式

设周期信号可表示为下列关系式：

$$x(t)=x(t+nT)(n=0,\pm1,\pm2,\cdots) \tag{2-2}$$

式中 T——周期。

在有限区间上，任何信号只要满足狄利克雷（Dirichlet）条件（具有有限个间断点；具有有限个极限点；绝对可积），均可展成傅里叶级数的三角函数形式：

$$x(t)=a_0+\sum_{n=1}^{\infty}(a_n\cos n\omega t+b_n\sin n\omega t) \tag{2-3}$$

式中

$$\left.\begin{aligned}a_0&=\frac{1}{T}\int_{-T/2}^{T/2}x(t)\,\mathrm{d}t\\ a_n&=\frac{2}{T}\int_{-T/2}^{T/2}x(t)\cos n\omega t\,\mathrm{d}t\\ b_n&=\frac{2}{T}\int_{-T/2}^{T/2}x(t)\sin n\omega t\,\mathrm{d}t\end{aligned}\right\} \tag{2-4}$$

a_0 是信号的常值分量，即均值；a_n 是信号的余弦分量幅值；b_n 是信号的正弦分量幅值；T 是信号的周期；ω 是信号的圆频率。T 与 ω 的关系是 $\omega=2\pi/T$。

将式(2-3) 中同频项合并，可以改写成

$$x(t)=a_0+\sum_{n=1}^{\infty}A_n\sin(n\omega t+\theta_n) \tag{2-5}$$

式中

$$A_n=\sqrt{a_n^2+b_n^2}$$

$$\theta_n=\arctan\frac{a_n}{b_n},\quad \varphi_n=\arctan\frac{b_n}{a_n}$$

由此可见，周期信号是由一个或无穷多个不同频率谐波的叠加。以圆频率为横坐标，幅值 A_n 或相角 θ_n 为纵坐标所作的图称为频谱图，A_n-$n\omega$ 图叫幅频谱，φ_n-$n\omega$ 图叫相频谱。因为 n 是整数，相邻谱线频率的间隔 $\Delta\omega=[n-(n-1)]\omega=\omega$，$\omega=2\pi/T$，即各频率成分都是 ω 的整数倍，因而谱线是离散的。称 ω 为基频，称 n 次倍频成分 $A_n\sin(n\omega t+\theta_n)$ 为 n 次谐波。

每一根谱线对应其中一种谐波，频谱就是构成信号的各频率分量的集合，它表征信号的频率结构。傅里叶级数三角函数展开时，周期信号的频谱，其频率范围是从 $0\sim+\infty$，所以其频谱是单边谱。

［例 2-2］ 求图 2-7 中周期矩形脉冲信号的频谱，并画出频谱图。

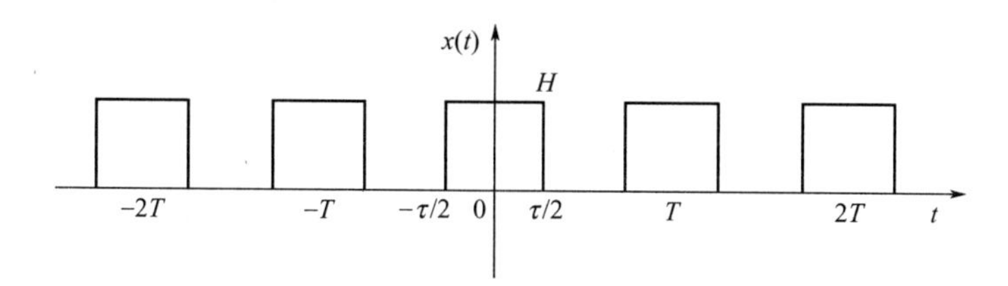

图 2-7 周期矩形脉冲信号

解 $x(t)$ 可表示为

$$x(t)=\begin{cases} H & -\dfrac{\tau}{2}+kT\leqslant t<\dfrac{\tau}{2}+kT \\ 0 & kT+\dfrac{\tau}{2}\leqslant t<(k+1)T-\dfrac{\tau}{2} \end{cases} \quad (k=0,\pm1,\pm2,\cdots)$$

其中

常值分量：
$$a_0=\frac{1}{T}\int_{-T/2}^{T/2}x(t)\mathrm{d}t=\frac{1}{T}\int_{-\tau/2}^{\tau/2}H\cdot\mathrm{d}t=\frac{H\tau}{T}$$

余弦分量幅值：

$$\begin{aligned} a_n&=\frac{2}{T}\int_{-T/2}^{T/2}x(t)\cos n\omega t\,\mathrm{d}t \\ &=\frac{2}{T}\int_{-T/2}^{T/2}H\cos n\omega t\,\mathrm{d}t=\frac{2H}{n\omega T}\int_{-\tau/2}^{\tau/2}\cos n\omega t\,\mathrm{d}(n\omega t) \\ &=\frac{2H}{n\omega T}\cdot2\cdot\int_0^{\tau/2}\cos n\omega t\,\mathrm{d}(n\omega t)=\frac{2H}{n\left(\dfrac{2\pi}{T}\right)T}\cdot2\cdot\sin\frac{2n\pi\tau}{2T}=\frac{2H}{n\pi}\sin\frac{n\pi\tau}{T} \end{aligned}$$

正弦分量幅值
$$b_n=\frac{2}{T}\int_{-T/2}^{T/2}x(t)\sin n\omega t\,\mathrm{d}t=0\ \pi$$

因此
$$x(t)=a_0+\sum_{n=1}^{\infty}A_n\sin(n\omega t+\varphi_n)$$

其中
$$\omega=2\pi/T$$

$$a_0=\frac{H\tau}{T}$$

$$A_n=\sqrt{a_n^2+b_n^2}=\sqrt{a_n^2+0}=a_n=\left|\frac{2H}{n\pi}\sin\frac{n\pi\tau}{T}\right|$$

$$\theta_n=\arctan\frac{a_n}{0}=\pm\infty \quad \begin{matrix} a_n>0 & \theta_n=\pi/2 \\ a_n<0 & \theta_n=-\pi/2 \end{matrix}$$

$$\varphi_n=\arctan\frac{0}{a_n}=0$$

图 2-8 所示为$\dfrac{\tau}{T_0}=\dfrac{1}{2}$时信号的幅频谱，图 2-9 所示为$\dfrac{\tau}{T_0}=\dfrac{1}{2}$时信号的相频谱。由周期信号的傅里叶级数三角函数展开式，上述分析可得出如下结论。

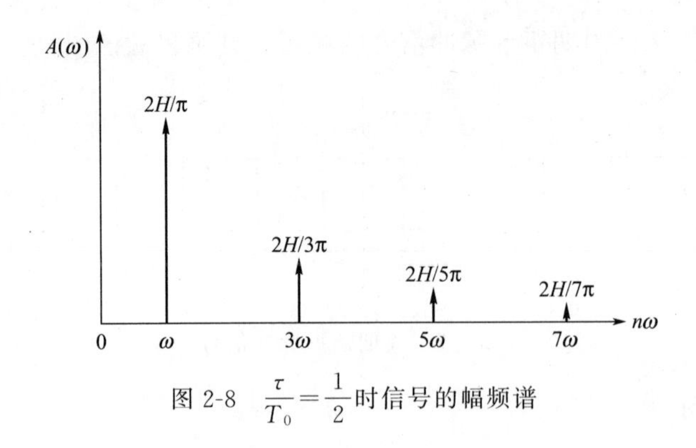

图 2-8 $\frac{\tau}{T_0}=\frac{1}{2}$时信号的幅频谱

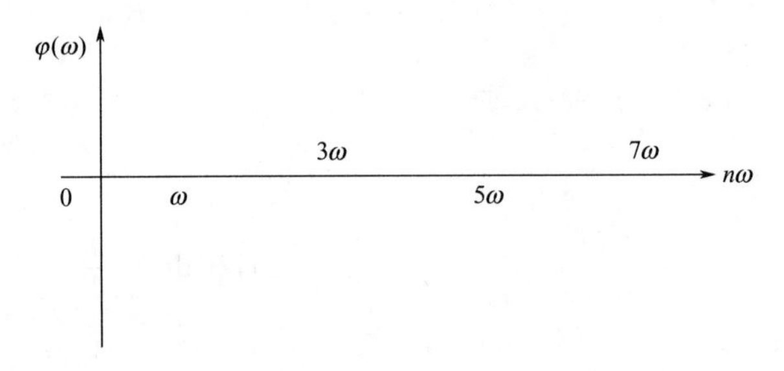

图 2-9 $\tau/T_0=1/2$ 时信号的相频谱

① 周期信号频谱是离散的，即离散性。

② 周期信号的频谱是正的，各谐波频率必定是基波频率的整数倍，不存在非整数倍的频率分量，即谐波性。

③ 谐波幅值总的趋势是随谐波次数增高而减小，即收敛性。

通过对周期信号的频谱进行分析，可以把一个时间复杂的信号分解成一系列简单的正弦波分量，以获得信号的频率结构及各谐波的幅值和相位信息，这对机械动态测试具有重要的意义。

［**例 2-3**］ 求周期信号 $x(t)$ 的频谱，并画出其幅频谱图。

$$x(t)=\begin{cases}1 & 0<t\leqslant T/2\\ -1 & -T/2<t\leqslant 0\end{cases}$$

解 由傅里叶级数展开式可知，函数的频谱可按照傅里叶级数的三角展开式计算。

因为周期信号 $x(t)$ 为奇函数，则有常值系数和余弦系数都为零，即 $a_0=0$，$a_n=0$。

$x(t)=\sum\limits_{n=1}^{\infty}b_n\sin n\omega_n t$ ，其中，$\omega=2\pi f=2\pi\frac{1}{T}$，因此有 $T=\frac{2\pi}{\omega}$，因而$\frac{T}{2}=\frac{\pi}{\omega}$，

则正弦系数为

$$b_n=\frac{2}{T}\int_{-\frac{T}{2}}^{\frac{T}{2}}\sin n\omega_n t\,\mathrm{d}t=\frac{4}{Tn\omega_n}\int_0^{\frac{T}{2}}\sin n\omega_n t\,\mathrm{d}(n\omega_n t)$$

$$b_n=\frac{4}{\left(\frac{2\pi}{\omega}\right)n\omega_n}[-\cos n\omega_n t]_0^{\frac{T}{2}}=\frac{4}{n\pi}[-\cos n\omega_0 t]_0^{\frac{T}{2}}$$

$$b_n=\begin{cases}4/n\pi & n=1,3,5\\ 0 & n=2,4,6\end{cases}$$

所以，信号展开式为 $x(t)=\frac{4}{\pi}\left(\sin\omega_0 t+\frac{1}{3}\sin\omega_0 t+\frac{1}{5}\sin\omega_0 t+\cdots\right)(n=1,3,5,\cdots)$

幅频：$A(\omega)=4/n\pi(n=1,3,5,\cdots)$

相频：$\varphi(\omega)=\arctan(a_n/b_n)=0$

根据计算所求结果，信号 $x(t)$ 幅频谱图如图 2-10 所示。

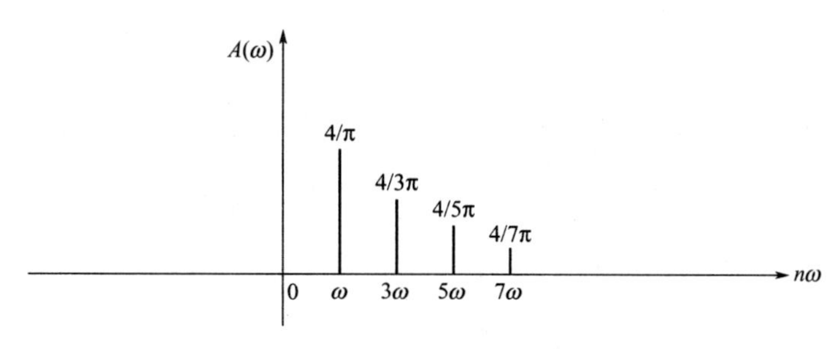

图 2-10　信号的幅频谱图

2.2.2　周期信号的傅里叶级数的复指数函数形式

利用欧拉公式可把三角函数展开式变为复指数函数展开式，周期信号的单边谱就变为双边谱。根据欧拉公式：

$$e^{\pm j\omega t}=\cos\omega t\pm j\sin\omega t \tag{2-6}$$

$$\cos\omega t=\frac{1}{2}(e^{-j\omega t}+e^{j\omega t}) \tag{2-7}$$

有

$$\sin\omega t=\frac{1}{2}j(e^{-j\omega t}-e^{j\omega t}) \tag{2-8}$$

因此式(2-3) 可改写为

$$x(t)=a_0+\sum_{n=1}^{\infty}\left[\frac{1}{2}(a_n+jb_n)e^{-jn\omega_0 t}+\frac{1}{2}(a_n-jb_n)e^{jn\omega_0 t}\right] \tag{2-9}$$

其中 n 的取值为正整数（$n=1,2,3,\cdots$）。

$$\left.\begin{aligned}c_{-n}&=\frac{1}{2}(a_n+jb_n)\\c_{+n}&=\frac{1}{2}(a_n-jb_n)\\c_0&=a_0\end{aligned}\right\}$$

则

$$x(t)=c_0+\sum_{n=1}^{\infty}c_{-n}\cdot e^{-jn\omega t}+\sum_{n=1}^{\infty}c_n\cdot e^{jn\omega t} \tag{2-10}$$

上式中变量 n 的取值与式(2-9) 相同，n 的取值为正整数（$n=1,2,3,\cdots$），即从 1～+∞。若将上式中的第 2 项的变量 n 前的负号看成是 n 的一部分，即等效于变量 n 从 −1～−∞的区间内取值，则上式变为

$$x(t)=c_0+\sum_{n=-1}^{-\infty}c_n\cdot e^{+jn\omega t}+\sum_{n=1}^{\infty}c_n\cdot e^{+jn\omega t}$$

即

$$x(t)=\sum_{-\infty}^{\infty}c_n\cdot e^{+jn\omega t}\ (n=0,\pm 1,\pm 2,\cdots) \tag{2-11}$$

这就是傅里叶级数的复指数函数展开式。

式中 $c_n=\frac{1}{2}(a_n-\mathrm{j}b_n)=\frac{1}{2}\left[\frac{2}{T}\int_{-\frac{T}{2}}^{\frac{T}{2}}x(t)\cos n\omega_0 t\,\mathrm{d}t-\mathrm{j}\,\frac{2}{T}\int_{-\frac{T}{2}}^{\frac{T}{2}}x(t)\sin n\omega_0 t\,\mathrm{d}t\right]$

$$=\frac{1}{T}\int_{-\frac{T}{2}}^{\frac{T}{2}}x(t)\cdot[\cos n\omega t-\mathrm{j}\sin n\omega t]\mathrm{d}t$$

$$=\frac{1}{T}\int_{-\frac{T}{2}}^{\frac{T}{2}}x(t)\cdot \mathrm{e}^{-\mathrm{j}n\omega t}\,\mathrm{d}t \tag{2-12}$$

而上述推导过程中 n 取值为正整数。当 n 取 0 或负值时，也可以得到同样结果。由上式可见，c_n 实际上是一个复数，可表示为复数的模和相角的关系：

$$c_n=c_{n\mathrm{R}}+c_{n\mathrm{I}}=|c_n|\mathrm{e}^{\mathrm{j}\varphi_n} \tag{2-13}$$

$$|c_n|=\sqrt{c_{n\mathrm{R}}^2+c_{n\mathrm{I}}^2}=\frac{1}{2}\sqrt{a_n^2+b_n^2}=\frac{1}{2}A_n \tag{2-14}$$

$$\varphi_n=\arctan\frac{c_{n\mathrm{I}}}{c_{n\mathrm{R}}} \tag{2-15}$$

这里 $c_{n\mathrm{I}}=\mathrm{Im}\{c_n\}=\frac{1}{2}(-b_n)$，$c_{n\mathrm{R}}=\mathrm{Re}\{c_n\}=\frac{1}{2}a_n$ 分别是 c_n 的虚部和实部。所以，

$$x(t)=\sum_{-\infty}^{\infty}|c_n|\mathrm{e}^{\mathrm{j}(n\omega t+\varphi_n)} \tag{2-16}$$

其中，$n\omega$ 表示谐波角频率；$|c_n|$ 表示谐波幅值；φ_n 表示初相角。c_n 与 $n\omega$ 之关系称为复频谱；$|c_n|$ 与 $n\omega$ 之关系称为幅频谱；φ_n 与 $n\omega$ 之关系称为相频谱。复频谱的频率范围是 $-\infty\sim+\infty$，所以复频谱又称为双边谱。

[例 2-4] 求例 2-2 中当 $\tau/T=1/2$ 时信号的复频谱。

解 已知

$$x(t)=\begin{cases}H & -\tau/2+kT\leqslant t<\tau/2+kT\\ 0 & \tau/2+kT\leqslant t<(k+1)T-\tau/2\end{cases}$$

由式(2-14) 得

$$|c_n|=\left|\frac{1}{T}\int_{-T/2}^{T/2}x(t)\mathrm{e}^{-\mathrm{j}n\omega_0 t}\,\mathrm{d}t\right|=\left|\frac{H}{n\pi}\sin\frac{n\pi\tau}{T}\right|$$

$$\varphi_n=\arctan\frac{\mathrm{Im}\{c_n\}}{\mathrm{Re}\{c_n\}}$$

因为虚部 $\mathrm{Im}\{c_n\}=0$，实部 $\mathrm{Re}\{c_n\}=\frac{H}{n\pi}\sin\frac{n\pi\tau}{T}$，所以

$$\varphi_n\begin{cases}0,\text{当}\frac{H}{n\pi}\sin\frac{n\pi\tau}{T}>0\\ \pi,\text{当}\frac{H}{n\pi}\sin\frac{n\pi\tau}{T}<0(n>0)\\ -\pi,\text{当}\frac{H}{n\pi}\sin\frac{n\pi\tau}{T}<0(n<0)\end{cases}$$

当 $\tau/T=1/2$ 时，其复频谱，包括幅频谱和相频谱如图 2-11 和图 2-12 所示。

由图 2-11、图 2-12 可以看出复频谱具有如下特点：

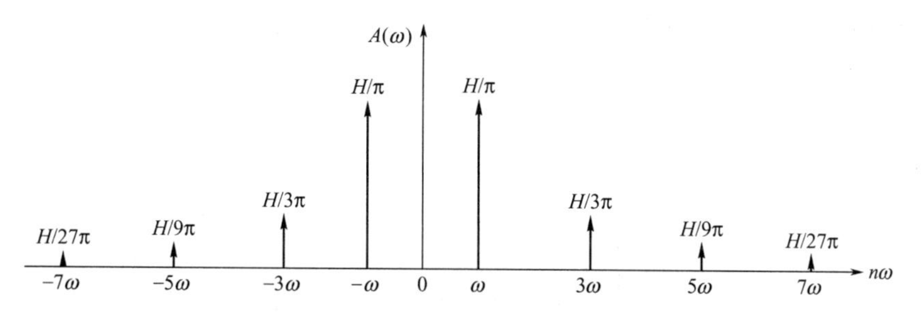

图 2-11　$\tau/T=1/2$ 时周期矩形脉冲的幅频谱

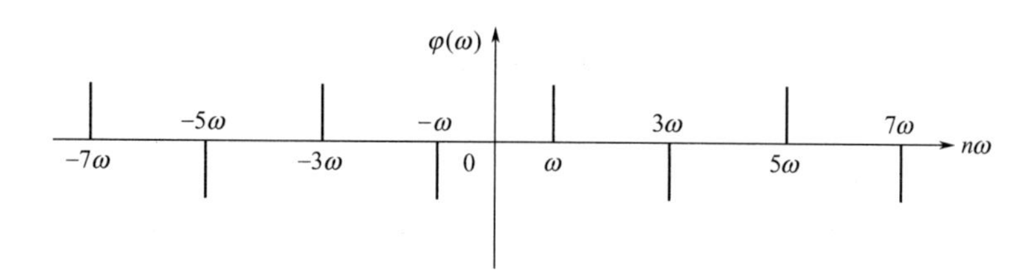

图 2-12　$\tau/T=1/2$ 时周期矩形脉冲的相频谱

① 幅频谱对称于纵坐标，即信号谐波幅值是频率的偶函数；

② 相频谱对称于坐标原点，即信号谐波的相角是频率的奇函数；

③ 复频谱（双边谱）与单边谱比较，对应于某一角频率 $n\omega$，单边谱只有一条谱线，而双边谱在 $\pm n\omega$ 处各有一条谱线，因而谱线增加了一倍，但谱线高度却减少了一半，即 $|c_n|=\frac{1}{2}A_n$。

［例 2-5］ 求周期性方波，其主周期表达式 $x(t)=\begin{cases}1,0<t\leqslant T/2\\0,其他\end{cases}$ 信号的频率，函数如图 2-13 所示，求其频谱，并画出幅频谱和相频谱图。

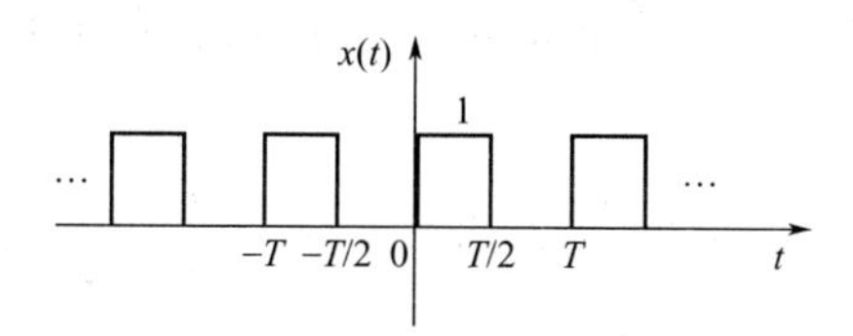

图 2-13　周期性方波示意图

解　由于周期信号 $x(t)$ 为奇函数，则

余弦分量：$a_n=0$

正弦分量：$b_n=\int_{-t/2}^{T/2}x(t)\sin n\omega_n t\,\mathrm{d}t=\begin{cases}2/n\pi,n=1,3,5\\0,n=2,4,6\end{cases}$

常值分量：$a_0=\frac{1}{T}\int_{-T/2}^{T/2}x(t)\mathrm{d}t=\frac{1}{T}\int_{-T/2}^{T/2}1\mathrm{d}t=1$

所以　$x(t)=1+\frac{2}{\pi}(\sin\omega_0 t+\frac{1}{3}\sin\omega_0 t+\frac{1}{5}\sin\omega_0 t+\cdots)(n=1,3,5,\cdots)$

幅频：$A(\omega)=2/n\pi(n=1,3,5,\cdots)$

相频：$\varphi(\omega)=\arctan(a_n/b_n)=0$

幅频谱如图 2-14 所示，相频谱如图 2-15 所示。

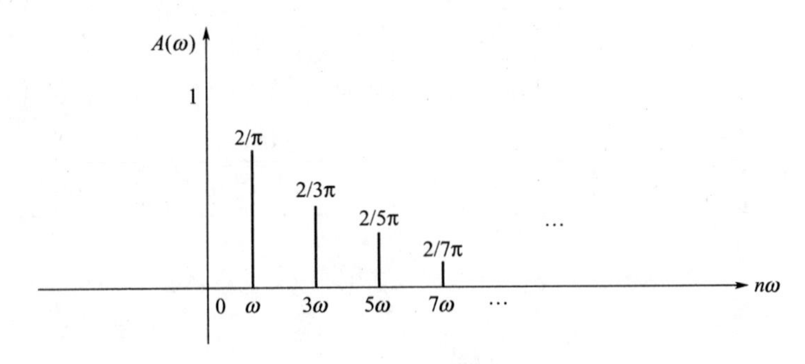

图 2-14 周期方波的幅频谱

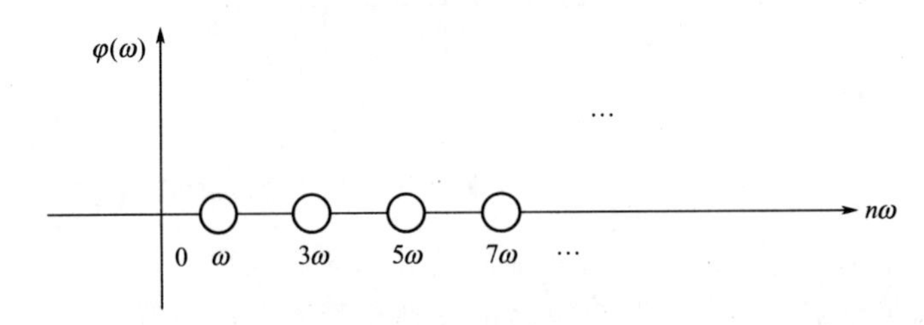

图 2-15 周期方波的相频谱

2.2.3 周期信号三角函数形式与复指数函数形式傅里叶展开式之间的关系

周期信号频谱描述的工具是傅里叶级数展开式，它有三角函数展开式和复指数函数展开式两种形式。复指数函数展开式的频谱是双边谱（ω 从 $-\infty$ 变化到 ∞），三角函数的展开式为单边谱（ω 从 0 变化到 ∞）。两种展开式各谐波幅值关系为 $|c_n|=\frac{1}{2}A_n$，$|c_0|=a_0$。双边频谱是 ω 的偶函数，单边频谱是 ω 的奇函数。在工程应用中，常采用简单的单边谱。

［**例 2-6**］ 求周期性方波，其主周期表达式 $x(t)=\begin{cases}1, -T/4<t\leqslant T/4 \\ -1, \text{其他}\end{cases}$ 信号的频率，函数如图 2-16 所示，求其频谱，并画出幅频谱和相频谱图。

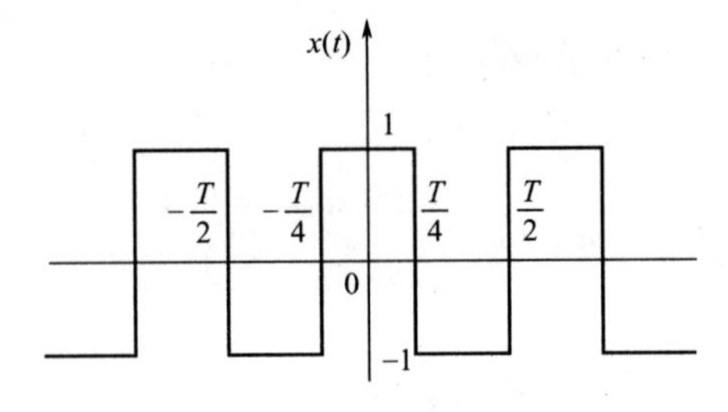

图 2-16 周期方波示意图

解 （1）求三角函数形式的傅里叶级数

取 $x(t)$ 的一个周期 $\left[-\frac{T}{2},\frac{T}{2}\right]$，表达式为

$$x(t)=\begin{cases}-1,-\frac{T}{2}\leqslant t<-\frac{T}{4}\\ 1,-\frac{T}{4}\leqslant t<\frac{T}{4}\\ -1,\frac{T}{4}<t\leqslant\frac{T}{2}\end{cases}$$

有　$a_0=\frac{1}{T}\int_{-T/2}^{T/2}x(t)\mathrm{d}t=0$

$$\begin{aligned}a_n&=\frac{2}{T}\int_{-T/2}^{T/2}x(t)\cos n\omega_0 t\,\mathrm{d}t\\&=\frac{2}{T}\int_{-T/2}^{-T/4}-\cos n\omega_0 t\,\mathrm{d}t+\frac{2}{T}\int_{-T/4}^{T/4}\cos n\omega_0 t\,\mathrm{d}t+\frac{2}{T}\int_{T/4}^{T/2}-\cos n\omega_0 t\,\mathrm{d}t\\&=\frac{4}{n\pi}\sin\frac{n\pi}{2}=\begin{cases}\frac{4}{n\pi}(-1)^{(n-1)/2},n=1,3,5,\cdots\\0,n=2,4,6,\cdots\end{cases}\end{aligned}$$

$$b_n=\frac{2}{T}\int_{-T/2}^{T/2}X(t)\sin\omega_0 t\,\mathrm{d}t=0$$

因此，$x(t)=\frac{4}{\pi}(\cos\omega_0 t-\frac{1}{3}\cos3\omega_0 t+\frac{1}{5}\cos5\omega_0 t-\cdots)$，则所求的周期性方波的频谱图如图 2-17 所示，其中幅频谱如图 2-17(a) 所示，相频谱如图 2-17(b) 所示。

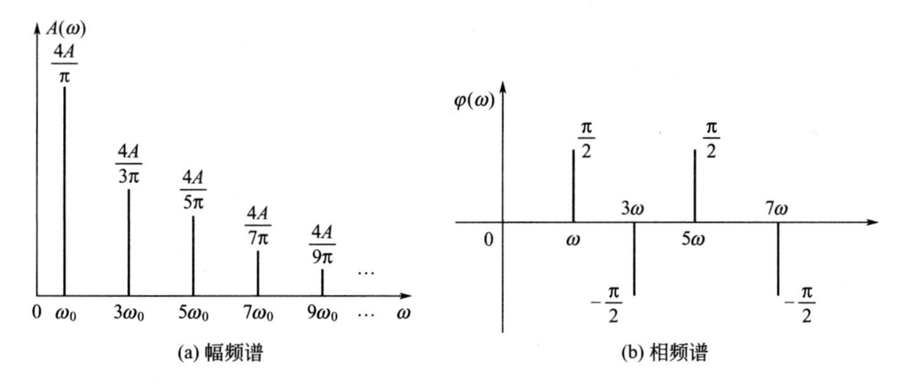

图 2-17　周期性方波的频谱图

(2) 求复指数形式的傅里叶级数

$$x(t)=\sum_{n=-\infty}^{+\infty}X(n\omega_0)\mathrm{e}^{\mathrm{j}n\omega_0 t}$$

$$\begin{aligned}X(n\omega_0)&=\frac{1}{T}\int_{-T/2}^{T/2}x(t)\mathrm{e}^{-\mathrm{j}n\omega_0 t}\mathrm{d}t\\&=\frac{1}{T}\left[\int_{-T/2}^{-T/4}-\mathrm{e}^{\mathrm{j}n\omega_0 t}\mathrm{d}t+\int_{-T/4}^{T/4}\mathrm{e}^{\mathrm{j}n\omega_0 t}\mathrm{d}t+\int_{T/4}^{T/2}-\mathrm{e}^{\mathrm{j}n\omega_0 t}\mathrm{d}t\right]\\&=\frac{1}{T}\times\frac{1}{\mathrm{j}n\omega_0}[(2\mathrm{e}^{-\mathrm{j}n\frac{\pi}{2}}-2\mathrm{e}^{\mathrm{j}n\frac{\pi}{2}})+(\mathrm{e}^{-\mathrm{j}n\pi}-\mathrm{e}^{\mathrm{j}n\pi})]\\&=\frac{1}{T}\times\frac{1}{\mathrm{j}n\omega_0}\left[\frac{-4\sin\left(n\frac{\pi}{2}\right)}{\mathrm{j}}+\frac{2\sin(n\pi)}{\mathrm{j}}\right]\end{aligned}$$

$$=\frac{2}{n\pi}\sin\frac{n\pi}{2}=\begin{cases}\frac{2}{n\pi}\ (-1)^{(n-1)/2},\ n=\pm1,\ \pm3,\ \pm5,\ \cdots\\0,\ n=\pm2,\ \pm4,\ \pm6,\ \cdots\end{cases}$$

则
$$x(t)=\frac{2}{\pi}\sum_{n=-\infty}^{+\infty}\frac{1}{n}\sin\frac{n\pi}{2}e^{jn\omega_0 t}$$

周期性方波复数幅值$|X(n\omega_0)|$的频谱如图 2-18 所示。

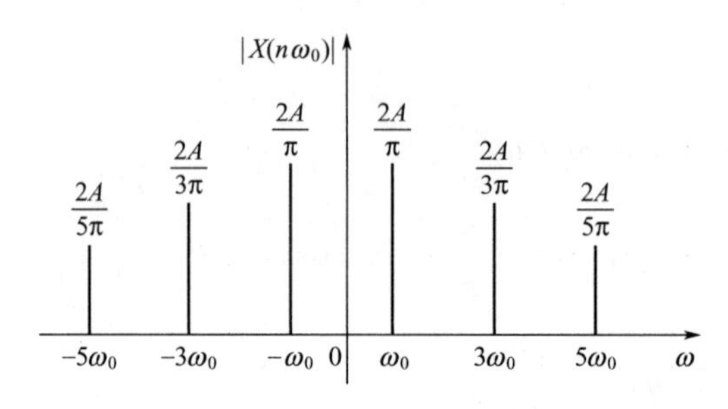

图 2-18 周期性方波的频谱

本题的两种解法说明了傅里叶级数的两种展开式之间的关系。因此，在计算中可以分别利用这两种方式求取周期信号的频谱。

2.2.4 周期信号的强度表述

周期信号的强度用如下几种形式表述。

(1) 峰值 x_F

峰值 x_F 是信号可能出现的最大瞬时值，即

$$x_F=|x(t)|_{max} \tag{2-17}$$

它反映信号的动态范围，通常希望 x_F 在测试系统的动态范围内。

(2) 均值 μ_x 和绝对均值 $\mu_{|x|}$

均值是信号的常值分量，表示集合平均值或数学期望值，即

$$\mu_x=\lim_{T\to\infty}\frac{1}{T}\int_0^T x(t)dt \tag{2-18}$$

绝对均值是信号经全波整流后的均值，即

$$\mu_{|x|}=\lim_{T\to\infty}\frac{1}{T}\int_0^T |x(t)|dt \tag{2-19}$$

均值反映了信号中心变化的趋势，也称直流分量。

(3) 有效值 (RMS) 和平均功率

有效值是信号的均方根值 x_{rms}，即

$$x_{rms}=\sqrt{\frac{1}{T}\int_0^T x^2(t)dt} \tag{2-20}$$

它反映信号的功率大小。有效值的平方就是信号的平均功率 P_{av}，即

$$P_{av}=\frac{1}{T}\int_0^T x^2(t)dt \tag{2-21}$$

有效值反映信号的平均能量。图 2-19 所示为周期信号的强度表示。表 2-1 列举了几种典型信号上述参数之间的数量关系。可见，信号的均值、绝对均值、峰值和有效值之间的关系与波形有关。

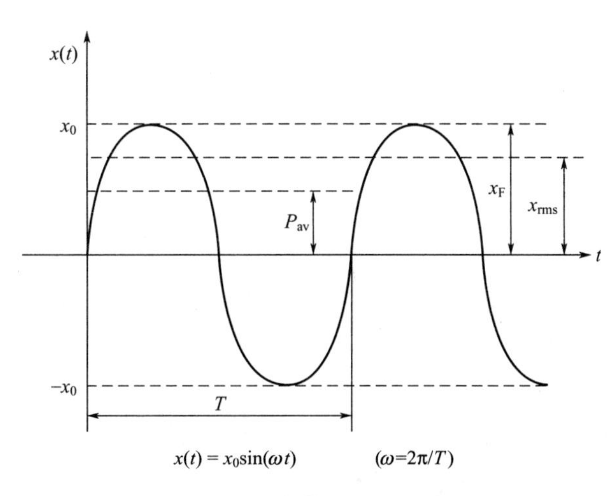

图 2-19 周期信号的强度表示

表 2-1 几种典型信号的强度

名称	x_F	μ_x	x_{rms}	P_{av}
正弦波	A	0	$2A/\pi$	$A/\sqrt{2}$
方波	A	0	A	A
三角波	A	0	$A/2$	$A/\sqrt{2}$
锯齿波	A	$A/2$	$A/2$	$A/\sqrt{2}$

2.3 非周期信号与连续频谱

非周期信号包括准周期信号和瞬变信号。准周期信号是由一系列没有公共周期的周期信号（如正弦或余弦信号）叠加组成的，与周期信号相比，所不同的只是其各个正弦信号的频率比不是有理数。因此，它的频谱与周期信号的频谱无本质区别，其频谱仍然是离散的，不必进行单独研究。

瞬变信号是指除了准周期信号之外的非周期信号。通常所说的非周期信号即是指这种瞬变信号。图 2-20 所示的是几种典型的非周期信号，图(a) 是矩形脉冲信号；图(b) 是指数衰减信号；图(c) 是衰减振荡信号；图(d) 是单脉冲信号。

本书在此以后提到非周期信号均指瞬变信号。

2.3.1 傅里叶变换

获得周期信号频谱的方法是利用傅里叶级数，而获得非周期信号频谱的方法则是傅里叶变换。

周期为 T 的周期信号 $x(t)$，其频谱是离散的。当周期 T 趋于无穷大时，该信号就变成非周期信号了。

周期信号频谱中谱线间隔

$$\Delta\omega=\omega_{n+1}-\omega_n=[(n+1)\omega-n\omega]=\omega=2\pi/T\rightarrow\Delta\omega=2\pi/T\rightarrow\frac{1}{T}=\frac{\Delta\omega}{2\pi}$$

当 $T\rightarrow\infty$时，$\Delta\omega\rightarrow0$，即谱线无限密集以致离散频谱最终变为连续频谱，所以非周期信

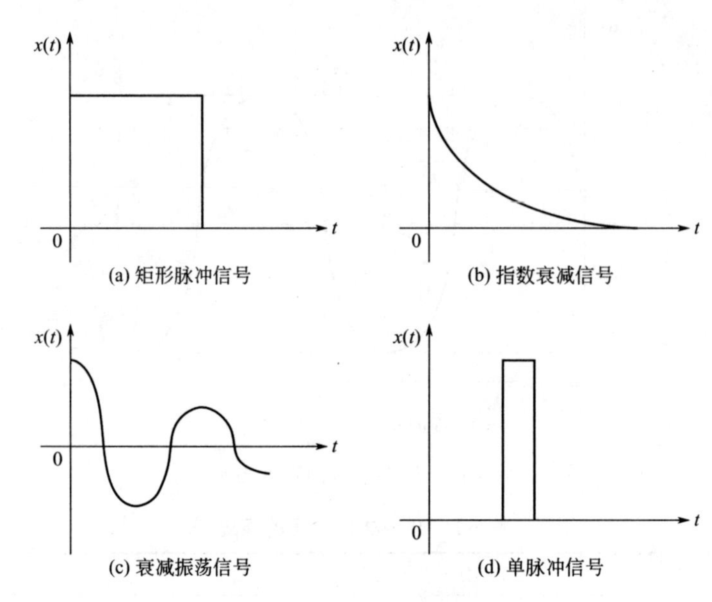

图 2-20 非周期信号（瞬变类）

号的频谱是连续的。因此，可认为非周期信号是由无限个频率极其接近的谐波合成。

设有周期信号 $x(t)$，则其在$\left(-\frac{T}{2},+\frac{T}{2}\right)$区间内傅里叶级数为

$$x(t)=\sum_{-\infty}^{+\infty}c_n\cdot e^{jn\omega t} \tag{2-22}$$

式中
$$c_n=\frac{1}{T}\int_{-T/2}^{T/2}x(t)\cdot e^{-jn\omega t}dt$$

所以
$$x(t)=\sum_{-\infty}^{+\infty}\left[\frac{1}{T}\int_{-T/2}^{T/2}x(t)\cdot e^{-jn\omega t}dt\right]e^{jn\omega t}$$

当 $T\rightarrow\infty$时，$\Delta\omega\rightarrow d\omega$，即$\frac{1}{T}=\frac{d\omega}{2\pi}$。而离散频谱中相邻的谱线紧靠在一起，$n\omega\Rightarrow\omega$，上式中$\Sigma\rightarrow\int$，$T/2\rightarrow\infty$，于是有

$$\begin{aligned}x(t)&=\lim_{\Delta\omega\rightarrow 0}\frac{1}{2\pi}\sum_{-\infty}^{+\infty}\left[\int_{-T/2}^{T/2}x(t)\cdot e^{-j\omega t}dt\right]e^{j\omega t}\cdot\Delta\omega\\&=\int_{-\infty}^{+\infty}\left[\frac{2}{2\pi}\int_{-\infty}^{+\infty}x(t)e^{j\omega t}dt\right]e^{-j\omega t}d\omega\end{aligned} \tag{2-23}$$

令 $X(\omega)=F[x(t)]=\int_{-\infty}^{+\infty}x(t)\cdot e^{-j\omega t}dt$ (2-24)

则有
$$x(t)=F^{-1}[X(\omega)]=\frac{1}{2\pi}\int_{-\infty}^{+\infty}X(\omega)\cdot e^{j\omega t}d\omega \tag{2-25}$$

式(2-24) 中 $X(\omega)$ 称为非周期信号 $x(t)$ 的傅里叶正变换，式(2-25) 中 $x(t)$ 为 $X(\omega)$ 的傅里叶逆变换，二者互称为傅里叶变换对。用下式表示二者之间的关系：

$$x(t)\underset{FT^{-1}}{\overset{FT}{\rightleftharpoons}}X(\omega) \tag{2-26}$$

利用 $\omega=2\pi f$，则式(2-24) 和式(2-25) 两式可写成

$$X(f)=F[x(t)]=\int_{-\infty}^{+\infty}x(t)\mathrm{e}^{-\mathrm{j}2\pi ft}\mathrm{d}t \tag{2-27}$$

$$x(t)=F^{-1}[X(f)]=\int_{-\infty}^{+\infty}X(f)\cdot\mathrm{e}^{\mathrm{j}2\pi ft}\mathrm{d}f \tag{2-28}$$

同样 $x(t)$ 和 $X(\omega)$ 关系相应变为

$$x(t)\underset{F^{-1}}{\overset{F}{\rightleftharpoons}}X(f)$$

式(2-27) 和式(2-28) 易于记忆。$X(f)$ 和 $X(\omega)$ 关系是

$$X(f)=2\pi X(\omega) \tag{2-29}$$

通常 $X(f)$ 是实变量 f 的复函数，所以 $X(f)$ 可写成

$$X(f)=\mathrm{Re}[X(f)]+\mathrm{jIm}[X(f)]=|X(f)|\mathrm{e}^{\mathrm{j}\varphi(f)} \tag{2-30}$$

式中，

$$|X(f)|=\sqrt{(\mathrm{Re}[X(f)])^2+(\mathrm{Im}[X(f)])^2}$$

$$\varphi(f)=\arctan[\mathrm{Im}[X(f)]/\mathrm{Re}X(f)]$$

需要注意的是非周期信号的幅值谱 $|X(f)|$ 是连续的，而周期信号的幅值谱是离散的。$|X(f)|$ 的量纲是单位频宽上的幅值，即 $|X(f)|$ 是 $x(t)$ 的频谱密度函数，而周期信号的幅值谱 $|c_n|$ 的量纲与其幅值一致。

傅里叶变换的存在需要满足以下两个条件：

① 狄利克雷（Dirichlet）条件；

② $x(t)$ 在无限区间上绝对可积，即 $\int_{-\infty}^{\infty}|x(t)|\mathrm{d}t<\infty$，是收敛的。

在工程上所遇到的非周期信号基本上均能满足上述条件。

[例 2-7] 求矩形窗函数 $w(t)$ 的频谱。已知矩形窗函数 $w(t)$ 的定义为

$$w(t)=\begin{cases}1,|t|\leqslant\dfrac{\tau}{2}\\0,|t|>\dfrac{\tau}{2}\end{cases}(\tau\text{ 为时间宽度,称为窗宽})$$

解　由式(2-26) 得 $w(t)$ 的频谱 $W(f)$ 为

$$\begin{aligned}W(f)&=\int_{-\infty}^{+\infty}w(t)\cdot\mathrm{e}^{-\mathrm{j}2\pi ft}\mathrm{d}t=\int_{-\tau/2}^{\tau/2}1\cdot\mathrm{e}^{-\mathrm{j}2\pi ft}\mathrm{d}t\\&=\frac{-1}{\mathrm{j}2\pi f}[\mathrm{e}^{-\mathrm{j}2\pi f\frac{\tau}{2}}-\mathrm{e}^{\mathrm{j}2\pi f\frac{\tau}{2}}]\\&=\mathrm{j}\frac{1}{2}\frac{[\mathrm{e}^{-\mathrm{j}\pi f\tau}-\mathrm{e}^{\mathrm{j}\pi f\tau}]}{\pi f}=\frac{\sin(\pi f\tau)}{\pi f}=\tau\cdot\frac{\sin(\pi f\tau)}{\pi f\tau}=\tau\mathrm{sinc}(\pi f\tau)\end{aligned}$$

数学上，定义 $\mathrm{sinc}(\theta)=\dfrac{\sin(\theta)}{\theta}$ 为采样函数，它是以 2π 为周期且随 θ 增大而作衰减振荡，并在 $n\pi$（n 为整数）处其值为零的一个特殊的实偶函数，该函数在信号分析中非常有用，其数值可从数学手册中查到，其图像如图 2-21 所示。矩形窗函数 $w(t)$ 及其频谱 $W(f)$ 的图形如图 2-21 所示。

[例 2-8] 求非周期信号（如图 2-22 所示）$x(t)=\begin{cases}1,|t|<T/2\\0,|t|\geqslant T/2\end{cases}$ 的频谱，并画出频谱图。

解　由傅里叶变换和频谱定义，该函数的频谱为

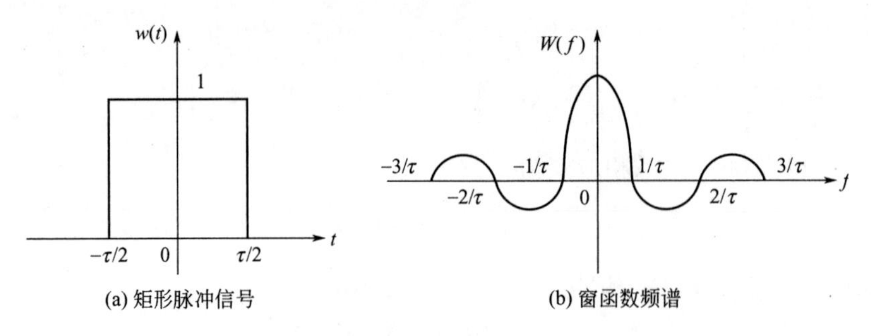

图 2-21 矩形窗函数及其频谱

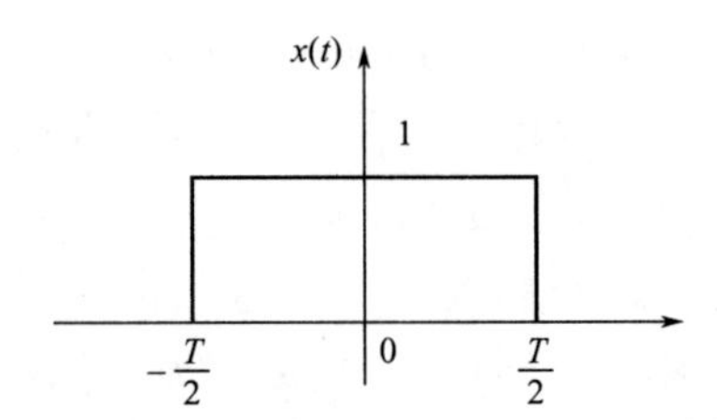

图 2-22 非周期矩形信号时域图像

$$X(f)=\int_{-\infty}^{+\infty}x(t)\mathrm{e}^{-\mathrm{j}2\pi ft}\mathrm{d}t$$

$$=\int_{-\frac{T}{2}}^{+\frac{T}{2}}\mathrm{e}^{-\mathrm{j}2\pi ft}\mathrm{d}t$$

$$=\frac{-1}{\mathrm{j}2\pi f}(\mathrm{e}^{-\mathrm{j}\pi fT}-\mathrm{e}^{\mathrm{j}\pi fT})$$

由于
$$\sin(2\pi fT)=\frac{-1}{2\mathrm{j}}(\mathrm{e}^{-\mathrm{j}2\pi fT}-\mathrm{e}^{\mathrm{j}2\pi fT})$$

所以
$$X(f)=\frac{1}{\pi f}\sin\frac{2\pi fT}{2}=T\times\frac{\sin(\pi fT)}{\pi fT}$$

$$=T\,\mathrm{sinc}(\pi fT)$$——抽样函数

根据分析所得，非周期矩形信号的频谱图（主要指幅频图）如图 2-23 所示。

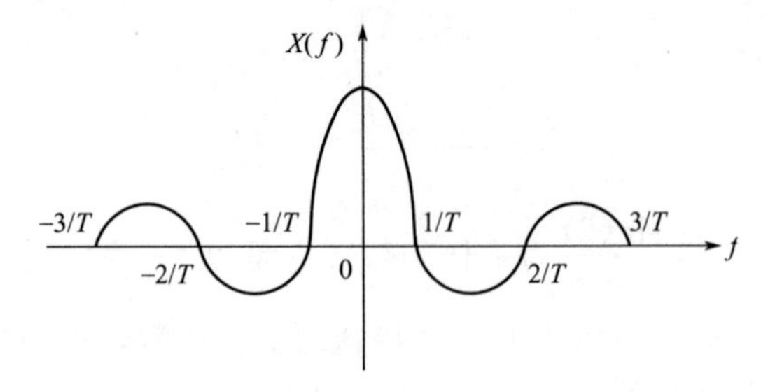

图 2-23 非周期矩形信号（即窗函数）的频谱图

［**例 2-9**］ 求被截断的余弦函数 $\cos\omega_0 t$ 的傅里叶变换。

$$x(t)=\begin{cases}\cos\omega_0 t, |t|<T\\0, |t|\geqslant T\end{cases}$$

其时域图像如图 2-24 所示。

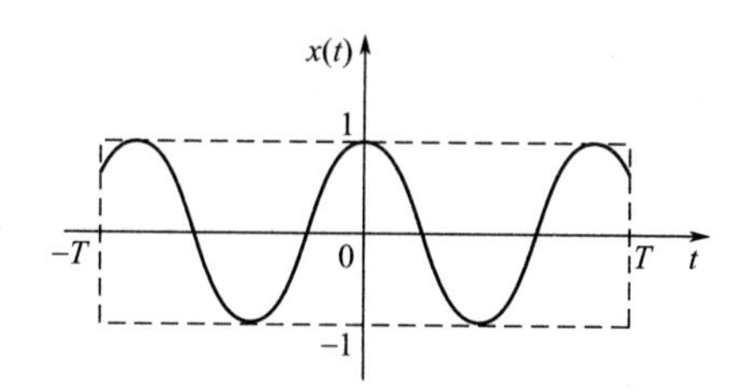

图 2-24　被截断的余弦函数波形

解　$X(\omega)=\int_{-T}^{T}\cos\omega_0 t\cdot e^{-j\omega t}dt=2\int_{0}^{T}\cos\omega_0 t\cdot e^{-j\omega t}dt$

$$X(\omega)=\int_{0}^{T}[\cos(\omega+\omega_0)t+\cos(\omega-\omega_0)t]dt$$

$$X(\omega)=\frac{\sin[(\omega+\omega_0)T]}{\omega+\omega_0}+\frac{\sin[(\omega-\omega_0)T]}{\omega-\omega_0}$$

$$X(\omega)=T\,\mathrm{sinc}[(\omega+\omega_0)T]+T\,\mathrm{sinc}[(\omega-\omega_0)T]$$

或者利用欧拉公式化三角函数为复指数也可，不同方法结果应相同。

[例 2-10]　求周期信号 $x(t)=0.5\cos10t+0.2\cos(100t-45°)$，通过传递函数为 $H(s)=\frac{1}{0.005s+1}$的装置后得到的稳态响应。

解　设 $x(t)=x_1(t)+x_2(t)$

式中　$x_1(t)=0.5\cos10t, x_2(t)=0.2\cos(100t-45°)$

当系统有输入 $x_1(t)$ 时，则输出为 $y_1(t)$，且

$$y_1(t)=\frac{0.5}{\sqrt{(\tau_1\omega_1)^2+1}}\cos(10t-\arctan\tau_1\omega_1)$$

式中，$\tau_1=0.005$，$\omega_1=10$，$y_1(t)=0.499\cos(10t-2.86°)$

同样可求得当输入为 $x_2(t)$ 时，有输出为 $y_2(t)$，且

$$y_2(t)=0.17\cos(100t-45°-26.5°)$$

此装置对输入信号 $x(t)$ 具有线性叠加性。系统输出的稳态响应为

$$\begin{aligned}y(t)&=y_1(t)+y_2(t)\\&=0.499\cos(10t-2.86°)+0.17\cos(100t-71.5°)\end{aligned}$$

[例 2-11]　已知 $f(t)=\cos\left(4t+\frac{\pi}{3}\right)$，试求其频谱 $F(\omega)$。

解　因为

$$\cos\left(4t+\frac{\pi}{3}\right)=\frac{1}{2}e^{j\frac{\pi}{3}}\cdot e^{j4t}+\frac{1}{2}e^{-j\frac{\pi}{3}}\cdot e^{-j4t}$$

利用频移性质可得

$$F(e^{j4t})=2\pi\delta(\omega-4)$$
$$F(e^{-j4t})=2\pi\delta(\omega+4)$$

于是 $F\left[\cos\left(4t+\frac{\pi}{3}\right)\right]=\pi\cdot e^{j\frac{\pi}{3}}\delta(\omega-4)+\pi e^{-j\frac{\pi}{3}}\delta(\omega+4)$

2.3.2　傅里叶变换的主要性质

傅里叶变换将一个信号时域与频域彼此联系起来。傅里叶变换有许多性质，这些性质主

要是信号在时域的特征、运算、变化，这些变换将在频域上产生相应的特征、运算和变化，及频域对时域的影响。掌握这些性质对今后的理论学习和实践应用非常重要。因此，了解、熟悉傅里叶变换的主要性质有助于了解信号在一个域中变化而引起在另一个域中产生相应的变化，利用这些性质可减少许多不必要的计算，并有利于画出频谱图。傅里叶变换的性质很多，本书只介绍最常用的几个性质，其他的性质可参考有关著作。

（1）线性叠加性

若信号 $x(t)$ 和 $y(t)$ 的频谱分别为 $X(f)$ 和 $Y(f)$，则 $ax(t)+by(t)$ 的频谱为 $aX(f)+bY(f)$，即

$$ax(t)+by(t)\Leftrightarrow aX(f)+bY(f) \tag{2-31}$$

线性叠加性表明两个信号的线性组合的傅里叶变换是单个信号傅里叶变换的线性组合，这个性质可以推广到多个信号的组合。

（2）奇偶虚实性

一般 $X(f)$ 是 f 的复变函数，它可以写成

$$X(f)=\int_{-\infty}^{+\infty}x(t)e^{-j2\pi ft}dt=\mathrm{Re}X(f)-j\mathrm{Im}X(f) \tag{2-32}$$

式中
$$\mathrm{Re}X(f)=\int_{-\infty}^{+\infty}x(t)\cos 2\pi ft\,dt$$

$$\mathrm{Im}X(f)=\int_{-\infty}^{+\infty}x(t)\sin 2\pi ft\,dt$$

余弦函数是偶函数，正弦函数是奇函数。由傅里叶变换的奇偶虚实性可以得出：

① 如果 $x(t)$ 是实偶函数，则 $\mathrm{Im}X(f)=0$，$X(f)$ 是实偶函数，即 $X(f)=\mathrm{Re}X(f)=X(-f)$。

② 如果 $x(t)$ 是实奇函数，则 $\mathrm{Re}X(f)=0$，$X(f)$ 是虚奇函数，即 $X(f)=\mathrm{Im}X(f)=-X(-f)$。

③ 如果 $x(t)$ 是虚偶函数，则同理可知 $X(f)$ 是虚偶函数。

④ 如果 $x(t)$ 是虚奇函数，则 $X(f)$ 是实奇函数。

（3）翻转定理

若信号 $x(t)$ 的频谱为 $X(f)$，则信号 $x(-t)$ 的频谱为 $X(-f)$。也就是说，当信号在时域绕纵坐标轴翻转 180°时，它在频域中也绕纵坐标轴翻转 180°，即

若
$$x(t)\Leftrightarrow X(f)$$

则
$$x(-t)\Leftrightarrow X(-f) \tag{2-33}$$

（4）对称性

若
$$x(t)\Leftrightarrow X(f)$$

则
$$X(t)\Leftrightarrow x(-f) \tag{2-34}$$

证明：
$$x(t)=F^{-1}[X(f)]=\int_{-\infty}^{+\infty}X(f)e^{j2\pi ft}df$$

以 $-u$ 换为 t，则
$$x(-u)=\int_{-\infty}^{+\infty}X(f)e^{-j2\pi fu}df$$

以 t 代替 f，则
$$x(-u)=\int_{-\infty}^{+\infty}X(t)e^{-j2\pi ut}dt$$

再以 f 代替 u，则
$$x(-f)=\int_{-\infty}^{+\infty}X(t)e^{-j2\pi ft}dt=F^{-1}[X(t)]$$

即为　　　　　　　　　　　　$X(t) \Leftrightarrow x(-f)$

对称性应用举例如图 2-25 中所示。

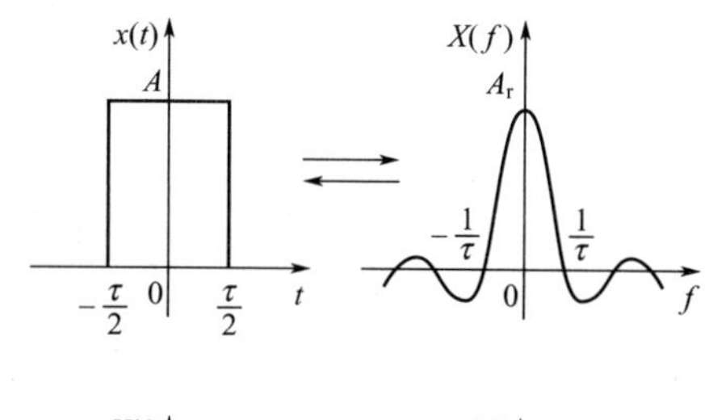

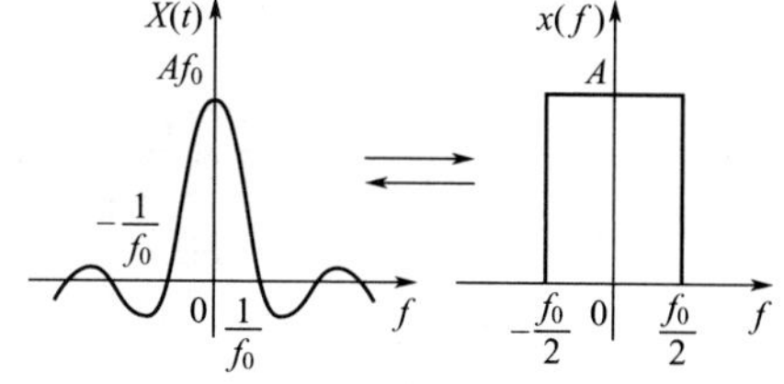

图 2-25　信号的对称性示意图

（5）时间尺度改变特性

在信号幅值不变的情况下，若

$$x(t) \Leftrightarrow X(f)$$

$$x(kt) \Leftrightarrow \frac{1}{k}X(\frac{f}{k})(k>0) \tag{2-35}$$

证明：

$$
\begin{aligned}
F[x(kt)] &= \int_{-\infty}^{+\infty} x(kt) e^{-j2\pi ft} dt \\
&= \frac{1}{k}\int_{-\infty}^{+\infty} x(kt) e^{-j2\pi\left(\frac{f}{k}\right)(kt)} d(kt) \\
&= \frac{1}{k}X\left(\frac{f}{k}\right)
\end{aligned}
$$

图 2-26 说明了信号的时间尺度不变的特性，当变化因子 k 为 1/2 时，时间上放大了 2 倍，频域上缩小了 1/2。

当 $k>1$ 时，时间尺度压缩如图 2-26(c) 所示。此时，时域波形在时间轴上被压缩 k 倍，导致频域的频带加宽 k 倍和幅值降低；当 $k<1$ 时，时间尺度扩展如图 2-17(a) 所示。其频谱变窄，幅值增高。例如，把记录磁带慢录快放，即时间尺度压缩，这样尽管提高了处理信号的效率，但却使得到的信号频带加宽。如果后续处理设备（放大器、滤波器）的通频带不够宽，就会导致失真。相反快录慢放，使信号的带宽变窄，对后续处理设备的通频带要求降低了，却使信号处理效率下降。

（6）时移和频移特性

若 $x(t) \Leftrightarrow X(f)$，在时域中信号沿时间轴平移一常值 t_0 时，则

$$x(t \pm t_0) \Leftrightarrow X(f) \cdot e^{\pm j2\pi f t_0} \tag{2-36}$$

证明：由傅氏变换的定义，可知

$$F[x(t \pm t_0)] = \int_{-\infty}^{+\infty} x(t \pm t_0) e^{-j\omega t} dt$$

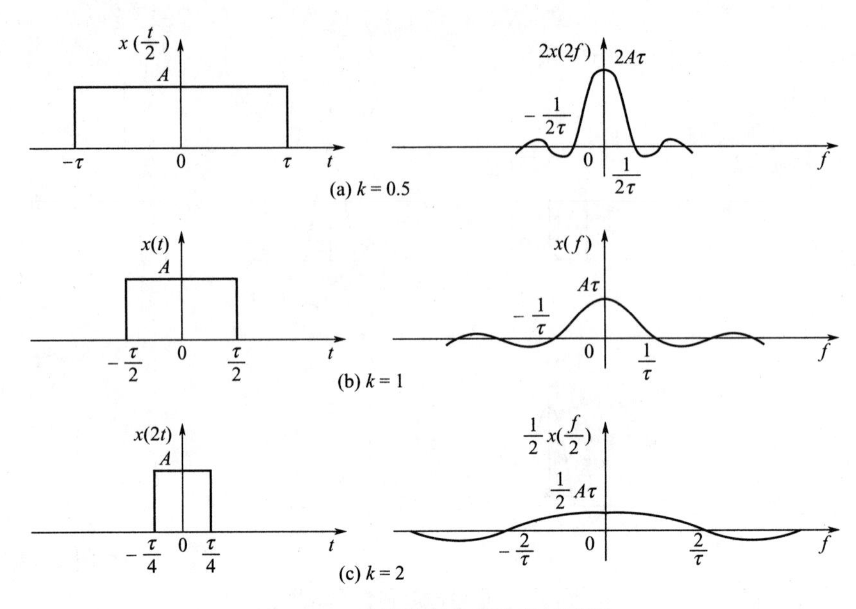

图 2-26 时间尺度改变特性示意图

$$=\int_{-\infty}^{+\infty} x(u)\mathrm{e}^{-\mathrm{j}\omega(u\pm t_0)}\mathrm{d}u \ (令\ t\pm t_0=u)$$

$$=\mathrm{e}^{\pm\mathrm{j}\omega t_0}\int_{-\infty}^{+\infty} x(u)\mathrm{e}^{-\mathrm{j}\omega u}\mathrm{d}u$$

$$=\mathrm{e}^{\pm\mathrm{j}\omega t_0}F[x(t)]$$

该式表明，当信号时移$\pm t_0$后，其幅频谱不变，而相频谱由原来的$\varphi(f)$变为$\varphi(f)\pm 2\pi f t_0$，即在时域的移动，引起频域中的相移。

在频域中信号沿频率轴平移一常值f_0时，则

$$x(t)\mathrm{e}^{\pm\mathrm{j}2\pi f_0 t}\Leftrightarrow X(f\mp f_0) \tag{2-37}$$

或

$$F^{-1}[X(\omega\mp\omega_0)]=x(t)\mathrm{e}^{\pm\mathrm{j}\omega_0 t} \tag{2-38}$$

式(2-37)表明，信号在时域上乘以$\mathrm{e}^{\pm\mathrm{j}2\pi f_0 t}$（可认为是正弦或余弦信号），将使其频谱沿频率轴右移或左移f_0。

式(2-38)表明，频谱函数$X(\omega)$沿ω轴向右或向左位移ω_0的傅氏逆变换等于原来的函数$x(t)$乘以因子$\mathrm{e}^{\mathrm{j}\omega_0 t}$或$\mathrm{e}^{-\mathrm{j}\omega_0 t}$。

（7）卷积定理

若已知函数$x_1(t)$、$x_2(t)$，则积分$\int_{-\infty}^{+\infty}x_1(\tau)x_2(t-\tau)\mathrm{d}\tau$

称为函数$x_1(t)$和$x_2(t)$的卷积，记为$x_1(t)*x_2(t)$，即

$$\int_{-\infty}^{+\infty}x_1(\tau)x_2(t-\tau)\mathrm{d}\tau=x_1(t)*x_2(t) \tag{2-39}$$

显然，$x_1(t)*x_2(t)=x_2(t)*x_1(t)$，即卷积满足交换律。

如果两信号$x_1(t)$和$x_2(t)$都满足傅氏积分定理中的条件，且其频谱分别为$X_1(f)$和$X_2(f)$，则

$$\left.\begin{aligned}F[x_1(t)*x_2(t)]=X_1(f)\cdot X_2(f)\\F^{-1}[X_1(f)\cdot X_2(f)]=x_1(t)*x_2(t)\end{aligned}\right\} \tag{2-40}$$

式(2-40)说明时域中两信号卷积傅氏变换等于频域中它们频谱的乘积；时域中两信号乘积等效于频域中它们频谱的卷积。

证明：按傅氏变换的定义，有

$$
\begin{aligned}
F[x_1(t)*x_2(t)] &= \int_{-\infty}^{+\infty}[x_1(t)*x_2(t)]e^{-j\omega t}dt \\
&= \int_{-\infty}^{+\infty}\left[\int_{-\infty}^{+\infty}x_1(\tau)x_2(t-\tau)d\tau\right]e^{-j\omega t}dt \\
&= \int_{-\infty}^{+\infty}\int_{-\infty}^{+\infty}x_1(\tau)e^{-j\omega\tau}x_2(t-\tau)e^{-j\omega(t-\tau)}d\tau dt \\
&= \int_{-\infty}^{+\infty}x_1(\tau)e^{-j\omega\tau}\left[\int_{-\infty}^{+\infty}x_2(t-\tau)e^{-j\omega(t-\tau)}dt\right]d\tau \\
&= X_1(\omega)\cdot X_2(\omega)
\end{aligned}
$$

这个性质表明，两个函数卷积的傅氏变换等于这两个函数傅氏变换的乘积。同理可得：

$$F[x_1(t)\cdot x_2(t)]=\frac{1}{2\pi}X_1(\omega)*X_2(\omega) \tag{2-41}$$

即两个函数乘积的傅氏变换等于这两个函数傅氏变换的卷积除以 2π。

推论 若 $x_k(t)$（$k=1,2,\cdots,n$）满足傅氏积分定理中的条件，且 $F[x_k(t)]=X_k(\omega)$（$k=1,2,\cdots,n$），则有

$$F[x_1(t)\cdot x_2(t)\cdots\cdots x_n(t)]=\frac{1}{(2\pi)^{n-1}}X_1(\omega)*X_2(\omega)*\cdots*X_n(\omega)$$

可见，卷积并不总是很容易计算的，但卷积定理提供了卷积计算的简便方法，即化卷积运算为乘积运算，这就使得卷积在线性系统分析中成为特别有用的方法。

若 $x_1(t)$、$x_2(t)$ 其中有一信号为周期信号，设 $x_2(t)$ 为周期信号，即 $x_2(t)=\sum_{-\infty}^{+\infty}c_n e^{j2\pi nf_0t}$，利用叠加性和频移特性，可得如下推论：

$$x_1(t)\cdot x_2(t)\Leftrightarrow\sum_{-\infty}^{+\infty}c_nX_1(f-nf_0) \tag{2-42}$$

(8) 微分性质

① 时域微分特性 如果 $x(t)$ 在 $(-\infty,+\infty)$ 上连续或仅有有限个可去间断点，且当 $|t|\to+\infty$时，$x(t)\to 0$，且 $F[x(t)]=X(f)$，则

$$F[x'(t)]=j\omega F[x(t)]=(j2\pi f)\cdot X(f) \tag{2-43}$$

证明：由傅氏变换的定义，并利用分部积分（$\int uv'dt=uv-\int vu'dt$）可得

$$
\begin{aligned}
F[x'(t)] &= \int_{-\infty}^{+\infty}x'(t)e^{-j\omega t}dt \\
&= x(t)e^{-j\omega t}\Big|_{-\infty}^{+\infty}+j\omega\int_{-\infty}^{+\infty}x(t)e^{-j\omega t}dt=j\omega\cdot F[x(t)]=j\omega\cdot X(f)
\end{aligned}
$$

即一个时域信号的导数的傅氏变换等于这个函数的傅氏变换乘以因子 $j\omega$。

若 $x^{(k)}(t)$ （$k=1,2,\cdots,n$）在 $(-\infty,+\infty)$ 上连续或只有有限个可去间断点，且 $\lim\limits_{|t|\to+\infty}x^{(k)}(t)=0(k=0,1,2,\cdots,n-1)$，且 $F[x(t)]=X(f)$，则有

$$F[x^{(n)}(t)]=(j\omega)^n\cdot F[x(t)] \quad 或 \quad \frac{d^nx(t)}{dt^n}\Leftrightarrow(j\omega)^n\cdot X(f) \tag{2-44}$$

② 频域微分特性　设 $F[x(t)]=X(\omega)$，则 $\frac{dX(\omega)}{d\omega}=F[-jt\cdot x(t)]$，一般地，有：

$$\frac{d^n}{d\omega^n}X(\omega)=(-j)^n\cdot F[t^n\cdot x(t)] \tag{2-45}$$

或将式 $X(f)=\int_{-\infty}^{\infty}x(t)e^{-j2\pi ft}dt$ 对 f 微分，可得

$$(-j2\pi t)^n x(t)=(-j)^n(2\pi)^n[t^n\cdot x(t)]\Leftrightarrow\frac{d^nX(f)}{df^n} \tag{2-46}$$

注：$X(f)=\int_{-\infty}^{\infty}x(t)e^{-j2\pi ft}dt$，$X(\omega)=\frac{1}{2\pi}\int_{-\infty}^{\infty}x(t)e^{-j\omega t}dt$，所以 $X(f)=2\pi\cdot X(\omega)$。

(9) 积分性质

$$\int_{-\infty}^{t}x(t)dt\Leftrightarrow\frac{1}{j2\pi f}X(f) \tag{2-47}$$

或

$$F\left[\int_{-\infty}^{t}x(t)dt\right]=\frac{1}{j\omega}F[x(t)] \tag{2-48}$$

证明：因为 $\frac{d}{dt}\int_{-\infty}^{t}x(t)dt=x(t)$，所以 $F\left[\frac{d}{dt}\int_{-\infty}^{t}x(t)dt\right]=F[x(t)]$，又根据上述微分性质，有 $F\left[\frac{d}{dt}\int_{-\infty}^{t}x(t)dt\right]=j\omega F\left[\int_{-\infty}^{t}x(t)dt\right]$，故 $F\left[\int_{-\infty}^{t}x(t)dt\right]=\frac{1}{j\omega}F[x(t)]$。

在测量机械振动过程中，如果测得振动系统的位移、速度或加速度中的一个参数的频谱，则利用微积分特性可得到另两个参数的频谱。

[例 2-12]　求微积分方程 $ax'(t)+bx(t)+c\int_{-\infty}^{t}x(t)dt=h(t)$ 的解，其中，$-\infty<t<+\infty$，a、b、c 均为常数。

解　根据傅氏变换的微积分性质，且记 $F[x(t)]=X(\omega)$，$F[h(t)]=H(\omega)$。

在方程式两边取傅氏变换，可得

$$aj\omega X(\omega)+bX(\omega)+\frac{c}{j\omega}X(\omega)=H(\omega),X(\omega)=\frac{H(\omega)}{b+j\left(a\omega-\frac{c}{\omega}\right)}$$

再求上式的傅氏逆变换，可得

$$x(t)=\frac{1}{2\pi}\int_{-\infty}^{+\infty}X(\omega)e^{j\omega t}d\omega$$

运用傅氏变换的线性性质、微分性质以及积分性质，可以把线性常系数微分方程转化为代数方程，通过解代数方程与求傅氏逆变换，就可以得到此微分方程的解。另外，傅氏变换还是求解数学物理方程的方法之一，其计算过程与解常微分方程大体相似。

2.3.3 几种典型信号的频谱

2.3.3.1 矩形窗函数的频谱

矩形窗函数的频谱已在前面讨论。由此可知，一个时域有限区间内有值的信号，其频谱却延伸至无限频率。用矩形窗函数在时域中截取信号，相当于原信号和矩形窗函数相乘，而所得信号的频谱是原信号频谱与采样函数 $\mathrm{sinc}(\theta)$ 函数的卷积。它是连续的、频率无限延伸的频谱。

2.3.3.2 单位脉冲函数（δ 函数）及其频谱

(1) δ 函数的定义

在 ε 时间内的一个矩形脉冲 $\delta\varepsilon(t)$（亦可用三角形脉冲、钟形脉冲等），其面积为 1。当 $\varepsilon\to 0$ 时，$\delta\varepsilon(t)$ 的极限就称为单位脉冲函数，记作 $\delta(t)$。将 $\delta(t)$ 用一个单位长度的有向线段表示。

从极值角度看

$$\delta(t)=\begin{cases}\infty, t=0\\ 0, t\neq 0\end{cases}$$

从函数面积角度看

$$\int_{-\infty}^{+\infty}\delta(t)\mathrm{d}t=\lim_{\varepsilon\to 0}\int_{-\infty}^{\infty}\delta_t(t)\mathrm{d}t=1$$

(2) δ 函数的筛选性质（采样性质）

如果 δ 函数与某一连续信号 $x(t)$ 相乘，则乘积只有在 $t=0$ 处有值 $x(t)\cdot\delta(t)$，其余各点（$t\neq 0$）之乘积均为零，即

$$\int_{-\infty}^{+\infty}\delta(t)x(t)\mathrm{d}t=\int_{-\infty}^{+\infty}\delta(t)x(0)\mathrm{d}t=x(0) \tag{2-49}$$

同样，对于延时 t_0 的 δ 函数 $\delta(t-t_0)$，因为只有在 $t=t_0$ 处其乘积不等于零，因此

$$\int_{-\infty}^{+\infty}\delta(t-t_0)x(t)\mathrm{d}t=\int_{-\infty}^{+\infty}\delta(t-t_0)x(t_0)\mathrm{d}t=x(t_0) \tag{2-50}$$

式(2-49) 和式(2-50) 表示的 δ 函数的筛选（采样）性质，是对连续信号进行离散采样的理论依据。

(3) δ 函数与其他函数的卷积

若 $\delta(t)$ 与某一函数 $x(t)$（例如矩形窗函数）进行卷积，因为采样函数 $\delta(t)$ 为偶函数，所以可以将变量 “$t-\tau$” 直接改 “$\tau-t$”，则根据卷积定理

$$\begin{aligned}x(t)*\delta(t)&=\int_{-\infty}^{+\infty}x(\tau)\delta(t-\tau)\mathrm{d}\tau\\&=\int_{-\infty}^{+\infty}x(t)\delta(\tau-t)\mathrm{d}\tau=x(t)\end{aligned} \tag{2-51}$$

同样，若 $\delta(t\pm T)$ 与 $x(t)$ 卷积，其卷积

$$\begin{aligned}x(t)*\delta(t\pm T)&=\int_{-\infty}^{+\infty}x(\tau)\delta(t\pm T-\tau)\mathrm{d}\tau\\&=x(t\pm T)\end{aligned} \tag{2-52}$$

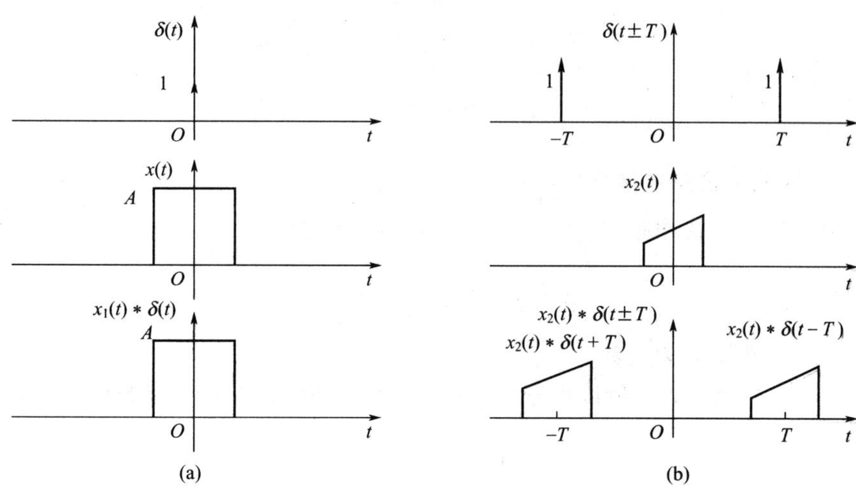

图 2-27 δ 函数与其他函数的卷积

因此，函数 $x(t)$ 与 δ 函数的卷积，其结果就相当于将该函数 $x(t)$ 的图像平移到 δ 函数发生脉冲的坐标位置上去，如图 2-27(a) 和（b）所示，其他波形也一样。

（4）δ 函数的频谱

对 $\delta(t)$ 进行傅里叶变换

$$\Delta(f)=\int_{-\infty}^{+\infty}\delta(t)\mathrm{e}^{-\mathrm{j}2\pi ft}\mathrm{d}t=e^{0}=1 \tag{2-53}$$

其逆变换

$$\delta(t)=\int_{-\infty}^{+\infty}1\cdot\mathrm{e}^{\mathrm{j}2\pi ft}\mathrm{d}f \tag{2-54}$$

所以，时域的单位脉冲函数具有无限宽广的频谱，且在所有的频段上都是等强度的，这种信号就是理想白噪声 $\delta(t)$。

表 2-2 δ 函数及其频谱

时域	频域
单位脉冲函数 $\delta(t)$	频率谱密度函数均匀的白噪声 1
常值函数 1	在 $f=0$ 处有脉冲谱线 $\delta(f)$
时移 $\delta(t-t_0)$	频率中各频率成分分别相移 $2\pi ft_0$
时域中的正、余弦函数 $\mathrm{e}^{\mathrm{j}2\pi t0f}$	将 $\delta(f)$ 频移 f_0

根据傅里叶变换的对称性和时移性质，可得到表 2-2 所示的 δ 函数的重要傅里叶变换对。

2.3.3.3 正弦函数和余弦函数的频谱

根据式(2-6) 和式(2-7)，正、余弦函数可以写成

$$\sin2\pi f_0t=\frac{1}{2}\mathrm{j}(\mathrm{e}^{-\mathrm{j}2\pi f_0t}-\mathrm{e}^{\mathrm{j}2\pi f_0t})$$

$$\cos2\pi f_0t=\frac{1}{2}(\mathrm{e}^{-\mathrm{j}2\pi f_0t}+\mathrm{e}^{\mathrm{j}2\pi f_0t})$$

应用上表和频移特性，可求得正、余弦函数的傅里叶变换，如图 2-28 所示。

$$\sin2\pi f_0t\Leftrightarrow\mathrm{j}\ \frac{1}{2}[\delta(f+f_0)-\delta(f-f_0)] \tag{2-55}$$

$$\cos2\pi f_0t\Leftrightarrow\frac{1}{2}[\delta(f+f_0)+\delta(f-f_0)] \tag{2-56}$$

2.3.3.4 周期单位脉冲序列的频谱

等间隔的周期单位脉冲序列 $g(t)$ 为

$$g(t)=\sum_{-\infty}^{+\infty}\delta(t-nT_{\mathrm{s}}) \tag{2-57}$$

式中，T_{s}为周期；n 为整数。

因为 $g(t)$ 为周期函数，所以可把 $g(t)$ 表示为傅里叶级数的复指数函数形式，即

$$g(t)=\sum_{-\infty}^{+\infty}c_n\mathrm{e}^{\mathrm{j}2\pi f_0tn} \tag{2-58}$$

式中

$$f_0=1/T_{\mathrm{s}}$$

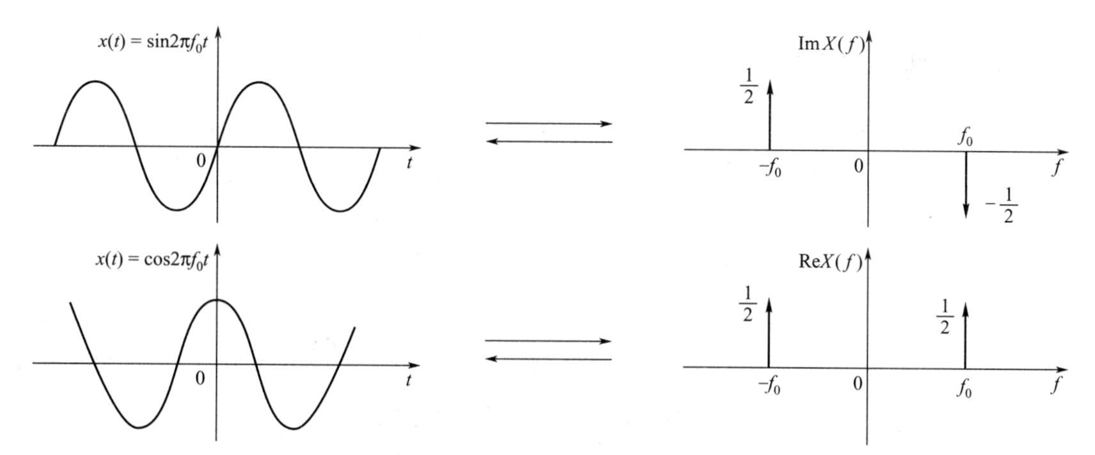

图 2-28　正、余弦函数及其频谱

$$c_n = \frac{1}{T_s}\int_{-T_s/2}^{T_s/2} g(t)\mathrm{e}^{-\mathrm{j}2\pi f_0 t}\mathrm{d}t$$

$$= \frac{1}{T_s}\int_{-T_s/2}^{T_s/2} \delta(t)\mathrm{e}^{-\mathrm{j}2\pi n f_0 t}\mathrm{d}t = \frac{1}{T_s}$$

所以

$$g(t) = \frac{1}{T_s}\sum_{-\infty}^{+\infty}\mathrm{e}^{\mathrm{j}2\pi n f_0 t}$$

应用表 2-2 中的关系，可求出上式等号两侧的傅里叶变换为

$$F[g(t)] = G(f) = F\left[\frac{1}{T_s}\sum_{-\infty}^{\infty}\mathrm{e}^{\mathrm{j}2\pi n f_0 t}\right]$$

$$= \frac{1}{T_s}\sum_{-\infty}^{\infty}\delta(f - nf_0)$$

或

$$G(f) = \frac{1}{T_s}\sum_{-\infty}^{+\infty}\delta(f - nf_0) = \frac{1}{T_s}\sum_{-\infty}^{+\infty}\delta\left(f - \frac{n}{T_s}\right) \tag{2-59}$$

由此可知，若时域中周期脉冲序列的间隔为 T_s，则在频域中亦为周期脉冲序列，其间隔为 $1/T_s$；时域中脉冲幅值为 1，频域中幅值为 $1/T_s$。周期脉冲序列的频谱是离散的，其频谱如图 2-29 所示。

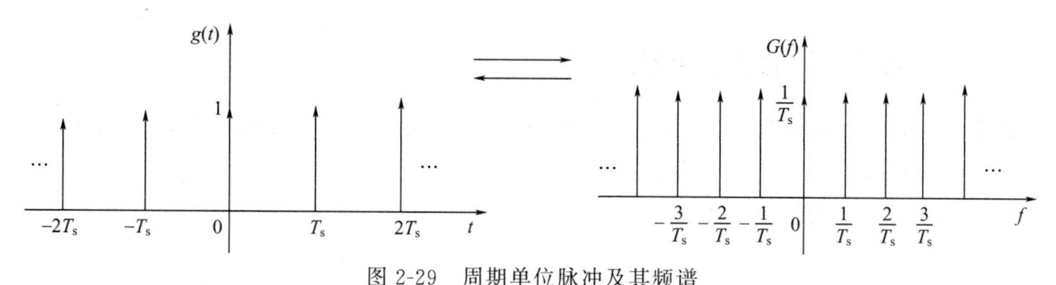

图 2-29　周期单位脉冲及其频谱

2.4　随机信号

随机信号是非确定性信号，它不能用确定的数学关系式来描述，不能预测它未来任何瞬时的精确值，任一次观测值只是在其变动范围中可能产生的结果之一，但其值的变动服从统计规律，故描述随机信号只能采用概率和统计的方法。

2.4.1 随机信号与样本函数

对随机信号按时间历程所作的各次长时间的观测记录叫作样本函数，记作 $x_i(t)$，如图 2-30 所示。而在有限区间内的样本函数叫作样本记录。在同等试验条件下，全部样本函数的集合（总体）就是随机过程，记作 $\{x(t)\}$，即

$$\{x(t)\}=\{x_1(t),x_2(t),\cdots x_i(t),\cdots\} \tag{2-60}$$

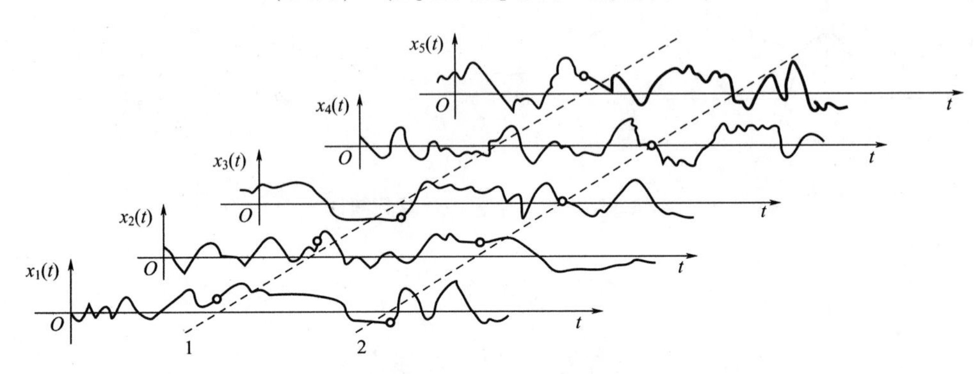

图 2-30 随机过程与样本函数示意图

随机过程的各种平均值（均值、方差、均方值和均方根值等）是按集合平均来计算的。

集合平均的计算不是沿某个样本的时间轴进行，而是在集合中某时刻对所有样本函数的观测值进行平均。单个样本的时间历程进行平均的计算称为时间平均。

随机过程中，其统计特征参数不随时间而变化的过程是平稳随机过程，否则为非平稳随机过程。在平稳随机过程中，如果任何样本的时间平均统计特征等于集合平均统计特征，则该过程就是各态历经随机过程。

在工程上所遇到的很多随机信号具有各态历经性，有的信号虽然不见得是各态历经过程，但也可以当作各态历经过程进行处理。实际测试工作中常把随机信号按各态历经过程来处理，即用有限长度样本记录的分析、观察来推断、估计被测对象的整个随机过程。也就是说，在实际工作中，常以一个或几个样本记录来推断整个随机过程，以时间平均估计集合平均。

2.4.2 随机信号的主要特征参数

描述各态历经随机信号的主要特征参数有均值、方差、均方值和概率密度函数等。

(1) 均值 μ_x、方差 σ_x^2 和均方值 ψ_x^2

各态历经信号的均值 μ_x 为

$$\mu_x=\lim_{T\to\infty}\frac{1}{T}\int_0^T x(t)\mathrm{d}t \tag{2-61}$$

式中 $x(t)$——样本函数；

T——观测时间。

均值表示信号的常值分量。

方差 σ_x^2 描述随机信号的波动分量，它是 $x(t)$ 偏离均值 μ_x 的平方的均值，即

$$\sigma_x^2=\lim_{T\to\infty}\frac{1}{T}\int_0^T[x(t)-\mu_x]^2\mathrm{d}t \tag{2-62}$$

方差的正平方根叫标准差 σ_x，是随机数据分析的重要参数，它反映了信号围绕均值的波动程度。均方值 ψ_x^2 描述随机信号的强度，它是 $x(t)$ 平方的均值，即

$$\psi_x^2 = \lim_{T\to\infty} \frac{1}{T}\int_0^T x^2(t)\mathrm{d}t \tag{2-63}$$

其正平方根是有效值 x_{rms}。均值、方差和均方值的关系是

$$\sigma_x^2 = \psi_x^2 - \mu_x^2 \tag{2-64}$$

当 $\mu_x = 0$ 时，$\sigma_x^2 = \psi_x^2$。

(2) 概率密度函数

概率密度函数是表示信号幅值落在指定区间的概率。如图 2-31 所示的信号，$x(t)$ 落在 $(x,\ x+\Delta x)$ 区间内的时间总和 T_x：

$$T_x = \Delta t_1 + \Delta t_2 + \cdots + \Delta t_n = \sum_{i=1}^{n} \Delta t_i \tag{2-65}$$

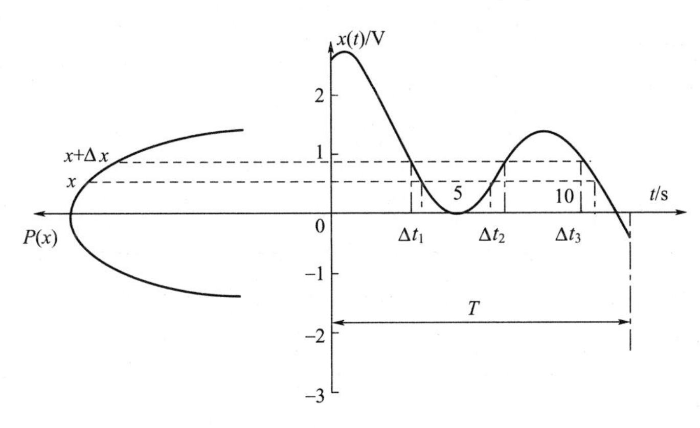

图 2-31　概率密度函数的计算

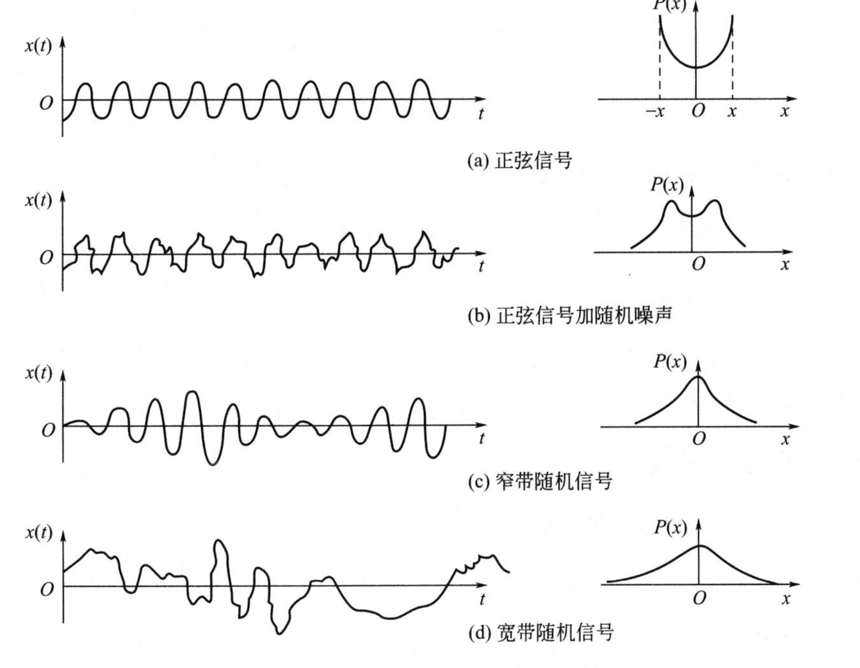

图 2-32　4 种随机信号及其概率密度函数图形

当样本函数的记录时间 T 趋于无穷大时，T_x/T 的比值就是幅值落在（x，$x+\Delta x$）区间的概率，即

$$P[x < x(t) \leqslant x + \Delta x] = \lim_{T \to \infty} T_s/T \tag{2-66}$$

概率密度函数是随机信号的主要参数之一。不同的随机信号有不同的概率密度图形，借助它可以认识信号的性质。图 2-32 所示的是常见的 4 种随机信号的概率密度函数图形。

2.5 信号波形的 MATLAB 实现

MATLAB 提供了许多函数用于产生常用的基本信号，如阶跃信号、脉冲信号、指数信号、正弦信号和周期矩形波信号等。这些基本信号是信号处理的基础。

2.5.1 连续阶跃信号的产生

产生阶跃信号的 MATLAB 程序如下，波形如图 2-33 所示。

```
t=-2:0.02:6;
x=(t>=0);
plot(t,x);
axis([-2,6,0,1.2]);
```

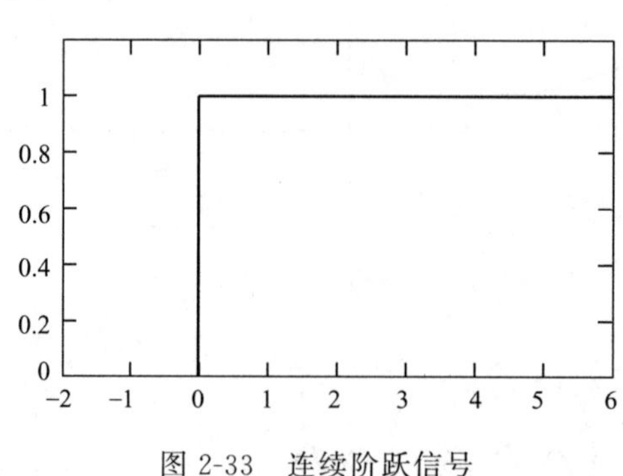

图 2-33 连续阶跃信号

2.5.2 连续指数信号的产生

产生随时间衰减的指数信号的 MATLAB 程序如下：

```
t=0:0.001:5;
x=2*exp(-1*t);
plot(t,x);
```

波形如图 2-34 所示。

2.5.3 连续正弦信号的产生

利用 MATLAB 提供的函数 sin 和 cos 可产生正弦和余弦信号。产生一个幅度为 2，频率为 4Hz，相位为 pi/6 的正弦信号的 MATLAB 程序如下，产生的波形如图 2-35 所示。

```
f0=4;
ω0=2*pi*f0;
t=0:0.001:1;
```

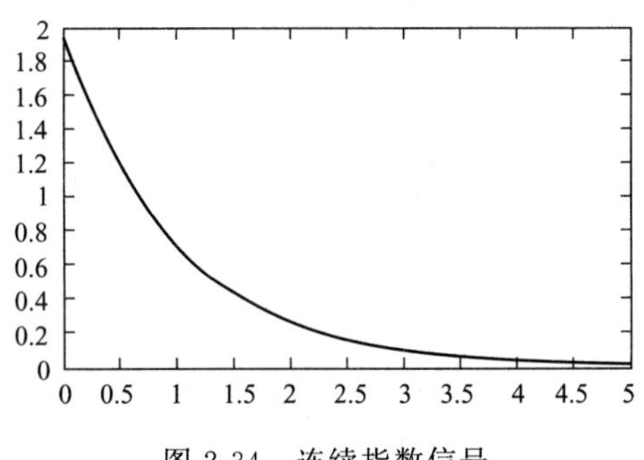

图 2-34 连续指数信号

```
x=2 * sin(ω0 * t+pi/6);
plot(t,x);
```

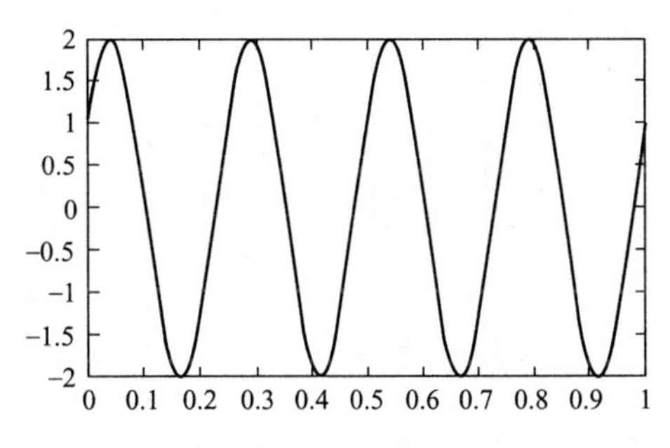

图 2-35 连续正弦信号

2.5.4 连续矩形脉冲信号的产生

函数 rectpulse（t，w）可产生高度为 1、宽度为 w、关于 t=0 对称的矩形脉冲信号。产生高度为 1、宽度为 4、延时 2s 的矩形脉冲信号的 MATLAB 程序如下，波形如图 2-36 所示。

```
t=-2:0.02:6;
x=rectpulse(t-2,4);
plot(t,x);
```

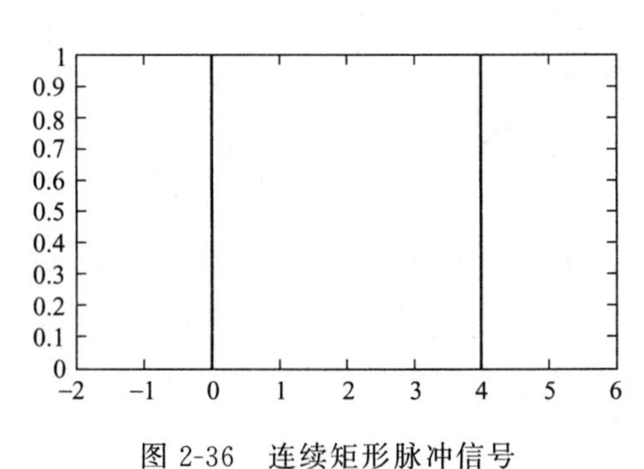

图 2-36 连续矩形脉冲信号

2.5.5 连续周期矩形波信号的产生

函数 square（ω0 * t）产生基本频率为 ω0（周期 T=2pi/ω0）的周期矩形波信号。函数 square（ω0 * t，DUTY）产生基本频率为 ω0（周期 T=2pi/ω0）、占空比 DUTY=t/T *

100 的周期矩形波。

t 为一个周期中信号为正的时间长度。t=T/2，DUTY=50，square（ω0 * t，50）等同于 square（ω0 * t）。

产生一个幅度为 1，基频为 2Hz，占空比为 50%的周期方波的 MATLAB 程序如下，产生的波形如图 2-37 所示。

```
f0=2;
t=0:.0001:2.5;
ω0=2 * pi * f0;
y=square(ω0 * t,50);%duty cycle=50%
plot(t,y);axis([0,2.5,-1.5,1.5]);
```

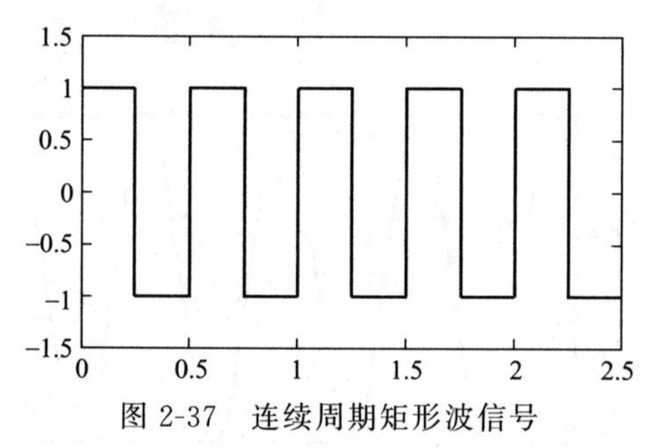

图 2-37 连续周期矩形波信号

2.5.6 连续抽样信号的产生

可使用函数 sinc（x）计算抽样信号，函数 sinc（x）定义为采样/抽样函数。产生信号的 MATLAB 程序如下，产生的波形如图 2-38 所示。

```
t=-10:1/500:10;
x=sinc(t/pi);
plot(t,x);
```

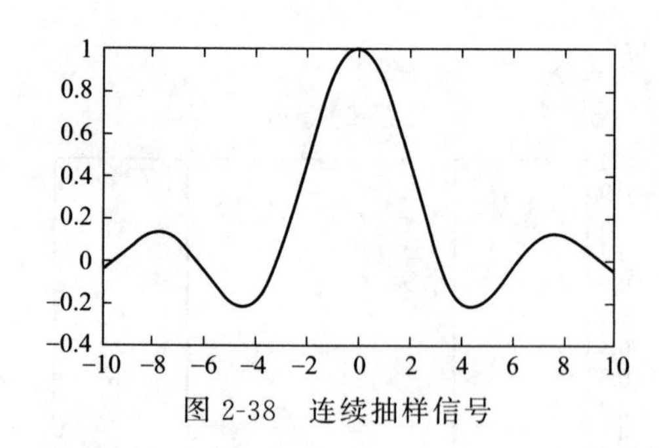

图 2-38 连续抽样信号

2.5.7 单位脉冲序列的产生

函数 zeros（1，n）可以生成单位脉冲序列。函数 zeros（1，n）产生 1 行 n 列的由 0 组成的矩阵。产生单位脉冲序列的 MATLAB 程序如下，产生的波形如图 2-39 所示。

```
k=-4:20;
x=[zeros(1,7),1,zeros(1,17)];
stem(k,x)
```

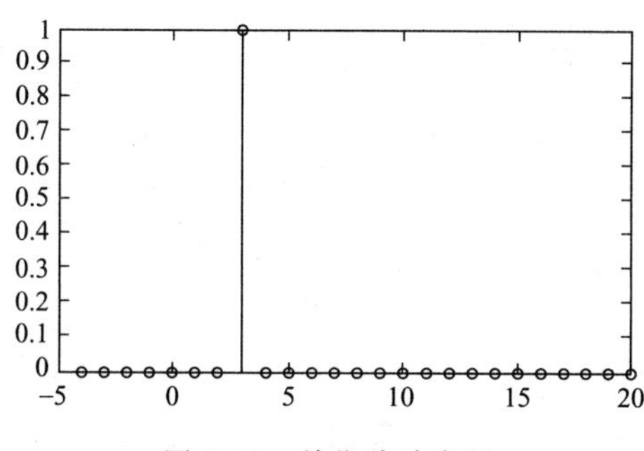

图 2-39　单位脉冲序列

2.5.8　单位阶跃序列的产生

函数 ones（1，n）可以生成单位阶跃序列。函数 ones（1，n）产生 1 行 n 列的由 1 组成的矩阵。

产生单位阶跃序列的 MATLAB 程序如下，产生的波形如图 2-40 所示。

```
k=-4:20;
x=[zeros(1,7),ones(1,18)];
stem(k,x)
```

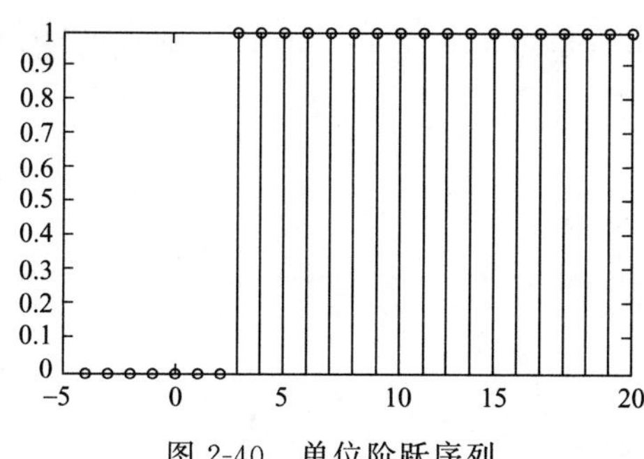

图 2-40　单位阶跃序列

2.5.9　指数序列的产生

产生指数序列的 MATLAB 程序如下，产生的波形如图 2-41 所示。

```
k=-5:15;
x=0.3*(1/2).^k;
stem(k,x);
```

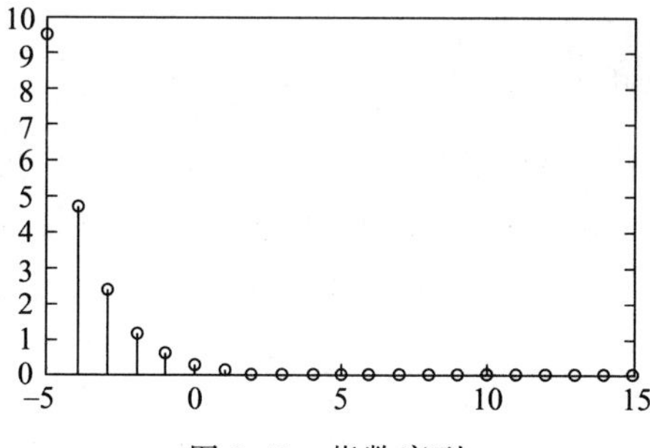

图 2-41　指数序列

2.5.10 正弦序列的产生

产生正弦序列的 MATLAB 程序如下，产生的波形如图 2-42 所示。

```
k=-10:10;
omega=pi/3;
x=0.5*sin(omega*k+pi/5);
stem(k,x);
```

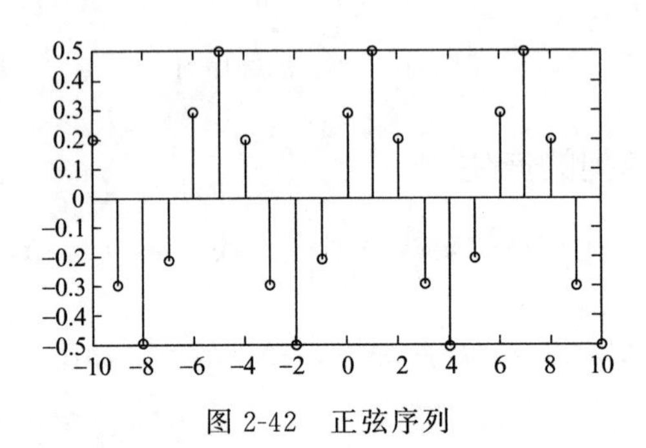

图 2-42 正弦序列

2.5.11 离散周期矩形波序列的产生

产生幅度为 1、基频为 ω（单位为 rad/s）、占空比为 50%的周期方波的 MATLAB 程序如下，产生的波形如图 2-43 所示。

```
omega=pi/4;
k=-10:10;
x=square(omega*k,50);
stem(k,x);
```

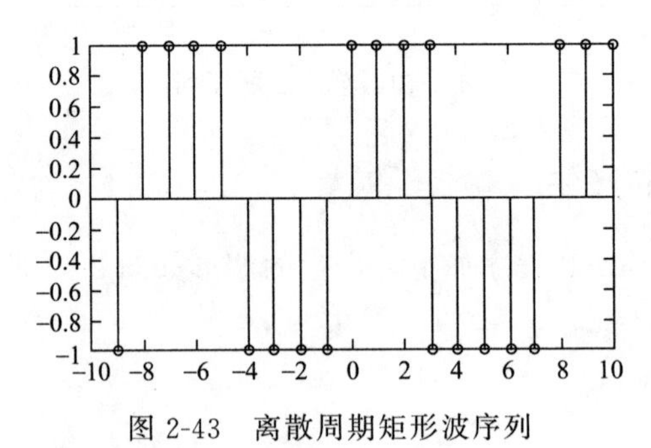

图 2-43 离散周期矩形波序列

2.5.12 白噪声序列的产生

白噪声序列在信号处理中是常用的序列。函数 rand 可产生在 [0,1] 区间均匀分布的白噪声序列，函数 randn 可产生均值为 0，方差为 1 的高斯分布白噪声。产生的波形如图 2-44 所示，程序代码如下：

```
N=20;
k=0:N-1;
x=rand(1,N)stem(k,x);
```

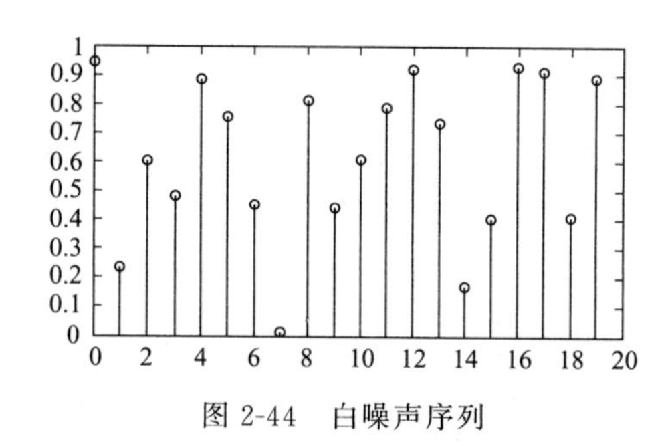

图 2-44 白噪声序列

复习思考题

1. 信号分类的方法有哪些？

2. 下面的信号是周期的吗？若是周期函数，请指明其周期。

(1) $x(t)=a\sin\frac{\pi}{5}t+b\cos\frac{\pi}{3}t$

(2) $x(t)=a\sin\frac{1}{6}t+b\cos\frac{\pi}{3}t$

(3) $x(t)=a\sin\left(\frac{3}{4}t+\frac{\pi}{3}\right)$

(4) $x(t)=a\sin\left(\frac{\pi}{4}t+\frac{\pi}{5}\right)$

3. 求周期方波（图 2-45）的傅里叶级数（三角函数形式和复指数函数形式），并画出频谱图。

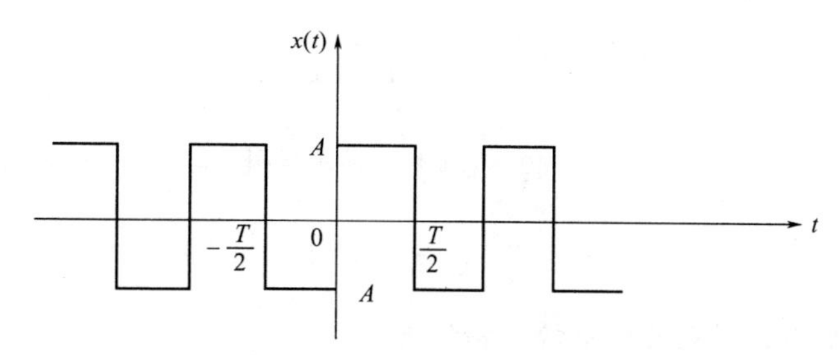

图 2-45 周期性方波示意图

4. 求单位阶跃函数［图 2-46(a)］和符号函数［图 2-46(b)］的频谱。

提示：单位阶跃函数记作 $u(t)$，可先对 $e^{-\lambda t}u(t)$ $(\lambda>0)$ 作傅氏变换，变换后取极限 $\lambda\to 0$ 就得到单位阶跃函数的傅氏变换。符号函数可看作是由阶跃函数平移坐标而得。

5. 求被截断的余弦函数 $\cos\omega_0 t$（图 2-47）的傅里叶变换。

$$x(t)=\begin{cases}\cos\omega_0 t, & |t|<T\\ 0, & |t|\geqslant T\end{cases}$$

6. 求指数衰减振荡信号 $x(t)=e^{-at}\sin\omega_0 t$（图 2-48）的频谱。

7. 求正弦信号 $x(t)=x_0\sin\omega t$ 的绝对均值 $|\mu_x|$ 和均方根值 x_{rms}。

8. 求指数函数 $x(t)=Ae^{-at}$ $(a>0,\ t\geqslant 0)$ 的频谱。

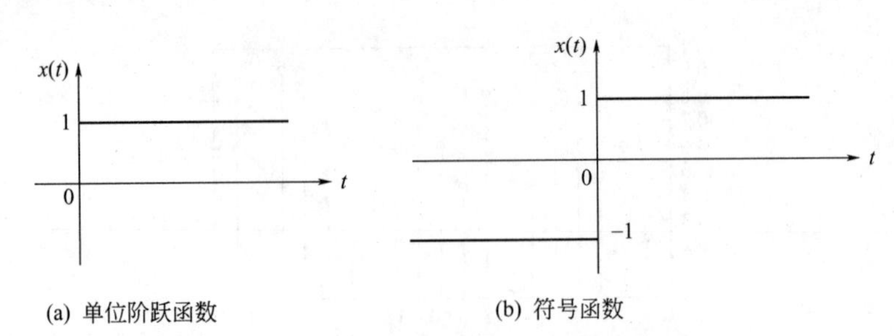

图 2-46 瞬变信号波形示意图

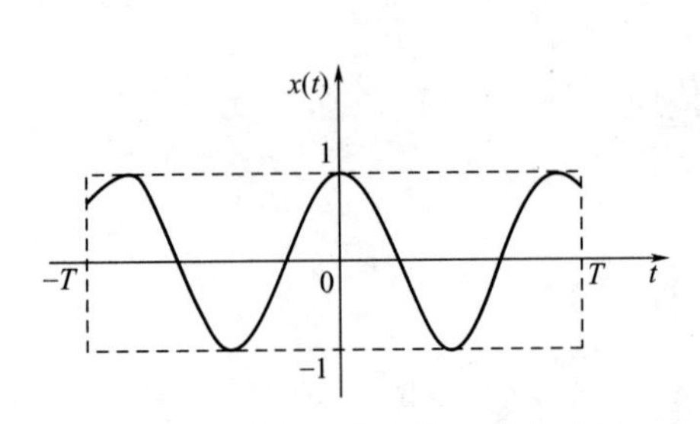

图 2-47 被截断的余弦函数示意图

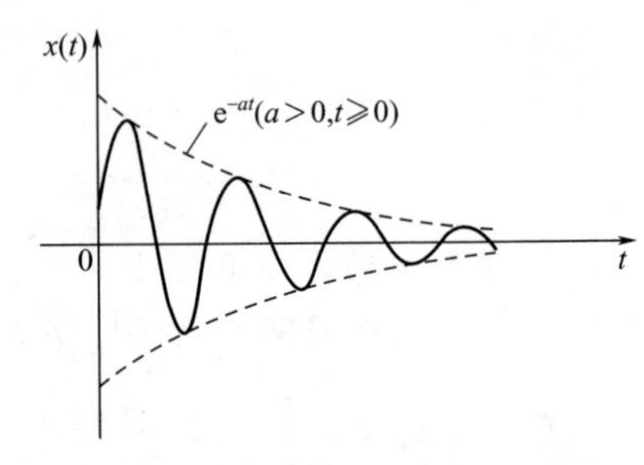

图 2-48 指数衰减振荡信号示意图

9. 求正弦信号 $x(t)=x_0\sin(\omega t+\varphi)$ 的均值 μ_x、均方值 ψ_x^2 和概率密度函数 $P(x)$。

10. 设 c_n 为周期信号 $x(t)$ 的傅里叶级数序列系数，证明傅里叶级数的时移特性，即：若有 $x(t)\overset{\text{FS}}{\leftrightarrow}c_n$，则 $x(t\pm t_0)\overset{\text{FS}}{\leftrightarrow}\mathrm{e}^{\pm \mathrm{j}\omega_0 t_0}c_n$。

11. 求周期性方波的（图 2-49）的幅值谱密度。

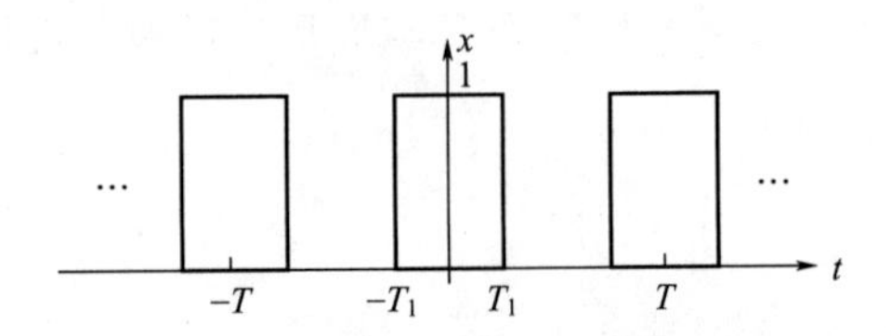

图 2-49 周期性方波示意图

12. 已知信号 $x(t)=4\cos\left(2\pi f_0 t-\dfrac{\pi}{4}\right)$，试计算并绘图表示：

（1）傅里叶级数实数形式的幅值谱、相位谱；

（2）傅里叶级数复数形式的幅值谱、相位谱；

（3）幅值谱密度。

13. 求下列函数的傅氏变换：

（1）$f(t)=\sin\omega_0 t\cdot u(t)$；

（2）$f(t)=\mathrm{e}^{-\beta t}\sin\omega_0 t\cdot u(t)$；

（3）$f(t)=\mathrm{e}^{-\beta t}\cos\omega_0 t\cdot u(t)$；

（4）$f(t)=\mathrm{e}^{\mathrm{j}\omega_0 t}u(t)$；

（5）$f(t)=\mathrm{e}^{\mathrm{j}\omega_0 t}u(t-t_0)$；

（6）$f(t)=\mathrm{e}^{\mathrm{j}\omega_0 t}tu(t)$。

14. 概率密度函数的物理意义是什么？它和均值和方差有什么联系？

第3章 测试系统的组成与基本特性

学习要点

本章主要介绍了测试系统的组成和基本特性，从对测试系统的基本组成为切入点，分析测试系统的动、静态特性，最后介绍不失真测试的条件和测试系统的负载效应和匹配，最后利用 MATLAB 软件讲解了信号的分析过程。

测试技术的根本目的是实现不失真测试，本章从对测试系统的基本组成出发，建立测试系统的概念，分析测试系统的动静态特性，了解测试系统对测量结果的影响，根据测试系统的动态特性了解测试系统特性的测量方法，掌握系统不失真测试的条件及典型测试系统在不失真测试时的动态性能。

3.1 测试系统概念及基本要求

测试过程是人们从客观事物中获取有关信息的认识过程，在这个过程中，需要利用专门的测试系统和适当的测试方法，对被测对象进行检测，以求得所需要的信息和量值。测试指带有试验性的测量。系统是由若干相互作用、相互依赖的事物组合而成的具有特定功能的整体。从狭义上讲，系统实际上是能够完成一定功能变换的装置。测试系统是完成某种物理量的测量而由具有某一种或多种变换特性的物理装置构成的总体，是实现信息转换、传输和处理的一些装置的组合（执行测试任务的传感器、仪器和设备的总称）。测试系统有简单测试系统和复杂测试系统之分，如光电池、水银温度计都是简单的测试系统，而轴承缺陷检测的过程就是复杂的测试系统，利用加速度计检测轴承缺陷信号，再通过带通滤波器和包络检测器检测出不合格的轴承。因此，测试系统实际上是一个信息通道，理想的测试系统应该准确地真实地反映和传送所需要的信号而将那些无关的虚假的信号（干扰）抑制掉。

系统的特性是指系统的输出和输入的关系。对测试系统的基本要求是努力使测试系统的输出信号能够真实地反映被测物理量的变化过程，不使信号发生畸变，即实现不失真测试。任何测试系统都有其传输特性，如果输入信号用 $x(t)$ 表示，测试系统的传输特性用 $h(t)$ 表示，输出信号用 $y(t)$ 表示，则通常的工程测试问题总是处理 $x(t)$、$h(t)$ 和 $y(t)$ 三者之间的关系，如图 3-1 所示。

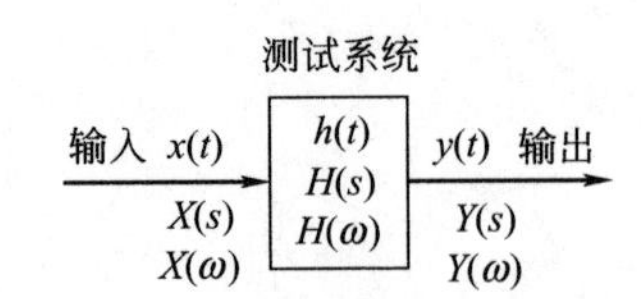

图 3-1 测试系统输入输出关系

① 若输入 $x(t)$ 和输出 $y(t)$ 是已知量，则通过输入、输出可推断出测试系统的传输特性 $h(t)$。

② 若测试系统的传输特性 $h(t)$ 已知，输出 $y(t)$ 亦已测得，则通过 $h(t)$ 和 $y(t)$ 可推断出对应于该输出的输入信号 $x(t)$。

③ 若输入信号 $x(t)$ 和测试系统的传输特性 $h(t)$ 已知，则可推断出测试系统的输出信号 $y(t)$。

$x(t)$ 表示测试系统随时间而变化的输入，$y(t)$ 表示测试系统随时间而变化的输出。理想的测试系统应该具有单值的、确定的输入-输出关系，即对应于每一输入量，都应只有单一的输出量与之对应。知道其中的一个量就可以确定另外一个量，其中以输出与输入为线性关系时最佳。实际测试系统往往无法在较大范围内满足这种要求，而只能在较小的工作范围内和在一定误差允许范围内满足这项要求。在静态测量中用曲线校正或输出补偿技术作非线性校正尚不困难，而在动态测试中作非线性校正目前还相当困难，所以，测试系统本身应该力求是线性系统，只有这样才能作比较完善的数学处理与分析。对于一些实际测试系统，不可能在较大的工作范围内完全保持线性，只能在一定的工作范围内和一定的误差允许范围内作线性处理。

测试系统的基本特性以及它与输入、输出之间的关系，将直接影响测试工作。信号与系统有着十分密切的关系，为了真实地传输信号，系统必须具备一些必要的特性，通常用静态特性和动态特性来描述。当被测量为恒定值或为缓变信号时，通常只考虑测试系统的静态性能，而当对迅速变化的量进行测量时，就必须全面考虑测试系统的动态特性和静态特性。只有当其满足一定要求时，才能从测试系统的输出中正确分析、判断其输入的变化，从而实现不失真测试。

3.2 测试系统的基本特性

静态系统中，误差对系统很重要，一般来说，有绝对误差、相对误差和引用误差三种误差的表示方法。

① 绝对误差：测量某量所得值与其真值（约定真值）之差。

② 相对误差：绝对误差与约定真值之比，用百分数表示。相对误差越小，测量精度越高。

③ 引用误差：装置示值绝对误差与装置量程之比。

例如，测量上限为100g的电子秤，称重60g的标准质量时，其示值为60.2g，则该测量点的引用误差为（60.2－60）÷100＝0.2%。

3.2.1 测试系统的输入与输出特性

一般地，把外界对系统的作用称之为系统的输入或激励，而将系统对输入的反应称为系统的输出或响应。

在对线性系统动态特性的研究中，定常线性系统或时不变线性系统通常是用线性微分方程来描述其输入 $x(t)$ 与输出 $y(t)$ 之间的关系，即

$$\begin{aligned} &a_n \frac{\mathrm{d}^n y(t)}{\mathrm{d}t}+a_{n-1}\frac{\mathrm{d}^{n-1} y(t)}{\mathrm{d}t^{n-1}}+\cdots+a_1\frac{\mathrm{d}y(t)}{\mathrm{d}t}+a_0 y(t) \\ &=b_m \frac{\mathrm{d}^m x(t)}{\mathrm{d}t^m}+b_{m-1}\frac{\mathrm{d}^{m-1} x(t)}{\mathrm{d}t^m}+\cdots+b_1\frac{\mathrm{d}x(t)}{\mathrm{d}t}+b_0 x(t) \end{aligned} \tag{3-1}$$

对实际系统来说，式中 $m \leqslant n$。

当 a_n、a_{n-1}、…、a_1、a_0 和 b_m、b_{m-1}、…、b_1、b_0 均为常数时，上述方程为常系数微分方程，其所描述的系统为线性时不变系统。

下面以 $x(t) \rightarrow y(t)$ 来表述线性时不变系统的输入、输出的对应关系，来讨论其所具有的一些主要性质。

（1）叠加性

输入之和的输出为原输入中各个所得输出之和，即若

$$x_1(t) \rightarrow y_1(t)$$

$$x_2(t) \rightarrow y_2(t)$$

则

$$[x_1(t)+x_2(t)] \rightarrow [y_1(t)+y_2(t)] \tag{3-2}$$

叠加性表明，对于线性系统，一个输入的存在并不影响另一个输入的响应，各个输入产生的响应是互不影响的。因此，对于一个复杂的输入，就可以将其分解成一系列简单的输入之和，系统对复杂激励的响应便等于这些简单输入的响应之和。

（2）比例特性

常数倍输入的输出等于原输入所得输出乘相同倍数，即若 $x(t) \rightarrow y(t)$，且 c 为常数，则

$$cx(t) \rightarrow cy(t) \tag{3-3}$$

（3）微分特性

若线性系统的初始状态为零（即当输入为零时，其响应也为零），输入微分的输出等于原输入所得输出的微分，即若

$$x(t) \rightarrow y(t)$$

则

$$\frac{\mathrm{d}x(t)}{\mathrm{d}t} \rightarrow \frac{\mathrm{d}y(t)}{\mathrm{d}t} \tag{3-4}$$

（4）积分特性

若线性系统的初始状态为零（即当输入为零时，其响应也为零），输入积分的输出等于原输入所得输出的积分，即若

$$x(t) \rightarrow y(t)$$

则

$$\int_0^t x(t)\mathrm{d}t \rightarrow \int_0^t y(t)\mathrm{d}t \tag{3-5}$$

（5）频率保持特性

系统的输入为某一频率的简谐激励时，则系统的稳态输出为同一频率的简谐运动，且输入、输出的幅值比及相位差不变，即若

$$x(t) \rightarrow y(t)$$

根据线性时不变系统的比例特性和微分特性，得

$$\left[\frac{d^2x(t)}{dt^2}+\omega^2x(t)\right]\rightarrow\left[\frac{d^2y(t)}{dt^2}+\omega^2y(t)\right]$$

当 $x(t)=x_0e^{j\omega t}$ 时，则

$$\frac{d^2x(t)}{dt^2}=(j\omega)^2x_0e^{j\omega t}=-\omega^2x(t)$$

$$\frac{d^2x(t)}{dt^2}+\omega^2x(t)=0$$

则其输出

$$\frac{d^2y(t)}{dt^2}+\omega^2y(t)=0$$

$y(t)$ 的唯一解为

$$y(t)=y_0e^{j(\omega t+\varphi)} \tag{3-6}$$

频率保持特性是线性系统的一个重要性质，用实验的方法研究系统的响应特性就是基于这个性质。根据线性时不变系统的频率保持特性，如果系统的输入为一纯正弦函数，其输出却包含有其他频率成分，则可以断定，这些其他频率成分绝不是由输入引起，它们或是由外界干扰引起，或是由系统内部噪声引起，或是输入太大使系统进入非线性区，或是系统中有明显的非线性环节。

线性系统的频率保持性，在测试工作中具有非常重要的作用。因为在实际测试中，测试得到的信号常常会受到其他信号或噪声的干扰，这时依据频率保持特性可以认定测得信号中只有与输入信号相同的频率成分才是真正由输入引起的输出。同样，在故障诊断中，根据测试信号的主要频率成分，在排除干扰的基础上，依据频率保持特性推出输入信号也应包含该频率成分，通过寻找产生该频率成分的原因，就可以诊断出故障的原因。

3.2.2 测试系统的静态特性

对测试系统而言，当被测量不随时间变化或变化极其缓慢时，由式(3-1) 可得

$$y=\frac{b_0}{a_0}x=Sx \tag{3-7}$$

在这一关系的基础上所确定的测量装置的性能参数称为测试系统的静态特性，静态特性曲线反映的是当信号为定值或变化缓慢时，系统的输出与输入的关系，它可以用一个相应的代数方程来描述。静态特性曲线由厂家给定，在静态校准情况下由实测来确定输出输入关系，称为静态校准到静态校准线。静态校准条件：指没有加速度，没有冲击、振动，环境温度为 20℃±5℃，相对湿度不大于 85%，大气压力为 0.1MPa±0.08MPa 的情况。通常，描述测试系统静态特性的主要参数有线性度、灵敏度及回程误差等。

(1) 线性度（非线性误差）

为了简化输出输入关系，总是希望输出输入之间为线性，$y=a_1x$，用一直线趋近特性曲线，这样就希望有一个参数来衡量特性曲线与参考直线的偏离程度，这一参数叫线性度或非线性误差。线性度为测量系统的标定曲线对理论拟合直线的最大偏差 B 与满量程 A 的百分比，即

$$线性度=\frac{B}{A}\times100\% \tag{3-8}$$

图 3-2 为线性度定义的图解。线性度是以一定的拟合直线作为基准直线计算的，选取不

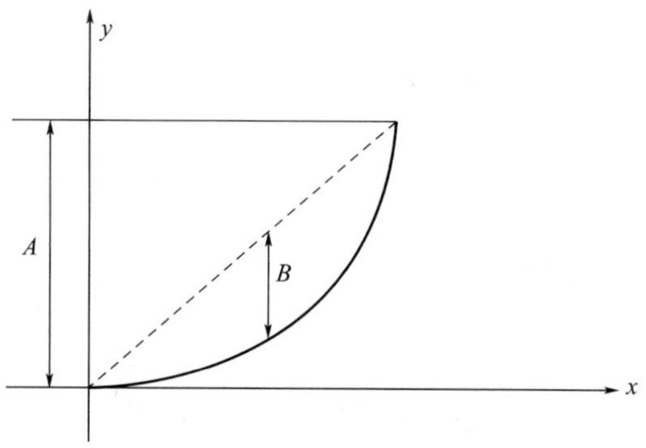

图 3-2　测试系统的线性度

同的基准直线，得到不同的线性度数值。基准直线的确定有多种准则，比较常用的一种是基准直线与标定曲线间偏差的均方值保持最小且通过原点。

在测试过程中，总希望测试系统具有比较好的线性，因此，总要设法消除或减少测试系统中的非线性因素。例如，对于改变气隙厚度的电感传感器和变极距型电容传感器，由于它们的输出与输入成双曲线关系，会造成比较大的非线性误差，因此，在实际应用中通常做成差动式，以消除其非线性因素，从而使其线性得到改善。又如，为了减小非线性误差，在非线性元件后面引用另一个非线性元件，以便整个系统的特性曲线接近于直线。采用高增益负反馈环节消除非线性误差，也是经常采用的一种有效方法，高增益负反馈环节不仅可以用来消除非线性误差，而且还可以用来消除环境的影响。

（2）灵敏度

灵敏度为测试系统的输出量与输入量变化之比（见图 3-3），即

$$S=\frac{\Delta y}{\Delta x} \tag{3-9}$$

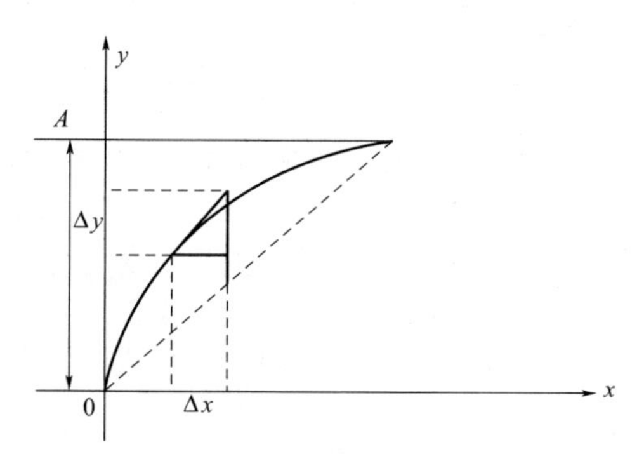

图 3-3　灵敏度

可见，灵敏度为测试系统输入输出特性曲线的斜率，而能用式(3-7) 表示的测试系统，其输入输出呈直线关系。这时，测试系统的灵敏度为一常数，即 $S=b_0/a_0$。若测试系统的输出与输入为同量纲量，其灵敏度就是无量纲量而常称为“放大倍数”。

灵敏度越高，系统反映输入微小变化的能力就越强。在电子测量中，灵敏度越高，往往容易引入噪声并影响系统的稳定性及测量范围，在同等输出范围的情况下，灵敏度越高测量范围越小，反之则越大。应该指出，灵敏度越高，测量范围越窄，测试系统的稳定性也就越差。因此，应合理选择测试系统的灵敏度，而不是灵敏度越高越好。

（3）回程误差

由于仪器仪表中的磁性材料的磁滞、弹性材料迟滞现象、机械结构中的摩擦和游隙等原因，反映在测试过程中输入量在递增过程中的定度曲线与输入量在递减过程中的定度曲线往往不重合，导致系统产生回程误差。就某一测试系统而言，当其输入由小变大再由大变小时，对同一输入值来说，可能得到大小不同的输出值，所得到的输出值的最大差别与满量程输出的百分比称为回程误差，即

$$\frac{y_{20}-y_{10}}{A}\times 100\% \tag{3-10}$$

图 3-4 为回程误差定义的图解。产生回程误差的原因可归纳为系统内部各种类型的摩擦、间隙以及某些机械材料（如弹性元件）和电磁材料（如磁性元件）的滞后特性。

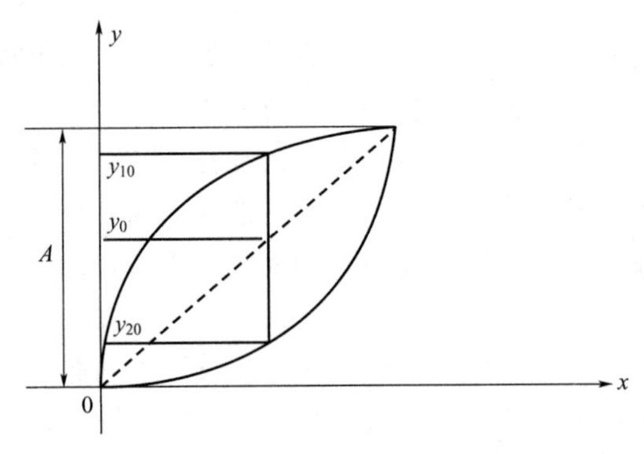

图 3-4　回程误差示意图

（4）测试系统的其他静态性能指标

① 分辨力是指测试系统所能检测出来的输入量的最小变化量，通常是以最小单位输出量所对应的输入量来表示。分辨力与灵敏度有密切的关系，即为灵敏度的倒数。

一个测试系统的分辨力越高，表示它所能检测出的输入量最小变化量值越小。对于数字测试系统，其输出显示系统的最后一位所代表的输入量即为该系统的分辨力；对于模拟测试系统，是用其输出指示标尺最小分度值的一半所代表的输入量来表示其分辨力。

② 在计量学中，漂移指测量仪器的测量特性随时间的慢变化。一般来说，漂移分为点漂和温漂。点漂指在规定的条件下，当输入不变时在规定时间内输出的变化，其中在测试系统测试范围最低值处的点漂称为零漂；温度漂移是随环境变化产生的漂移（注：由于温漂是产生零漂的主要原因，因此，有时也称零点漂移为温度漂移）。

有两个方面导致系统产生漂移：一是仪器自身结构参数的变化，另一个是周围环境的变化（如温度、湿度等）对输出的影响。最常见的漂移是温漂，即由于周围的温度变化而引起输出的变化，进一步引起测试系统的灵敏度和零位发生漂移，即灵敏度漂移和零点漂移。

③ 测量范围：是指测试装置能正常测量最小输入量和最大输入量之间的范围（实际）。

④ 量程：测试系统能测量的最小输入量与最大输入量之间的范围（理论）。

⑤ 稳定性：是指在一定工作条件下，当输入量不变时，输出量随时间变化的程度。

⑥ 可靠性：是与测试装置无故障工作时间长短有关的一种描述（MTBF 和 MTTR）。

⑦ 精度：是与评价测试装置产生的测量误差大小有关的指标。

⑧ 灵敏阈：又称为死区，用来衡量测量起始点不灵敏的程度。与分辨力不同，死区用来表示传感器的输入最小值，当输入量大于死区值以后，才可以观测到传感器显示数值的变化，而分辨力指传感器能检测到的最小输入量的范围。在这点上，分辨力的数值大于灵敏阈。

3.3 测试系统的动态特性

测试系统的动态特性是指输入量随时间变化时，其输出随输入而变化的关系。一般地，在所考虑的测量范围内，测试系统都可以认为是线性系统，因此就可以用一定常线性系统微分方程来描述测试系统以及和输入 $x(t)$、输出 $y(t)$ 之间的关系，通过拉普拉斯变换（简记作拉氏变换）建立其相应的“传递函数”，该传递函数就能描述测试装置的固有动态特性，通过傅里叶变换建立其相应的“频率响应函数”，以此来描述测试系统的特性。一般来说，传递函数、频率响应函数和脉冲响应函数是对测试系统进行动态特性描述的三种基本方法，它们从不同角度表示测试系统的动态特性，三者之间既有联系又各有特点。

3.3.1 传递函数

3.3.1.1 传递函数的概念

由式(3-1) 可知，线性系统在一般情况下，其激励与响应所满足的关系可用下列微分方程来表示，即

$$\begin{aligned}&a_n y^{(n)}+a_{n-1}y^{(n-1)}+a_{n-2}y^{(n-2)}+\cdots+a_1y'+a_0y=\\&b_m x^{(m)}+b_{m-1}x^{(m-1)}+b_{m-2}x^{(m-2)}+\cdots+b_1x'+b_0x\end{aligned}\tag{3-11}$$

其中，a_0，a_1，…，a_n，b_0，b_1，…，b_m 均为常数，m，n 为正整数，$n \geqslant m$。

设 $L[y(t)]=Y(s)$，$L[x(t)]=X(s)$，根据拉氏变换的微分性质，有 $L[a_k y^{(k)}]=a_k s^k Y(s)-a_k[s^{k-1}y(0)+s^{k-2}y'(0)+s^{k-3}y''(0)+\cdots+y^{(k-1)}(0)](k=0,1,2,\cdots,n)$

$L[b_k x^{(k)}]=b_k s^k X(s)-b_k[s^{k-1}x(0)+s^{k-2}x'(0)+s^{k-3}x''(0)+\cdots+x^{(k-1)}(0)](k=0,1,2,\cdots,m)$

其中 $D(s)=a_n s^n+a_{n-1}s^{n-1}+a_{n-2}s^{n-2}+\cdots+a_1s+a_0$

$M(s)=b_m s^m+b_{m-1}s^{m-1}+b_{m-2}s^{m-2}+\cdots+b_1s+b_0$

$M_{hy}(s)=a_n y(0)s^{n-1}+[a_n y'(0)+a_{n-1}y(0)]s^{n-2}+\cdots+[a_n y^{(n-1)}(0)+\cdots+a_2y'(0)+a_1y(0)]$

$M_{hx}(s)=b_m x(0)s^{m-1}+[b_m x'(0)+b_{m-1}x(0)]s^{m-2}+\cdots+[b_m x^{(m-1)}(0)+\cdots+b_2x'(0)+b_1x(0)]$

对式(3-11) 两边取拉氏变换并通过整理，可得

$$D(s)Y(s)-M_{hy}(s)=M(s)X(s)-M_{hx}(s)$$

即

$$Y(s)=\frac{M(s)}{D(s)}X(s)+\frac{M_{hy}(s)-M_{hx}(s)}{D(s)}$$

若令 $H(s)=\dfrac{M(s)}{D(s)}, G_h(s)=\dfrac{M_{hy}(s)-M_{hx}(s)}{D(s)}$，则上式可写成

$$Y(s)=H(s)X(s)+G_h(s)\tag{3-12}$$

式中

$$H(s)=\frac{b_m s^m+b_{m-1}s^{m-1}+\cdots+b_1s+b_0}{a_n s^n+a_{n-1}s^{n-1}+\cdots+a_1s+a_0}\tag{3-13}$$

$H(s)$ 被称为系统的传递函数。它表达了系统本身的特性，而与激励及系统的初始状态无关，但 $G_h(s)$ 则由激励和系统本身的初始条件所决定，若这些初始条件全为零，即 $G_h(s)=0$ 时，则式(3-12) 可写成

$$Y(s)=H(s)\cdot X(s)\text{或}H(s)=\frac{Y(s)}{X(s)} \tag{3-14}$$

即
$$H(s)=\frac{Y(s)}{X(s)}=\frac{b_m s^m+b_{m-1}s^{m-1}+\cdots+b_1 s+b_0}{a_n s^n+a_{n-1}s^{n-1}+\cdots+a_1 s+a_0} \tag{3-15}$$

显然，只有在零初始条件下，系统的传递函数才等于其响应的拉氏变换与其激励的拉氏变换之比。如果系统的传递函数已知，通过系统的激励，则可按式(3-14) 或式(3-15) 求出其响应的拉氏变换，再通过拉氏逆变换可得其响应 $y(t)$。$x(t)$ 和 $y(t)$ 之间的关系可用图 3-1来描述。

传递函数是一种用来描述测试系统的传输、转换特性的数学模型，式(3-15) 中的 n 代表了系统微分方程的阶数。对于线性时不变系统，传递函数具有如下特点。

① $H(s)$ 是"比值"，它由 a_n，a_{n-1}，…，a_1，a_0 和 b_m，b_{m-1}，…，b_1，b_0 等综合确定，是复变量 s 的有理分式(一般 $m\leqslant n$)，它只反映测试系统的传输特性。由 $H(s)$ 所描述的测试系统，对任意一个具体的输入信号 $x(t)$ 都可确定地给出相应的输出信号及其量纲。

② $H(s)$ 是将实际的物理系统抽象为数学模型，再经过拉氏变换后得到的。它只反映测试系统的传递、转换和响应特性，而与具体物理结构无关，同一形式的传递函数可表征两个完全不同的物理系统。例如，液柱式温度计和简单的 RC 低通滤波器同为一阶系统。再如，动圈式电表、光线示波器的振动子和简单的弹簧质量系统均是二阶系统。

③ $H(s)$ 中的分母完全由测试系统（包括被测对象和测试系统）的结构决定，而其分子则和输入（激励）点的位置及测点的布置情况等有关，与系统的输入及初始条件无关。

一般测试系统都是稳定系统，其分母中 s 的幂次总是高于分子中 s 的幂次（$n>m$）。

3.3.1.2 环节串、并联的运算法则

如果测量装置包含两个串联元件，其传递函数分别为 $H_1(s)$ 和 $H_2(s)$，则总的传递函数为

$$H(s)=\frac{Y(s)}{X(s)}=\frac{Z(s)}{X(s)}\cdot\frac{Y(s)}{Z(s)}=H_1(s)\cdot H_2(s) \tag{3-16}$$

如果测量装置包含两个并联元件，其传递函数分别为 $H_l(s)$ 和 $H_2(s)$，则总的传递函数为

$$H(s)=\frac{Y(s)}{X(s)}=\frac{Y_1(s)+Y_2(s)}{X(s)}=H_1(s)+H_2(s) \tag{3-17}$$

由上述结论便可推导出多个元件串、并联所组成的测试系统的传递函数。有关推导这里不再赘述。

组成测试系统的各功能部件多为一阶系统或二阶系统，如果抛开具体物理结构，则一阶系统的微分方程为

$$a_1\frac{\mathrm{d}y(t)}{\mathrm{d}t}+a_0 y(t)=b_0 x(t) \tag{3-18}$$

或

$$\tau \frac{\mathrm{d}y(t)}{\mathrm{d}t}+y(t)=Sx(t) \tag{3-19}$$

式中 τ——时间常数；

S——灵敏度。

采取灵敏度归一化，即令 $S=1$，式(3-19) 的拉氏变换为

$$\tau sY(s)+Y(s)=X(s) \tag{3-20}$$

故一阶系统的传递函数为

$$H(s)=\frac{Y(s)}{X(s)}=\frac{1}{\tau s+1} \tag{3-21}$$

对于二阶系统，其微分方程为

$$a_2\frac{\mathrm{d}^2y(t)}{\mathrm{d}t^2}+a_1\frac{\mathrm{d}y(t)}{\mathrm{d}t}+a_0y(t)=b_0x(t) \tag{3-22}$$

或

$$\frac{1}{\omega_n^2}\cdot\frac{\mathrm{d}^2y(t)}{\mathrm{d}t^2}+\frac{2\zeta}{\omega_n}\cdot\frac{\mathrm{d}y(t)}{\mathrm{d}t}+y(t)=Sx(t) \tag{3-23}$$

式中 ω_n——固有频率；

ζ——阻尼比；

S——灵敏度。

在灵敏度归一化的情况下，对式(3-23) 进行拉氏变换，有

$$\frac{1}{\omega_n^2}s^2Y(s)+\frac{2\zeta}{\omega_n}sY(s)+Y(s)=X(s)$$

故二阶系统的传递函数为

$$H(s)=\frac{Y(s)}{X(s)}=\frac{1}{\frac{1}{\omega_n^2}s^2+\frac{2\zeta}{\omega_n^2}s+1} \tag{3-24}$$

3.3.2 频率响应函数

3.3.2.1 频率响应函数的定义

当系统输入各个不同频率的正弦信号时，其稳态输出与输入的复数比称为系统的频率响应函数，记作 $H(\mathrm{j}\omega)$。即当系统输入正弦函数

$$x(t)=X_0\sin\omega t \tag{3-25}$$

用复数表示则为

$$x(t)=X_0\mathrm{Im}e^{\mathrm{j}\omega t} \tag{3-26}$$

式中 Im——表示复数虚部的符号。

对于线性定常系统而言，根据其频率保持特性可知，系统的输出 $y(t)$ 应为

$$y(t)=Y_0\sin(\omega t+\varphi) \tag{3-27}$$

用复数表示则为

$$y(t)=Y_0\mathrm{Im}e^{\mathrm{j}(\omega t+\varphi)} \tag{3-28}$$

以 $s=\mathrm{j}\omega$ 代入式(3-13) 就可得到系统在 $x(t)$ 的作用下，输出达到稳态后，其输出与输入的复数比为

$$H(\mathrm{j}\omega)=\frac{b_m(\mathrm{j}\omega)^m+b_{m-1}(\mathrm{j}\omega)^{m-1}+\cdots+b_1(\mathrm{j}\omega)+b_0}{a_n(\mathrm{j}\omega)^n+a_{n-1}(\mathrm{j}\omega)^{n-1}+\cdots+a_1(\mathrm{j}\omega)+a_0} \tag{3-29}$$

在式(3-29) 中，通常以 $H(\omega)$ 代替 $H(\mathrm{j}\omega)$，以求书写上的简化。

将 $H(\omega)$ 化作代数形式为

$$H(\omega)=P(\omega)+\mathrm{j}Q(\omega) \tag{3-30}$$

则 $P(\omega)$ 和 $Q(\omega)$ 就都是 ω 的实函数，所画出的 $P(\omega)$-ω 曲线和 $Q(\omega)$-ω 分别称为该系统的实频特性曲线和虚频特性曲线。

将 $H(\omega)$ 化作指数形式为

$$H(\omega)=A(\omega)\mathrm{e}^{\mathrm{j}\varphi\omega} \tag{3-31}$$

则

$$A(\omega)=|H(\omega)|=\sqrt{P^2(\omega)+Q^2(\omega)} \tag{3-32}$$

$A(\omega)$ 称为系统的幅频特性，其曲线 $A(\omega)$-ω 称为幅频特性曲线。

$$\varphi(\omega)=\angle H(\omega)=\arctan\frac{Q(\omega)}{P(\omega)} \tag{3-33}$$

$\varphi(\omega)$ 称为相频特性曲线。

3.3.2.2 一阶、二阶系统的频率响应函数

当系统输入为正弦信号时，由一阶、二阶系统的传递函数则可得到其频率响应函数，进而确定其幅频特性、相频特性。

由前面所求结果，一阶系统的频率响应函数为

$$H(\omega)=\frac{1}{\mathrm{j}\tau\omega+1}=\frac{1}{1+(\tau\omega)^2}-\mathrm{j}\frac{\tau\omega}{1+(\tau\omega)^2} \tag{3-34}$$

式中 τ——时间常数。

幅频特性可表示为

$$A(\omega)=\frac{1}{\sqrt{(\omega\tau)^2+1}} \tag{3-35}$$

相频特性可表示为

$$\varphi(\omega)=-\arctan(\omega\tau) \tag{3-36}$$

[例 3-1] 某一阶系统的时间常数 $\tau=6\text{ms}$，试求相应于 $\omega\tau=1$ 时的频率？若输入为此频率的正弦信号，则其实际输出的幅值误差是多少？

解 因为 $\omega\tau=1$，故 $\omega=\frac{1}{\tau}$，则

$$\omega=\frac{1}{6\times10^{-3}}\text{rad/s}=166.7\text{rad/s}$$

对应于 $\omega\tau=1$ 的频率为

$$f=\frac{\omega}{2\pi}=\frac{166.7}{2\pi}\text{Hz}=26.5\text{Hz}$$

将 $\omega\tau=1$ 代入式(3-35)，得

$$A(\omega)=\frac{1}{\sqrt{1+(\tau\omega)^2}}=\frac{1}{\sqrt{2}}\approx0.7$$

则输出的幅值误差为 30%。

由二阶系统的传递函数 [式(3-24)]，令 $s=\mathrm{j}\omega$ 可得其频率响应函数为

$$H(\omega)=\frac{1}{1-\left(\frac{\omega}{\omega_n}\right)^2+2j\zeta\frac{\omega}{\omega_n}} \tag{3-37}$$

式中　ω_n——固有频率；

ζ——阻尼比。

相应的幅频特性为

$$A(\omega)=\frac{1}{\sqrt{\left[1-\left(\frac{\omega}{\omega_n}\right)^2\right]^2+4\zeta^2\left(\frac{\omega}{\omega_n}\right)^2}} \tag{3-38}$$

相应的相频特性为

$$\varphi(\omega)=-\arctan\frac{2\zeta\left(\frac{\omega}{\omega_n}\right)}{1-\left(\frac{\omega}{\omega_n}\right)^2} \tag{3-39}$$

频率响应函数 $H(\omega)$ 是输入信号频率 ω 的复变函数，当 ω 从零逐渐增大到无穷大时，作为一个矢量，其端点在复平面上所形成的轨迹称为奈奎斯特图。图 3-5 和图 3-6 分别是一阶系统和二阶系统的奈奎斯特图。

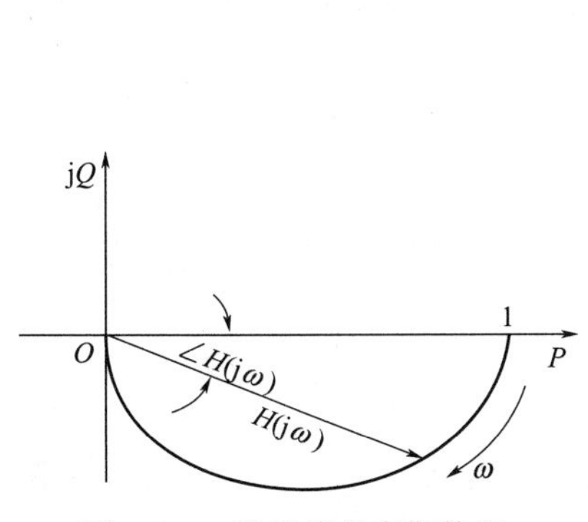

图 3-5　一阶系统的奈斯特图

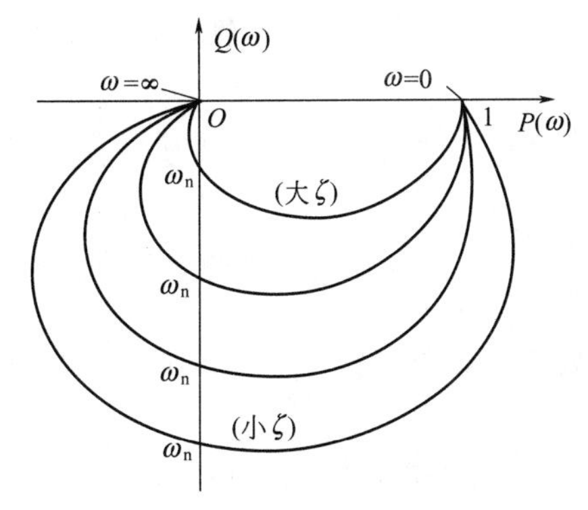

图 3-6　二阶系统的奈奎斯特图

将频率响应函数 $H(\omega)$ 表示在对数坐标上得到的曲线，称为对数频率特性图，它包括对数幅频特性和对数相频特性曲线，总称为伯德图。图 3-7 和图 3-8 分别是一阶系统和二阶系统的伯德图。

对比式(3-21) 与式(3-31) 可以看出，形式上将传递函数中的 s 换成 $j\omega$ 便得到了频率响应函数，但必须注意两者的含意是不同的。传递函数是输出与输入的拉氏变换之比，其输入并不限于正弦激励，而且传递函数不仅决定着测试系统的稳态性能，也决定了它的瞬态性能。频率响应函数是在正弦信号作用下，其稳态输出与输入之间的关系。

频率响应函数及其模和相角的自变量可以是角频率 ω，也可以是频率 f，两者均可使用。

二阶系统的频率响应函数大致有如下特点。

① 由式(3-37) 可知，当$\frac{\omega}{\omega_n}$很小时，式(3-37) 所表达的是一个低通环节。$H(j\omega)\approx 1$；当$\frac{\omega}{\omega_n}\gg 1$ 时，$H(j\omega)\rightarrow 0$。

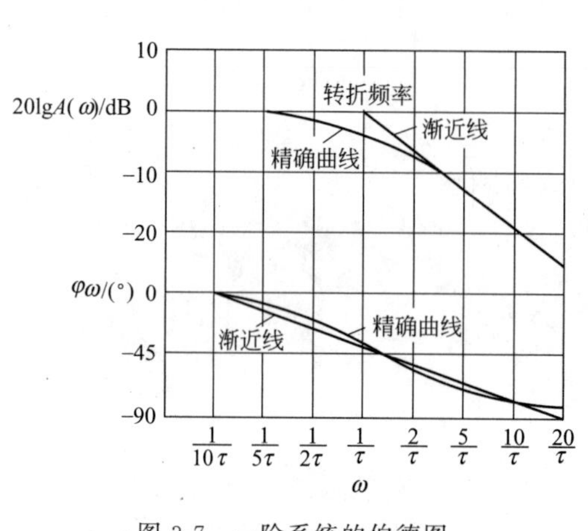

图 3-7 一阶系统的伯德图

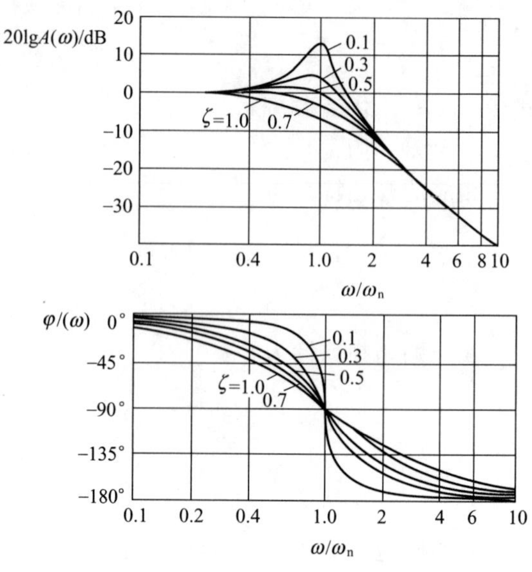

图 3-8 二阶系统的伯德图

② 影响二阶系统动态特性的最主要参数是频率比$\dfrac{\omega}{\omega_n}$。所以，在选择二阶系统的固有圆频率 ω_n 时，应一并考虑工作圆频率 ω 的范围。当$\dfrac{\omega}{\omega_n}\approx 1$ 时，测试系统将发生共振。因为，在$\dfrac{\omega}{\omega_n}=1$ 处，$A(\omega)=\dfrac{1}{2\zeta}$，若测试系统中阻尼比 ζ 小，则输出的振幅将急剧增大。此外，在$\dfrac{\omega}{\omega_n}=1$ 处，不论阻尼比 ζ 多大，其输出的相位角总是滞后 90°［见式（3-39）］。

③ 从相频特性曲线图上可看出，在$\dfrac{\omega}{\omega_n}\ll 1$ 区段，其相位滞后角不大，而且随频率的变化近似地成比例增加。在$\dfrac{\omega}{\omega_n}\gg 1$ 区段，其相位滞后近 180°，即输出信号几乎与输入信号反相。在$\dfrac{\omega}{\omega_n}$靠近 1 区段，相角滞后量变化较大。阻尼比 ζ 越小，相位角变化愈陡。当 ζ 很小时，在$\dfrac{\omega}{\omega_n}=1$ 附近，相位角变化接近 180°，参见图 3-8。

④ 从图 3-8 可知，在阻尼比 $\zeta=0.6\sim0.8$ 时，测试系统可获得较为合适的综合特性。计算表明，当阻尼比 $\zeta=0.7$ 时，且被测信号的频率 ω 在 $0\sim0.58\omega_n$ 范围内变化，则幅频特性 $A(\omega)$ 的变化不超过 5%，同时相频特性 $\varphi(\omega)$ 接近于直线，因而所产生的相位失真很小。

［**例 3-2**］ 某一力传感器，经简化后为一个二阶系统。已知其固有频率 $f_n=1000\text{Hz}$，阻尼比 $\zeta=0.7$，若用它测量频率分别为 600Hz 和 400Hz 的正弦交变力时，问输出与输入的幅值比和相位差各为多少？

解 应用式(3-38) 和式(3-39) 的幅频特性和相频特性表达式，可得

当输入信号的频率 $f=600\text{Hz}$ 时，$\dfrac{f}{f_n}=\dfrac{600}{1000}=0.6$，则

$$A(\omega)=\frac{1}{\sqrt{[1-(0.6)^2]^2+4\times0.7^2(0.6)^2}}=0.95$$

$$\varphi(\omega)=-\arctan\frac{2\times0.7\times0.6}{1-(0.6)^2}=-52.7°=-0.92\text{rad}$$

当输入信号的频率 $f=400\text{Hz}$ 时，$\dfrac{f}{f_n}=\dfrac{400}{1000}=0.4$，则

$$A(\omega)=\frac{1}{\sqrt{[1-(0.4)^2]^2+4\times0.7^2(0.4)^2}}=0.99$$

$$\varphi(\omega)=-\text{arctg}\frac{2\times0.7\times0.4}{1-(0.4)^2}=-33.7°=-0.59\text{rad}$$

测量频率分别为 600Hz 和 400Hz 的正弦交变力时其频率比$\dfrac{f}{f_n}$分别为 0.6 和 0.4，因而其角频率比$\dfrac{\omega}{\omega_n}$也分别为 0.6 和 0.4。根据图 3-8 对比可得其具体的幅值误差和时间延时，近而分析系统的性能指标。

可见，用该传感器测试$\dfrac{\omega}{\omega_n}\leqslant0.6$这一频率段的信号时，幅值误差最大不超过 5%，而测试$\dfrac{\omega}{\omega_n}\leqslant0.4$这一频率段的信号时，幅值误差最大不超过 1%。

该传感器的输出信号相对于输入信号的滞后时间为

$$T_{f=600}=\frac{|\varphi(\omega)|}{\omega}=\frac{920}{2\pi\times600}\text{ms}=0.24\text{ms}$$

$$T_{f=400}=\frac{|\varphi(\omega)|}{\omega}=\frac{590}{2\pi\times400}\text{ms}=0.23\text{ms}$$

这说明，当$\dfrac{\omega}{\omega_n}\leqslant0.6$时，各个频率通过此传感器后，输出信号的滞后时间接近于常数。

3.3.3 脉冲响应函数

3.3.3.1 脉冲响应函数

若输入为单位脉冲，即 $x(t)=\delta(t)$，则 $X(s)=L[\delta(t)]=1$，系统的相应输出将是 $Y(s)=H(s)\cdot X(s)=H(s)$。这时，系统的时域描述即可通过对 $Y(s)$ 作拉普拉斯反变换求得：

$$y(t)=L^{-1}[H(s)]=h(t) \tag{3-40}$$

把系统对单位脉冲输入的响应 $h(t)$ 称为该系统的脉冲响应函数，也叫权函数，它是系统动态特性的时域描述。

事实上，理想的单位脉冲输入是不存在的。工程上常把作用时间小于 $\tau/10$（τ 为一阶系统的时间常数或二阶系统的振荡周期）的短暂的冲击输入近似地认为是单位脉冲输入，则系统频域描述就是系统的频率响应函数，时域描述就是系统的脉冲响应函数。

3.3.3.2 一阶、二阶系统的脉冲响应函数

分别对一阶系统的传递函数和二阶系统的传递函数式(3-21) 和式(3-24) 求拉普拉斯反

变换，即可得一阶、二阶系统的脉冲响应函数。一阶系统的脉冲响应函数为

$$h(t)=L^{-1}[H(s)]=\frac{1}{2\pi j}\int_{\beta-j\infty}^{\beta+j\infty}H(s)e^{st}ds=\frac{1}{2\pi j}\int_{\beta-j\infty}^{\beta+j\infty}\frac{e^{st}}{\tau s+1}ds=\frac{1}{\tau}e^{-t/\tau}$$

即
$$h(t)=L^{-1}[H(s)]=\frac{1}{\tau}e^{-t/\tau} \tag{3-41}$$

其初始值为$\frac{1}{\tau}$，初始斜率为$-\frac{1}{\tau^2}$，一阶系统的脉冲响应曲线如图 3-9 所示。

二阶系统的脉冲响应函数随着 ζ 的取值不同而有所不同。

当 $\zeta>1$ 时，其脉冲响应函数为

$$h(t)=\frac{\omega_n}{2\sqrt{\zeta^2-1}}\left[e^{-(\zeta-\sqrt{\zeta^2-1})\omega_n t}-e^{-(\zeta+\sqrt{\zeta^2-1})\omega_n t}\right] \tag{3-42}$$

当 $\zeta=1$ 时，其脉冲响应函数为

$$h(t)=\omega_n^2 t e^{-\omega_n t} \tag{3-43}$$

当 $0<\zeta<1$ 时，其脉冲响应函数为

$$h(t)=\frac{\omega_n}{\sqrt{1-\zeta^2}}e^{-\zeta\omega_n t}\sin\sqrt{1-\zeta^2}\,\omega_n t \tag{3-44}$$

图 3-10 为二阶系统当 $0<\zeta<1$ 时的脉冲响应曲线。

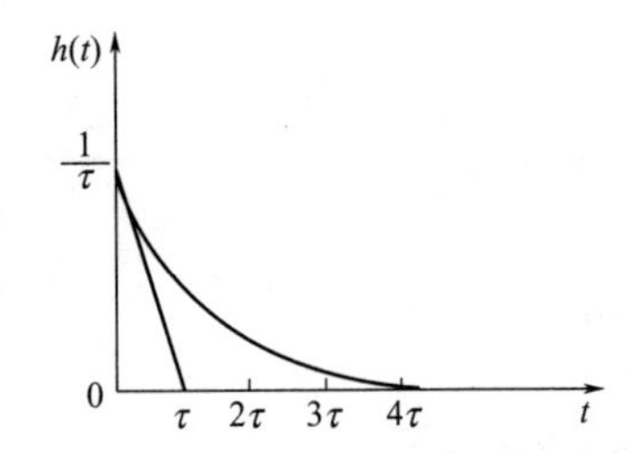

图 3-9 一阶系统脉冲响应曲线

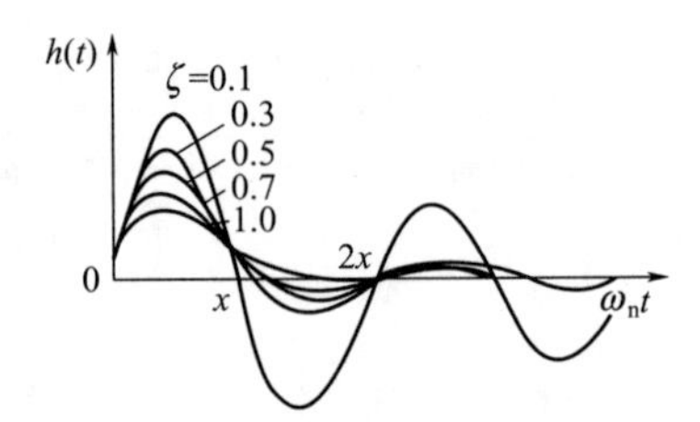

图 3-10 二阶系统脉冲响应曲线

综上所述，$H(s)$、$h(t)$、$H(j\omega)$分别是在复数域、时域和频域中对测试系统动态特性的描述。$h(t)$和 $H(s)$是拉氏变换对，$h(t)$和 $H(\omega)$是傅氏变换对。

3.3.3.3 测试系统对任意输入信号的时域响应

若测试系统的输入信号 $x(t)$为任意信号时，其相应的输出信号为 $y(t)$，如图 3-11(a) 所示。若已知 $x(t)$时，从理论上求取 $y(t)$的基本思路如下。

① 先将输入信号 $x(t)$按时间轴等分为很多宽度为 Δt 的矩形脉冲信号，如图 3-11(b)所示。它们处于时间轴的不同位置 t_i 上，对应的纵坐标值为$x(t_i)$。

② 用很多离散值$x(t_i)$近似地表达原输入信号 $x(t)$，则 $x(t)$曲线下的面积就可用很多小窄条矩形面积$x(t_i)\Delta t$ 之和近似表达。

③ 求出测试系统对各小窄条矩形输入信号（脉冲信号）的响应，那么，将所有各小窄条矩形输入信号的响应叠加起来，则近似地求出测试系统对输入信号 $x(t)$ 的总响应 $y(t)$。

④ 若将输入信号 $x(t)$ 的分割宽度 Δt 无限地缩小，则 $\sum\limits_{\substack{i=0 \\ \Delta t\to 0}}^{t} x(t_i)$ 将非常接近原输入信号 $x(t)$，很显然，其响应的总和也将非常接近 $x(t)$ 的真实响应。

具体方法如下。

① 单位脉冲响应函数 $\delta(t)$ 是在 t 轴坐标原点上的一个脉冲，其面积为 1，如图 3-11(a) 所示。将 $\delta(t)$ 信号输入到测试系统后，当初始状态为零时，它所引起的输出（响应）为 $h(t)$，称 $h(t)$ 为单位脉冲响应函数。它是测试系统传递特性的时域描述。

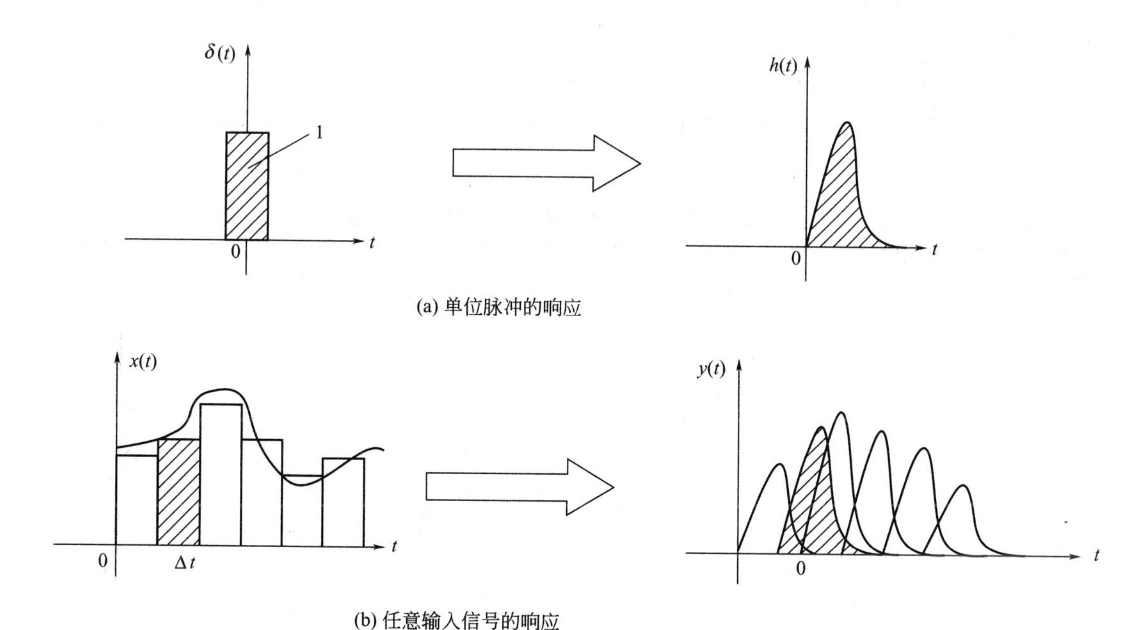

(a) 单位脉冲的响应

(b) 任意输入信号的响应

图 3-11　单位脉冲和任意输入信号的响应

② 若相对于坐标原点有时移 t_i 的单位脉冲信号，即 $\delta(t-t_i)$，则其响应为 $h(t-t_i)$。

③ 根据比例特性，若将位于坐标原点上的面积为 $x(0)\Delta t$ 的小窄条矩形脉冲信号 $x(0)\Delta t \cdot \delta(t)$ 输入测试系统，则它所引起的测试系统响应即为 $x(0)\Delta t h(t)$。

④ 若其位置偏离坐标原点的值为 t_i，则面积为 $x(t_i)\Delta t$ 的小窄条矩形脉冲信号应是 $x(t_i)\Delta t\delta(t-t_i)$，将其输入测试系统后，它所引起的响应为 $x(t_i)\Delta t h(t-t_i)$。

⑤ 由很多小窄条矩形脉冲信号叠加而成的输入信号所引起的总响应将是各小窄条矩形脉冲信号分别引起的响应之总和，如图 3-11(b) 所示，即

$$x(t) \approx \sum_{i=0}^{t} [x(t_i)\Delta t\delta(t-t_i)]$$

$$\rightarrow y(t) \approx \sum_{i=0}^{t} [x(t_i)\Delta t h(t-t_i)]$$

若将小窄条矩形脉冲的间隔 Δt 无限缩小，即 $\Delta t \rightarrow \mathrm{d}t$，则各小窄条矩形脉冲响应的总和之极限即是原输入 $x(t)$ 所引起的测试系统的输出 $y(t)$，即

$$y(t) = \int_0^t x(t_i)h(t-t_i)\mathrm{d}t \tag{3-45}$$

$$y(t) = x(t) * h(t) \tag{3-46}$$

式(3-46)表明：测试系统对任意输入 $x(t)$ 的响应 $y(t)$ 是输入信号 $x(t)$ 与测试系统的单位脉冲响应函数 $h(t)$ 的卷积。

3.3.3.4 几种常见信号的一阶、二阶系统的脉冲响应函数

（1）单位脉冲信号输入时一阶、二阶系统的脉冲响应函数

若输入为单位脉冲信号，即 $x(t)=\delta(t)$，则 $X(s)=L[\delta(t)]=1$，测试系统相应输出的拉普拉斯变换将是 $Y(s)=H(s)X(s)=H(s)$，可对 $Y(s)$ 进行拉普拉斯逆变换求得在时域上的输出信号 $y(t)$，即

$$y(t)=L^{-1}[H(s)]=h(t)$$

可见，$h(t)$ 是测试系统的脉冲响应函数，又称权函数。一阶、二阶系统的脉冲响应函数及其波形列于表 3-1 中。

表 3-1 一阶系统和二阶系统的脉冲响应函数及其波形

系统	传递函数	脉冲响应函数及波形
一阶系统	$H(s)=\dfrac{1}{1+\tau s}$	$h(t)=\dfrac{1}{\tau}e^{-t/\tau}$
二阶系统	$H(s)=\dfrac{\omega_n^2}{s^2+2\zeta s\omega_n+\omega_n^2}$	$h(t)=\dfrac{\omega_n}{2\sqrt{\zeta^2-1}}\left[e^{-(\zeta-\sqrt{\zeta^2-1})\omega_n t}-e^{-(\zeta+\sqrt{\zeta^2-1})\omega_n t}\right]$

理想的单位脉冲输入实际上是不存在的。但是，假若给测试系统以非常短暂的冲击输入，其作用的时间小于 $\dfrac{1}{10}\tau$（τ 为一阶系统的时间常数或二阶系统的振荡周期），则可近似地认为此输入信号是单位脉冲信号 $\delta(t)$。

（2）单位阶跃信号输入时一阶、二阶系统的阶跃响应函数

对测试系统突然加载或突然卸载时的信号，属于阶跃信号，这样的输入方式既简单又易于揭示测试系统的动态特性，故常被采用。

一阶系统在单位阶跃激励下的稳态输出误差理论上为零，一阶系统的初始上升斜率为 $\dfrac{1}{\tau}$，在 $t=\tau$ 时，$y(t)=0.632$；在 $t=4\tau$ 时，$y(t)=0.982$；在 $t=5\tau$ 时，$y(t)=0.993$。理论上，一阶系统的响应只在 t 趋于无穷大时，它才达到稳态。但实际上，$t=4\tau$ 时，其输出

与稳态响应之间的误差已小于2%，可认为已达到稳态。

单位阶跃信号输入二阶系统时，稳态输出的误差也为零。二阶系统的响应在很大程取决于固有圆频率 ω_n 和阻尼比 ζ。ω_n 越高，二阶系统响应越快。阻尼比影响超调量和振荡次数。当 $\zeta=0$ 时，超调量为100%，且持续不断地振荡下去。当 $\zeta>1$ 时，不会发生振荡，但需经过较长时间才能达到稳态。只有阻尼比 $\zeta=0.6\sim0.8$ 时，最大超调量才不超过2.5%～10%，并且，若以2%～5%为允许误差，则其趋近“稳态”的调整时间最短［约为 $(3\sim4)\zeta\omega_n$］。所以，许多二阶系统在设计时常将阻尼比 ζ 选在0.6～0.8范围内。一阶、二阶系统对阶跃输入信号的响应列于表3-2中。

表3-2　一阶系统和二阶系统对阶跃输入信号的响应

输入		输出	
		一阶系统	二阶系统
		$H(s)=\dfrac{1}{1+\tau s}$	$H(s)=\dfrac{\omega_n^2}{s^2+2\zeta s\omega_n+\omega_n^2}$
频域	$X(s)=\dfrac{1}{s}$	$H(s)=\dfrac{1}{s(1+\tau s)}$	$H(s)=\dfrac{\omega_n^2}{s(s^2+2\zeta s\omega_n+\omega_n^2)}$
时域	$x(t)=\begin{cases}0(t<0)\\1(t\geqslant0)\end{cases}$	$y(t)=1-e^{-\frac{t}{\tau}}$	$y(t)=1-\dfrac{e^{-\zeta\omega_n t}}{\sqrt{1-\zeta^2}}(\sin\omega_d t+\varphi)$ $\omega_d=\omega_n\sqrt{1-\zeta^2}$ $\varphi=\arctan\sqrt{\dfrac{1-\zeta^2}{\zeta}}$
波形	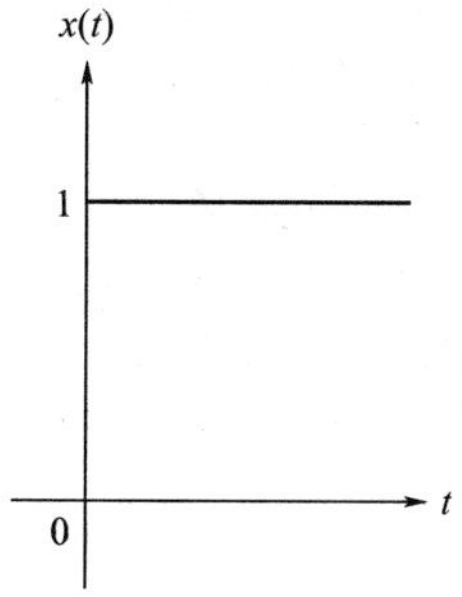	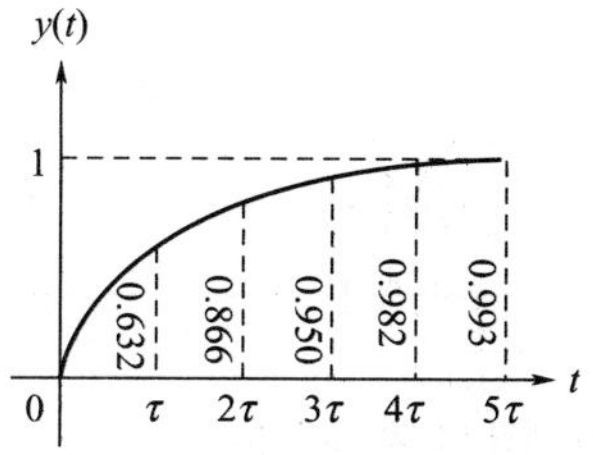	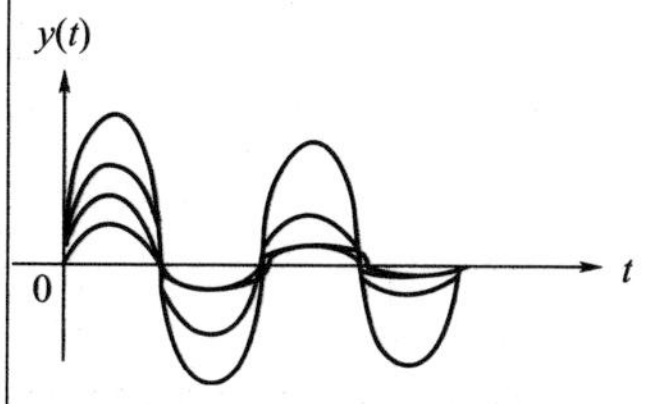

［**例3-3**］　已知某一温度传感器具有一阶动态特性，其传递函数为 $H(s)=\dfrac{1}{\tau s+1}$，其时间常数 $\tau=7s$，若将其从20℃空气中插入90℃水中，求经过1s、5s和10s后其指示的温度为多少？［注：exp（−1/7）=0.8669；exp（−5/7）=0.4895；exp（−10/7）=0.2397］

解　当把温度传感器由空气放置水中时，输入温度从20℃跃变到90℃，以 $x(t)$ 表示输入温度，$y(t)$ 表示输出温度，则有

$$y(t)=20+(90-20)(1-e^{-\frac{1}{7}})=29.3185℃$$

$$y(t)=20+(90-20)(1-e^{-\frac{5}{7}})=55.7321℃$$

$$y(t)=20+(90-20)(1-e^{-\frac{10}{7}})=73.2244℃$$

（3）单位斜坡信号输入时一阶、二阶系统的斜坡响应函数

对测试系统施加随时间而呈线性增大的输入量，即为斜坡输入信号。由于输入量不断增大，一阶系统和二阶系统的输出总是“滞后”于输入，存在一定的稳态误差。随时间常数 τ 增大、阻尼比 ζ 的增大和固有圆频率 ω_n 的减小，其稳态误差增大，反之亦然。一阶、二阶系统对斜坡输入信号的响应列于表 3-3 中。

表 3-3　一阶系统和二阶系统对斜坡输入信号的响应

输入		输出	
		一阶系统	二阶系统
		$H(s)=\frac{1}{1+\tau s}$	$H(s)=\frac{\omega_n^2}{s^2+2\zeta s\omega_n+\omega_n^2}$
频域	$X(s)=\frac{1}{s^2}$	$H(s)=\frac{1}{s^2(1+\tau s)}$	$H(s)=\frac{\omega_n^2}{s^2(s^2+2\zeta s\omega_n+\omega_n^2)}$
时域	$x(t)=\begin{cases}0(t<0)\\t(t\geqslant 0)\end{cases}$	$y(t)=t-\tau(1-e^{-\frac{t}{\tau}})$	$y(t)=1-\frac{2\zeta}{\omega_n}+e^{-\zeta\omega_n t/\omega_d}(\sin\omega_d t+\varphi)$
波形	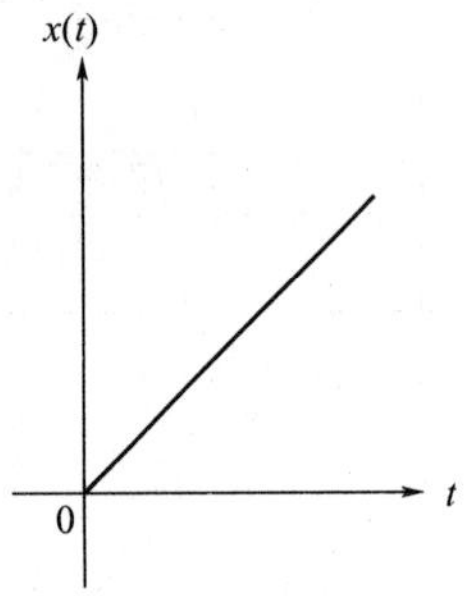	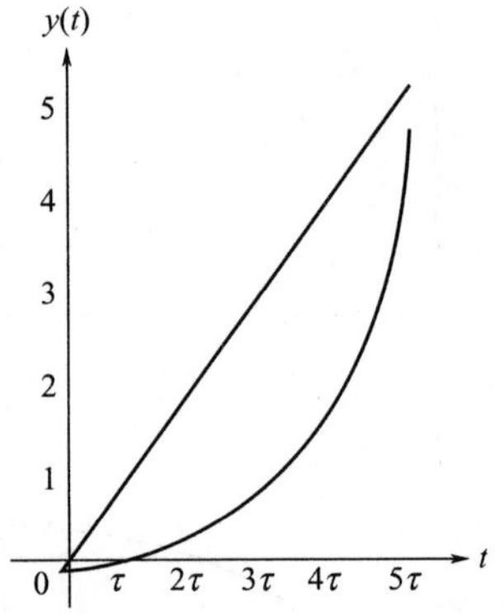	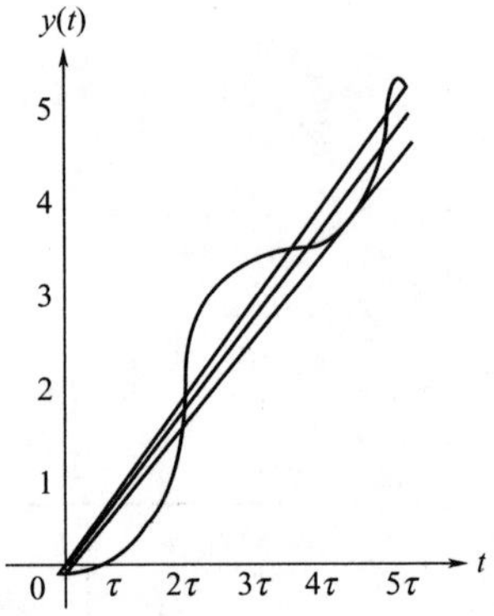

3.3.4　测试系统动态特性的测试

要使测试系统精确可靠，不仅测试系统的定度应精确，而且应当定期校准。定度和校准就其试验内容来说，就是对测试系统本身各种特性参数进行的测试。

在进行测试系统的静态参数测试时，通常是以经过校准的标准量作为输入，求出其“输入/输出”曲线。根据这条曲线，确定其定标曲线、直线度、灵敏度和回程误差等，这就是测试系统的静态特性。

本节主要叙述如何测得测试系统本身的动态特性。测试方法主要有频率响应法和阶跃响应法两种。

3.3.4.1　频率响应法

通过对测试系统施以稳态正弦激励的试验，可以获得测试系统的动态特性。

对测试系统施加正弦激励 $x(t)=x_0\sin\omega t$，在输出达到稳态后，测量其输出与输入的幅值比和相位差，从而可得到该装置在这一激励频率 ω 下的传输特性。再逐点改变输入的激励频率，就可以得到幅频特性曲线和相频特性曲线。

对于一阶装置，动态参数的测定主要是时间常数 τ 的测定，可以由幅频特性[式(3-47)]或相频特性［式(3-48)］直接确定 τ。

$$A(\omega)=\frac{1}{\sqrt{(\omega\tau)^2+1}} \tag{3-47}$$

$$\varphi(\omega)=-\arctan(\omega\tau) \tag{3-48}$$

对于二阶装置，动态参数的测定需要估计其固有频率 ω_n 和阻尼比 ζ。若用相频特性曲线直接估计，则在 $\omega=\omega_n$ 处，输出与输入的相角差为 90°，相频特性曲线在该点斜率直接反映了阻尼比 ζ 的大小。但由于准确的相角测试比较困难，所以，通常还是多采用幅频特性曲线来估计其动态参数。对于欠阻尼系统（$\zeta<1$），幅频响应的峰值在稍偏离 ω_n 的 ω_1 处，且

$$\omega_1=\omega_n\sqrt{1-2\zeta^2}$$

或

$$\omega_n=\frac{\omega_1}{\sqrt{1-2\zeta^2}} \tag{3-49}$$

$A(\omega)$ 和静态输出 $A(0)$ 之比为

$$\frac{A(\omega)}{A(0)}=\frac{1}{2\zeta\sqrt{1-\zeta^2}} \tag{3-50}$$

由式(3-50) 求得测试系统的阻尼比，进而可求得它的固有频率。

二阶系统的幅频特性曲线如图 3-12 所示。

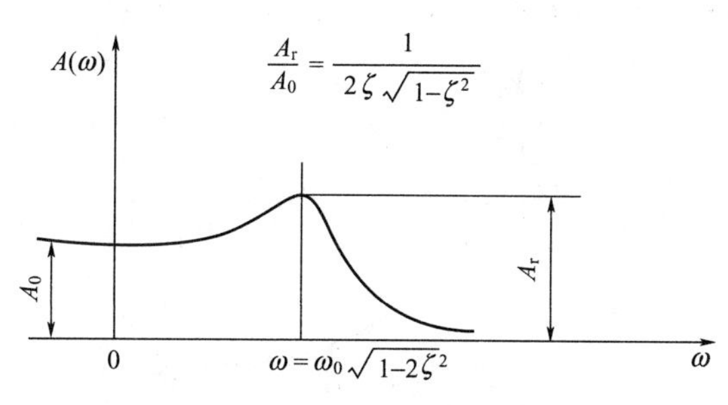

图 3-12 二阶系统幅频特性曲线

3.3.4.2 阶跃响应法

用阶跃响应法求取系统的特性参数，首先要了解不同系统对阶跃输入的响应情况，式(3-51) 和式(3-52) 分别给出了一阶系统和二阶系统对阶跃输入的响应：

$$y(t)=1-e^{-t/\tau} \tag{3-51}$$

$$y(t)=1-\left[e^{-\zeta\omega_n t}/\sqrt{1-\zeta^2}\right]\sin(\omega_d t+\varphi_2) \tag{3-52}$$

式中，$\omega_d=\omega_n\sqrt{1-\zeta^2}$；$\varphi_2=\arctan\frac{\sqrt{1-\zeta^2}}{\zeta}$。

(1) 用阶跃响应法求取一阶装置特性参数

对一阶装置施加阶跃激励，测得其响应，并取其输出值达到最终稳态值的 63%所经过的时间作为时间常数 τ。但用这种方法求取的时间常数 τ 值，由于没有涉及响应的全过程，数值上仅仅取决于某些个别的瞬时值，所以测量结果并不可靠，而采用下述方法则可以获得较可靠的结果，方法如下。

一阶装置的阶跃响应函数为 $y(t)=1-e^{-t/\tau}$，改写后得

$$1-y(t)=e^{-t/\tau} \tag{3-53}$$

两边取对数，得

$$-\frac{t}{\tau}=\ln[1-y(t)] \tag{3-54}$$

式(3-54)表明，输出变量 $\ln[1-y(t)]$ 和输入变量 t 的比值固定，及它们之间存在着线性关系。因此，可以根据测得的 $y(t)$ 值作出 $\ln[1-y(t)]-t$ 曲线，并根据其斜率值求取时间常数 τ。这样就使一阶装置特性参数的求取考虑了瞬态响应的全过程。

(2) 用阶跃响应法求取二阶装置特性参数

典型的欠阻尼二阶装置的阶跃响应函数表明，它的瞬态响应是以 ω_d 为角频率作衰减振荡的。该角频率 ω_d 称作有阻尼固有角频率。按照求极值的通用方法，可以求得各振荡峰值所对应的时间 $t=0$、π/ω_d、$2\pi/\omega_d$、…。将 $t=\pi/\omega_d$ 代入式(3-52)，通过极大值的求取，可求得最大超调量 M 和阻尼比 ζ 的关系式，即

$$M=e^{-\frac{\zeta\pi}{\sqrt{1-\zeta^2}}} \tag{3-55}$$

或

$$\zeta=\sqrt{\frac{1}{\left(\frac{\pi}{\ln M}\right)^2+1}} \tag{3-56}$$

因此，测得 M 之后，便可按上式作出的 M-ζ 图（见图 3-13）求取阻尼比 ζ。

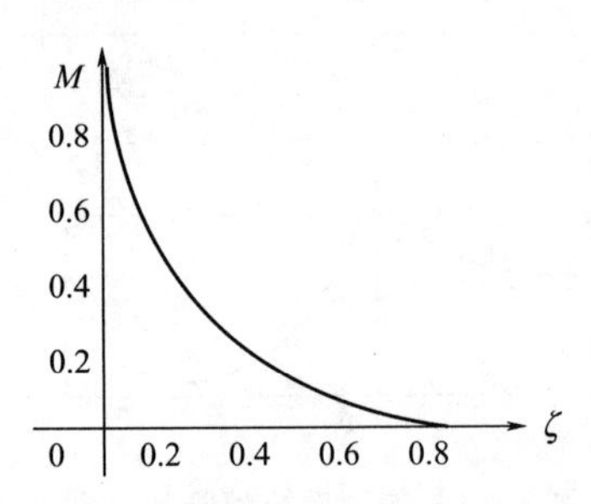

图 3-13 欠阻尼二阶装置的 M-ζ 关系

如果所测得的阶跃响应具有较长的瞬变过程，则可以利用任意两个超调量 M_i 和 M_{i+n} 来求取其阻尼比 ζ。其中，n 是该两峰值相隔的整周期数。设第 i 个峰值和第 $i+n$ 个峰值所对应的时间分别为 t_i 和 t_i+n，则 $t_{i+n}=t_i+\dfrac{2n\pi}{\omega_n\sqrt{1-\zeta^2}}$。将它们代入式(3-55)，可得

$$\ln\frac{M_i}{M_{i+n}}=\frac{2n\pi\zeta}{\sqrt{1-\zeta^2}} \tag{3-57}$$

整理后得

$$\zeta=\sqrt{\frac{\delta_n^2}{\delta_n^2+4\pi^2n^2}} \tag{3-58}$$

其中，$\delta_n=\ln\dfrac{M_i}{M_{i+n}}$。

如果考虑到在 $\zeta<0.3$ 时，以 1 替代 $\sqrt{1-\zeta^2}$ 进行近似计算，而不会产生过大的误差，式

(3-57) 可简化为

$$\zeta \approx \frac{\ln \frac{M_i}{M_{i+n}}}{2n\pi} \tag{3-59}$$

应该指出，由上面的推导可以看出，对于精确的二阶装置，取任意正整数 n 所得 ζ 值是不变的，因此如果取不同 n 值所求得的 ζ 值存在较大差异，则表明该装置不是线性二阶装置或不能简化为线性二阶装置。

3.4 不失真测试

测试的目的是为了获得被测对象的原始信息。对于测试系统，只有当它的输出能如实反映输入变化时，它的测量结果才是可信的。这就要求在测试过程中采取相应的技术手段，使测试系统的输出信号能够真实、准确地反映出被测对象的信息，这种测试称之为不失真测试。

3.4.1 不失真测试的数学模型

失真指工程测试中所得到的波形并不是信息源的真实变化，包括频率失真、幅值失真与相位失真。对于线性系统只存在后两种失真。

幅值失真：系统对信号中各频率分量的幅度产生不同程度的衰减，使各频率分量的幅值相对比例产生变化。

相位失真：由于各频率分量产生的相移不与频率呈正比关系，结果各频率分量在时间轴上的相对位置产生变化。

欲实现不失真测试，则要求装置的输入 $x(t)$ 与输出 $y(t)$ 应满足如下方程：

$$y(t)=A_0x(t-t_0) \tag{3-60}$$

式中 t_0——滞后时间；

A_0——信号增益。

式(3-60) 表明，将输入信号沿时间轴向右平移 t_0，再将其幅值扩大 A_0倍，则与输出信号完全重合。

3.4.2 实现不失真测试的条件

由于信号与系统紧密相关，被测的物理量（即信号）作用于一个测试系统，而该系统在输入信号（即激励）的驱动下对它进行“加工”，并将经“加工”后的信号进行输出。导致输出信号的质量必定差于输入信号的质量，因为，输出信号受测试系统的特性影响，也受到信号传输过程中干扰的影响。因此，测试系统的频率响应特性的影响往往造成输出与输入的差异，当这一差异超过允许的范围，其测量结果也就毫无意义。

如图 3-14 所示，当测试系统的输出 $y(t)$ 与输入 $x(t)$ 相比，只在时间上有一个滞后，幅值增大为 A_0 倍，而两者的波形精确地一致，可以认为这种情况是不失真的。

对式(3-60) 进行傅氏变换，得

$$Y(j\omega)=A_0e^{-jt_0\omega}X(j\omega) \tag{3-61}$$

则测试系统的频率响应函数为

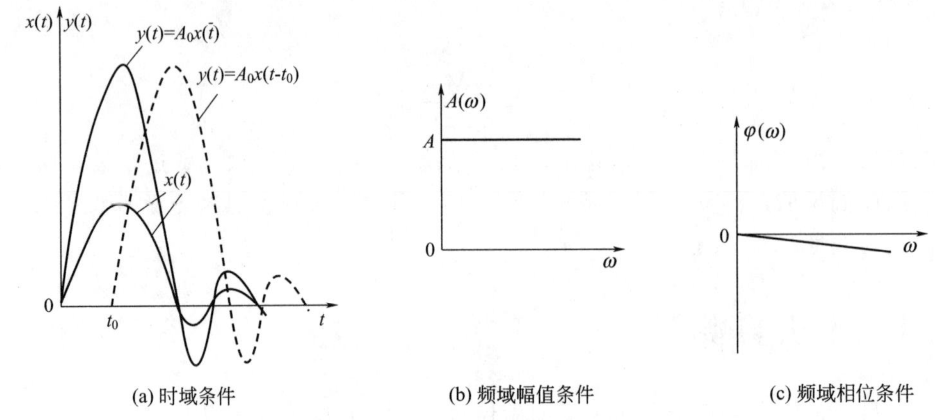

(a) 时域条件　(b) 频域幅值条件　(c) 频域相位条件

图 3-14　波形不失真的复现及不失真测量条件

$$H(\omega)=\frac{Y(\omega)}{X(\omega)}=A_0\mathrm{e}^{-\mathrm{j}t_0\omega} \tag{3-62}$$

可见，要实现不失真测试，即使输出的波形与输入的波形精确一致，则测试系统的频率响应特性应分别满足

$$\left.\begin{array}{ll}\text{幅频特性} & A(\omega)=\text{常量}\\ \text{相频特性} & \varphi(\omega)=-t_0\omega\end{array}\right\} \tag{3-63}$$

不能满足上述条件引起的失真分别被称为幅值失真和相位失真，只有同时满足幅值条件和相位条件才能真正实现不失真测试。在实际测量中，绝对的不失真是不存在的，但是必须把失真的程度控制在许可的范围内。

应该指出，上述不失真测试的条件只适用于一般的测试目的。对于用于闭环控制系统中的测试系统，时间滞后 t_0 可能会破坏测试系统的稳定性，在这种情况下，$\varphi(\omega)=0$ 才是理想的。

综合考虑实现测试波形不失真条件和其他工作性能，对于一阶装置来说，时间常数 τ 越小，则装置的响应越快；τ 越小表示伯德图上的转折频率 $\frac{1}{\tau}$ 将越大，其通频带越宽，对正弦输入的响应，其幅值放大倍数增大。所以装置的时间常数原则上越小越好。

对于二阶装置来说，其频率特性曲线中有两段值得注意。一般来说，在 $\omega<0.3\omega_n$ 的范围内，$\varphi(\omega)$的数值较小，而且相频特性曲线 $\varphi(\omega)$-ω 接近直线，$A(\omega)$在该范围内的变化不超过 10%，在 $\omega>(2.5\sim3)\omega_n$ 的范围内，$\varphi(\omega)$接近 180°，而且差值甚小，如果在实测或数据处理中用减去固定相位差或将测试信号反相 180°的方法，则也接近于可以不失真地恢复被测信号的原波形。如果输入信号的频率范围在上述两者之间，则因为装置的频率特性受 ζ 的影响较大而需作具体分析。分析表明，ζ 越小，装置对斜坡输入响应的稳态误差 $2\zeta/\omega_n$ 越小。但是对阶跃输入的响应，随着 ζ 的减小，瞬态振荡的次数增多，超调量增大，调整时间增长。在 $\zeta=0.6\sim0.8$ 时，可获得较为合适的综合特性。当 $\zeta=0.7$ 时，在 $0\sim0.58\omega_n$ 的频率范围中，幅频特性 $A(\omega)$的变化不超过 5%，同时相频特性 $\varphi(\omega)$也接近于直线，因而所产生的相位失真很小。但如果输入的频率范围较宽，则由于相位失真的关系，仍会导致一定程度的波形畸变。

3.5　测试系统的负载效应和适配

在实际测试中，技术性能指标满足在限定的使用条件下，能描述系统特性、保证测试精确度要求的各种技术数据；经济指标满足从经济角度考虑，以能达到测试要求为准则；测试系统的使用环境条件因素包括温度、振动和使用介质。实际中被测信号和测试系统的特性往往是由多个测试系统组合而成的，因而，必须考虑测试系统之间的匹配问题。

（1）负载效应

一个测试系统常常由多个测试系统组合而成，而每个测试系统又往往由许多环节组成。例如，动态应变测量系统可分解为传感器、测量电桥、放大器、相敏检波器、低通滤波器以及光线示波器等多个环节，如图 3-15 所示。正确地组合这些环节，使整个系统的动态特性符合测试工作的要求十分重要。

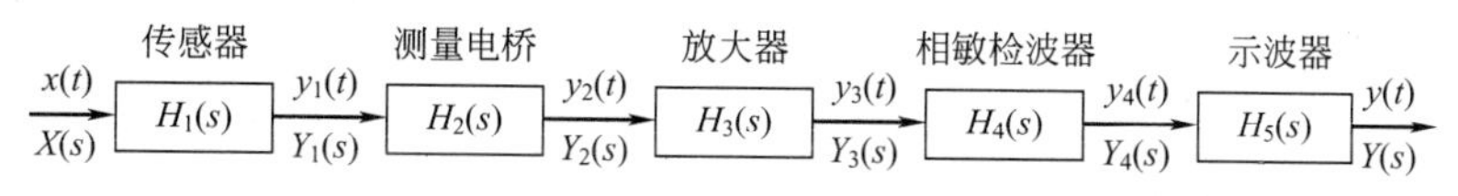

图 3-15　动态应变测量系统

两个装置相接后，后一级的装置对前一级装置来说就构成了负载，即前一级的输出为后一级的输入。一般情况下，后一级对前一级可能产生影响。这种现象被称为负载效应。如果这一影响超过了一定的限度，测试系统就不能有效地进行工作。

实际上，测试系统的合理组合问题十分复杂，理论上还处于研究阶段。要在相当宽的频率范围内实现高频和低频都能匹配，从而实现不失真测试，这一问题本身就不容易。通常，都是努力使得后一级装置对前一级装置无影响或影响很小，忽略它们之间的匹配问题影响测量的精度。例如，一般情况下要求图 3-15 中放大器输入阻抗很高而输出阻抗很低。这样，放大器的输入影响输出，而输出不影响输入；放大器的输入不影响前一级测量电桥的输出，而后一级相敏检波器的输入也不影响放大器的输出。装置或环节的这一特性称为单向性。通常，为保证测试系统的合理组合，以装置或环节的单向性为前提。

（2）测试系统与被测信号的适配

测量过程中，除待测量信号外，各种不可见的、随机的信号可能出现在测量系统中，电源干扰、信道干扰和电磁干扰，这些信号与有用信号叠加在一起，严重扭曲测量结果。电磁干扰以电磁波辐射方式经空间串入测量系统；信道干扰则是信号在传输过程中，通道中各元件产生的噪声或非线性畸变所造成的干扰；电源干扰指由于供电电源波动对测量电路引起的干扰。

一般说来，良好的屏蔽及正确的接地可去除大部分的电磁波干扰。使用交流稳压器、隔离稳压器可减小供电电源波动的影响。信道干扰是测量装置内部的干扰，可以在设计时选用低噪声的元器件，印刷电路板设计时元件合理排放等方式来增强信道的抗干扰性。

此外，为了满足不失真测试条件，还要求测试系统与被测信号适配。为此要对测试系统和被测信号两个方面进行考察。一方面要考察信号的幅值范围、频率成分的丰富程度（波形变化剧烈程度）、允许失真程度（保真度）等；另一方面还要考察测试系统的灵敏度、线性度、量程、频率特性等。此外，还要注意灵敏度、频率特性等在各个环节上的分配，要逐个环节地去适配，最后实现总的适配。考察了上述两个方面，就可以对测试系统与被测信号是否适配以保证不失真测试条件作出判断。测试工作开始时，要慢慢地试调，既要避免过载和超出线性范围，又要注意满足不失真测试条件所对应的频率特性。测试系统的灵敏度、线性度和频率特性都可由产品说明书中查到。实际工作中常常需要定期复检测试系统本身的定度曲线和频率响应曲线，以保证测试结果的可靠性。

3.6 MATLAB测试系统的分析

利用MATLAB软件构建传递函数时，可以利用num和den函数列出传递函数的分子和分母表达式，再利用tf函数求取其传递函数。

[例3-4] 在MATLAB中表示$G(s)=\frac{s+1}{s^2+2s+1}$。

解 键入

```
num=[1 1];
den=[1 2 1];
g=tf(num,den)
```

运行结果：

```
    s + 1
-------------
s^2 + 2s + 1
```

若要显示传递函数的阶跃响应函数，可以利用step函数来实现。

[例3-5] 已知系统传递函数为$H(s)=\frac{1}{s^2+2s+3}$，用MATLAB画出系统的阶跃响应函数。

解 MATLAB仿真程序如下：

```
num=[1];den=[1 2 3];
sys=tf(num,den);
step(sys);
```

由MATLAB绘制的二维图像如图3-16所示。

此外，还可以利用MATLAB软件的zpk函数，通过零、极点形式构建传递函数。

[例3-6] 已知$G(s)=\frac{2(s+1)}{s^2+3s+2}$，建立零、极点形式的传递函数。

解 键入

```
z=[-1];
p=[-1 -2];
k=2;
g=zpk(z,p,k)
```

运行结果：

```
Zero/pole/gain:
2 (s+1)
-----------
(s+1) (s+2)
```

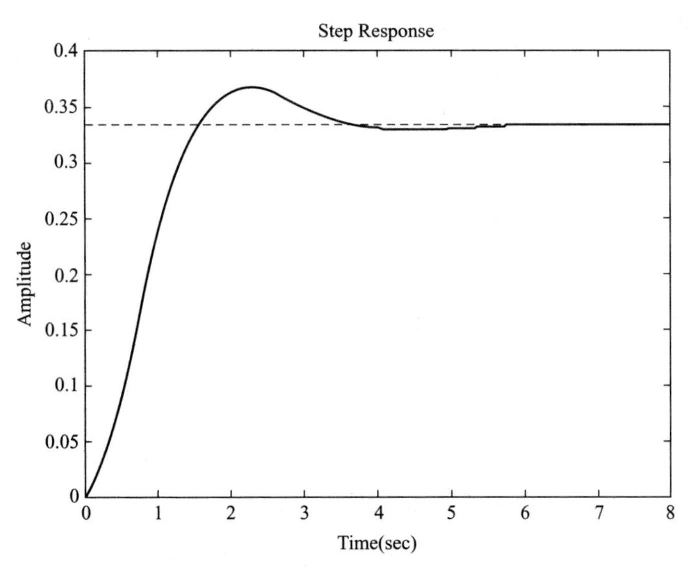

图 3-16 系统阶跃响应曲线

对于闭环系统传递函数，利用 MATLAB 软件的 feedback 函数，通过主通道和反馈回路的传递函数构建闭环系统的传递函数。

[**例 3-7**] 求图 3-17 所示系统的传递函数。

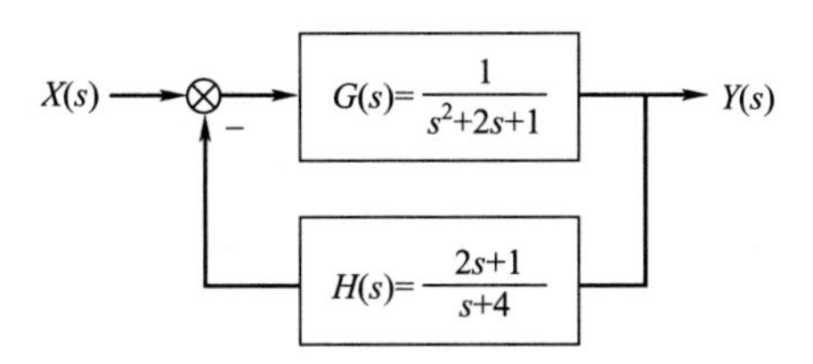

图 3-17 例 3-7 所示传递函数

解 键入

```
num1=[1];
den1=[1 2 1];
num2=[2 1];
den2=[1 4];
[num,den]=feedback(num1,den1,num2,den2,-1);
printsys(num,den)
```

运行结果：

```
            s + 4
   ----------------------------
    s^3 + 6 s^2 + 11 s + 5
```

复习思考题

1. 什么叫系统的频率响应函数？它和系统的传递函数有何关系？
2. 什么是测试系统的静态特性？包括哪些指标？它们对系统的性能有何影响？

3. 什么是测试系统的动态特性？描述系统动态特性的方法有哪些？

4. 什么叫作一阶系统、二阶系统？它们的传递函数、频率响应函数的表达式是什么？

5. 测试系统实现不失真测试的条件是什么？

6. 某测试系统为一线性时不变系统，其传递函数为 $H(s)=\dfrac{1}{0.005s+1}$。求其对周期信号 $x(t)=0.8\cos 10t+0.2\cos(100t-45°)$ 的稳态响应 $y(t)$。

7. 将信号 $x(t)=\cos\omega t$ 输入一个传递函数为 $H(s)=\dfrac{1}{1+\tau s}$ 的一阶装置，试求其包括瞬态过程在内的输出 $y(t)$ 的表达式。

8. 有一时间常数为 0.5s 的一阶系统，用此系统去测量周期分别为 1s、2s 及 5s 的正弦信号时的幅值相对误差是多少？

9. 有一力学传感器，固有频率为 2000Hz，阻尼比为 0.75，求用它测量频率为 500Hz 时的正弦交变力时系统的相对幅值误差和时间延时为多少？

10. 有一温度计，其传递函数满足一阶系统，已知空气中的时间常数为 10s，沸水中时间常数为 50s，将温度计从空气中放入沸水中，1min 后迅速取出，求温度计在 10s、30s、50s、100s、300s 时温度计测得的数值。

11. 已知传感器为一阶系统，当用斜坡信号作用于系统时，在 $t=0$ 时，输出 10mV，t 无穷大时，输出 1000mV，$t=5$s 时，输出 50mV，试求该传感器的时间常数。

第4章 传感器

本章主要介绍测试系统中非电量和电量互相转换的重要环节——传感器，从传感器在测试系统中的作用为切入点，介绍常用传感器的分类方法，进而对几种常用的传感器如电阻式传感器、电感式传感器、压电传感器及磁电传感器等分别进行介绍，并对其静、动态测试进行分析。

测量可分为电参数测量和非电参数测量，电参数测量包括电压、电流、阻抗等，这些参数的测量可以用万用表、RLC测量仪等电子测量仪器来完成。非电参数测量则包括机械量（如位移、力、应力应变等）、运动量（如速度、加速度等）、物位量（如液体的高度、物料的高度等）、流量（如体积流量、质量流量等）等的测量。

在实际生产中，特别是自动化生产过程中，主要是采集非电量信息进行测量并实现控制，而非电量的测量一般是要用电测量的方法完成，那么就要将非电量转换成电量。因此，本章主要介绍测试系统中非电量和电量互相转换的重要环节——传感器，从传感器在测试系统中的作用为切入点，介绍常用传感器的分类方法，进而对几种常用的传感器，如电阻式传感器、电感式传感器、压电传感器及磁电传感器等分别进行介绍，并对其静、动态测试进行分析。

4.1 概述

4.1.1 传感器定义

传感器能够把自然界的各种物理量、化学量等转换成电信号，再经过电子电路变换后进行采集和处理，从而实现非电量的检测，这个过程可以与人的感官作用相对应。人们用视觉、听觉、味觉、嗅觉和触觉等感官感受外界的信息，如通过视觉（眼睛）可知物体的大小、形状等，通过听觉（耳朵）可以听到声音，通过嗅觉（鼻子）可以闻到气味，通过触觉（皮肤）可以感觉到物体的冷热等。人的眼睛相当于光敏传感器，如CCD、光敏电阻等；人耳相当于压力传感器，如电容式和压电式传感器等；人的皮肤相当于压力传感器和温、湿度传感器，如应变传感器、热电阻传感器等；人的鼻子相当于气敏传感器，如气体传感器等；

人的舌头相当于味觉传感器。

现代测试技术通常是用传感器，它把被测物理量转换成容易检测、传输和处理的电信号，然后由测试装置的其他部分进行后续处理。它借助于检测元件接收一种形式的信息，并按一定的规律将所获取的信息转换成另一种信息的装置。目前，传感器转换后的信号大多为电信号。因而从狭义上讲，传感器是把外界输入的非电信号转换成电信号的装置。

传感器由敏感器件与辅助器件组成。敏感器件的作用是感受被测物理量，并对信号进行转换输出。辅助器件则是对敏感器件输出的电信号进行放大、阻抗匹配，以便于后续仪表接入。

传感器的作用类似于人的感觉器官，也可以认为传感器是人类感官的延伸。传感器一般由敏感元件和其他辅助零件组成。敏感元件直接感受被测量并将其转换成另一种信号，是传感器的核心。传感器处于测试装置的输入端，其性能直接影响整个测试装置和测试结果的可靠性。传感器技术是测试技术的重要分支，受到普遍重视，并且已在工业生产以及科学技术各领域中发挥并将继续发挥重要作用。随着科学技术的发展，传感器正在向高度集成化、智能化方向迅速发展。

4.1.2 传感器分类

传感器分类方法也很多，且目前尚无统一规定，下面对常用的传感器进行分类。

① 按被测物理量分类，可分为机械量（力、位移、长度、厚度、速度、加速度、转数、质量、重力、压力、流量等）、声（声压、噪声）、磁（磁通、磁场）、温度（温度、热量、比热容）、光（亮度、色彩）。

② 按工作的物理基础分类，可分为机械式、电气式、光学式、流体式等；

③ 按信号变换特征可分为：

物性型——物性型传感器不改变其结构参数，而是靠其敏感元件物理性能的变化实现信号转换，例如，压电式力传感器通过石英晶体的压电效应把力转换成电荷；

结构型——结构型传感器是依靠其结构参数的变化实现信号转换，例如，电容式传感器依靠其极板间距离引起电容量变化，电感式传感器是基于位移引起自感或互感变化等。

④ 按能量关系可分为：

能量转换型——能量转换型传感器并不具备能源，而是靠从被测对象输入的能量使其工作，如热电偶温度计将被测对象的热能转换成电能，被测对象与传感器之间的能量传输，必然改变被测对象的状态，造成测量误差；

能量控制型——能量控制型传感器自备能源，被测物理量仅控制能源所提供能量的变化，例如，电阻应变片接入电桥测量应变时，被测量以应变片电阻的形式控制电桥的失衡程度，从而完成信号的转换。

传感器种类繁多，而且许多传感器的应用范围又很宽，如何合理选用传感器是测试工作中的一个重要问题。

4.1.3 传感器的选用原则

选择传感器主要考虑灵敏度、响应特性、线性范围、稳定性、精确度、测量方式六个方面的问题。

（1）灵敏度

一般说来，传感器灵敏度越高越好，但在确定灵敏度时，要考虑灵敏度过高引起的干扰问题、量程范围和交叉灵敏度问题。

（2）响应特性

传感器的响应特性是指在所测频率范围内，保持不失真的测量条件，实际上传感器的响应总不可避免地有一定延迟，但总希望延迟的时间越短越好。

（3）线性范围

任何传感器都有一定线性工作范围。在线性范围内输出与输入成比例关系，线性范围愈宽，则表明传感器的工作量程愈大。传感器工作在线性区域内，是保证测量精度的基本条件。

（4）稳定性

稳定性是表示传感器经过长期使用以后，其输出特性不发生变化的性能。影响传感器稳定性的因素是时间与环境。

（5）精确度

传感器的精确度是表示传感器的输出与被测量的对应程度。

（6）测量方式

传感器工作方式，也是选择传感器时应考虑的重要因素。例如，接触与非接触测量、破坏与非破坏性测量、在线与非在线测量等。

4.2 变（电）阻式传感器

电阻式传感器是把被测量转换为电阻变化的一种传感器，按工作的原理可分为变阻器式和电阻应变式。

4.2.1 变阻器（电位计）式位移传感器

（1）工作原理

其核心思想是从被测位移量到电阻值的变化。它的电阻元件是在绝缘芯子外面紧密绕制的合金电阻丝，芯子可做成直线位移型或角位移型，前者用于测量线位移，后者用于测量角位移（图 4-1）。当被测位移发生变化时，触点 C 沿电阻元件相对移动，导致接入电路中的电阻丝长度及其阻值发生变化。如电阻丝单位长度阻值为一常数，则电阻丝电阻值的变化 ΔR 与触点 C 的位移 ΔX（或 $\Delta\alpha$）成正比关系。

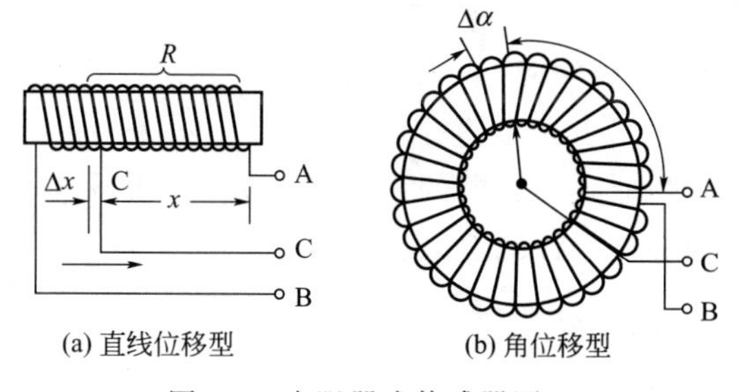

图 4-1 变阻器式传感器原理

变阻器式传感器一般采用电阻分压电路，如图 4-2 所示。在激励电压 e_0 的作用下，传感器将位移变成输出电压的变化。当触点移动 x 距离后，传感器电路的输出电压 e_y 可用下式计算：

$$e_y=\frac{e_0}{\frac{x_p}{x}+\frac{R_p}{R_l}\left(1-\frac{x}{x_p}\right)} \tag{4-1}$$

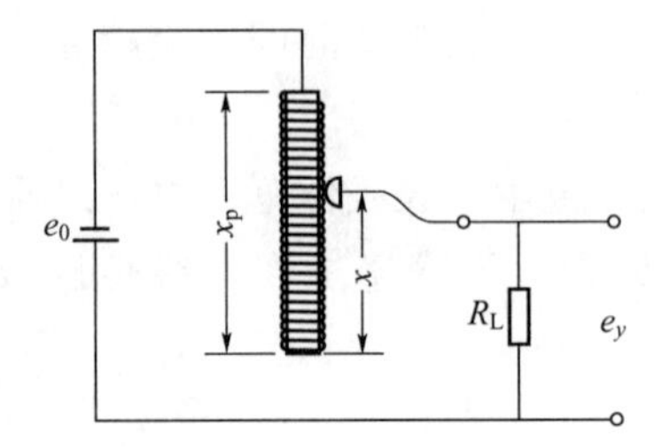

图 4-2 分压电路原理图

从上式可见，当且仅当 $R_p/R_l \to 0$ 时，有：

$$e_y=\frac{e_0}{x_p}x=kx \tag{4-2}$$

即输出电压与位移之比为一定值，它们之间存在线性的关系，因此，变阻器的总电阻 R_p 应尽可能取最小值。

(2) 结构

图 4-3 所示为 YHD 型电阻式位移传感器的结构简图。滑线电阻 2 与精密无感电阻 8 组成测量电桥的两个桥臂，与应变仪连用。测量时，测量轴 1 与被测物体接触，当物体产生位移时，测量轴通过滑块 5 沿导轨 6 移动，触头 3 便在滑线电阻上产生位移，电桥输出一个电压增量。当物体反向移动时，则触头在弹簧 4 的作用下反向移动。

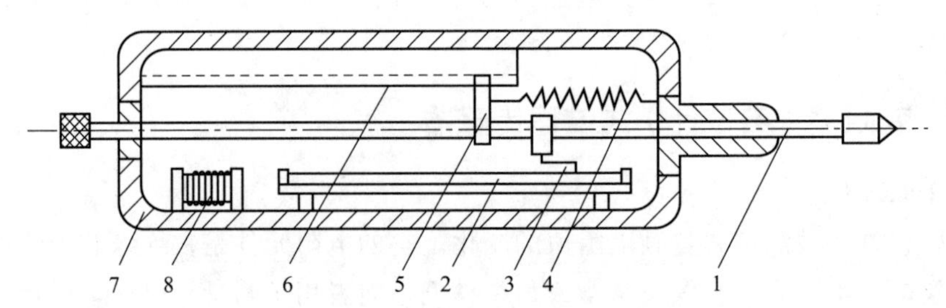

图 4-3 YHD 型电阻式位移传感器的结构简图

1—测量轴；2—滑线电阻；3—触头；4—弹簧；5—滑块；6—导轨；7—外壳；8—无感电阻

(3) 特点

优点：变阻器式传感器结构简单、使用可靠。

缺点：分辨力受电阻丝的直径和线圈螺距的限制，分辨力等于每厘米长度绕线圈数的倒数，因此测量精度较低，只适用于大位移的测量。

一般选用时综合考虑变阻器式传感器的线性、分辨力、整个电阻值的偏差、移动或旋转角度范围、电阻温度系数和寿命等性能参数。

4.2.2 电阻应变式传感器

电阻应变片工作原理是基于金属导体的应变效应，即金属导体在外力作用下发生机械变形时，其电阻值随着所受机械变形（伸长或缩短）的变化而发生变化。电阻应变式传感器分为金属电阻应变片式与半导体应变片式。

（1）金属电阻应变片式

金属电阻应变片有丝式和箔式两种。其工作原理都是基于在发生机械变形时，电阻值发生变化。图 4-4 为几种应用最广的丝式和箔式金属电阻应变片。

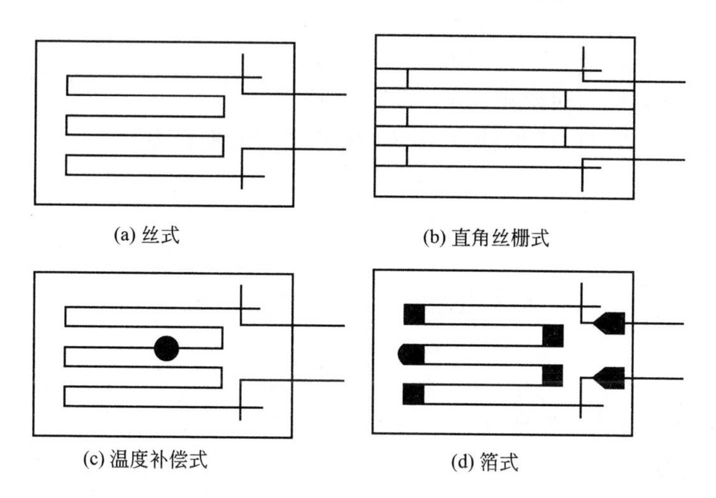

图 4-4　几种常用的应变片

如图 4-5 所示，金属丝式应变片是由直径约为 0.025mm 的高电阻率电阻丝制成的敏感栅，粘贴在绝缘的基片与覆盖层之间，并由引出线引出。

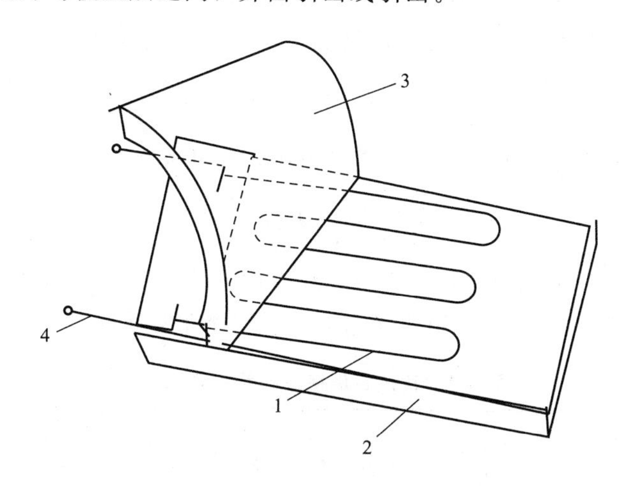

图 4-5　电阻丝应变片

1—敏感栅；2—基片；3—覆盖层；4—引出线

金属箔式应变片的箔栅采用光刻技术，其线条均匀，尺寸准确，阻值一致性好。箔栅的粘贴性能、散热性能均优于电阻丝式，允许通过较大电流，因此目前大多使用金属箔式应变片。

当敏感栅在工作中产生变形时，其电阻值发生相应变化。由于 $R=\rho l/A$，敏感栅变形，则电阻丝（或箔栅线条）的长度 l、截面积 A 和电阻率 ρ 发生变化。当每一可变因素分别有一增量 dl、dA 和 $d\rho$ 时，所引起的电阻增量为

$$dR=\frac{\partial R}{\partial l}dl+\frac{\partial R}{\partial A}dA+\frac{\partial R}{\partial \rho}d\rho \tag{4-3}$$

式中，$A=\pi r^2$，r 为电阻丝半径。

所以电阻相对变化为

$$\frac{dR}{R}=\frac{dl}{l}-2\frac{dr}{r}+\frac{d\rho}{\rho} \tag{4-4}$$

式中 $dl/l=\varepsilon$——电阻丝轴向相对变形，或称纵向应变；

dr/r——电阻丝径向相对变形，或称横向应变。

当电阻丝沿轴向伸长时，必沿径向缩小，两者之间的关系为

$$\frac{dr}{r}=-\mu\frac{dl}{l} \tag{4-5}$$

式中 μ——电阻丝材料的泊桑比；

$d\rho/\rho$——电阻率相对变化，与电阻丝轴向所受正应力 σ 有关。

$$\frac{d\rho}{\rho}=\lambda\sigma=\lambda E\varepsilon \tag{4-6}$$

式中 E——电阻丝材料的弹性模量；

λ——压阻系数，与材料有关。

由此，式(4-4) 可改写为

$$\frac{dR}{R}=(1+2\mu+\lambda E)\varepsilon \tag{4-7}$$

金属电阻材料的 λE 很小，即其压阻效应很弱，因此 $\lambda E\varepsilon$ 项所代表电阻率随应变的改变引起的电阻变化量可以忽略，这样上式可简化为

$$\frac{dR}{R}\approx(1+2\mu)\varepsilon \tag{4-8}$$

上式表明，应变片电阻相对变化与应变成正比，其灵敏度

$$S=\frac{dR/R}{dl/l}=1+2\mu=\text{常数} \tag{4-9}$$

用于制造电阻应变片的电阻材料的应变系数或称灵敏度系数 K_0多在 1.7～3.6 之间。金属电阻应变片的灵敏度 $S\approx K_0$。常用金属电阻材料物理性能见表 4-1。

表 4-1 常用金属电阻材料物理性能

材料名称	成分		灵敏系数 K_0	在 20℃时的电阻率 /μΩ·m	在 0～100℃内电阻温度系数/×10⁻⁶℃⁻¹	最高使用温度 /℃	对铜的热电势 /(μV/℃)	线胀系数 /×10⁻⁶℃⁻¹
	元素	含量/%						
康铜	Ni Cu	45 55	1.9～2.1	0.45～0.52	±20	300(静态) 400(动态)	43	15
镍铬合金	Ni Cr	80 20	2.1～2.3	0.9～1.1	110～130	450(静态) 800(动态)	3.8	14
镍铬铝合金	Ni Cr Al Cu	74 20 3 3	2.4～2.6	1.24～1.42	±20	450(静态) 800(动态)	3	13.3

续表

材料名称	成分		灵敏系数 K_0	在20℃时的电阻率 /μΩ·m	在0～100℃内电阻温度系数/×10⁻⁶℃⁻¹	最高使用温度 /℃	对铜的热电势 /(μV/℃)	线胀系数 /×10⁻⁶℃⁻¹
	元素	含量/%						
镍铬铝铁合金(6J22，卡玛合金)	Fe Cr Al Cu	75 20 3 2	2.4～2.6	1.24～1.42	±20	450(静态) 800(动态)	3	13.3
铁铬铝合金(6J23)	Fe Cr Al	70 25 5	2.8	1.3～1.5	30～40	700(静态) 1000(动态)	2～3	14
铂	Pt	100	4～6	0.09～0.11	3900	800(静态)	7.6	8.9
铂钨合金	Pt W	92 8	3.5	0.68	227	1000(动态)	6.1	8.3～9.2

(2) 半导体应变片式

图4-6所示为半导体应变片。其工作原理是基于半导体材料的压阻效应，即受力变形时电阻率 ρ 发生变化。

单晶半导体受力变形时，原子点阵排列规律发生变化，导致载流子浓度和迁移率改变，引起其电阻率变化。

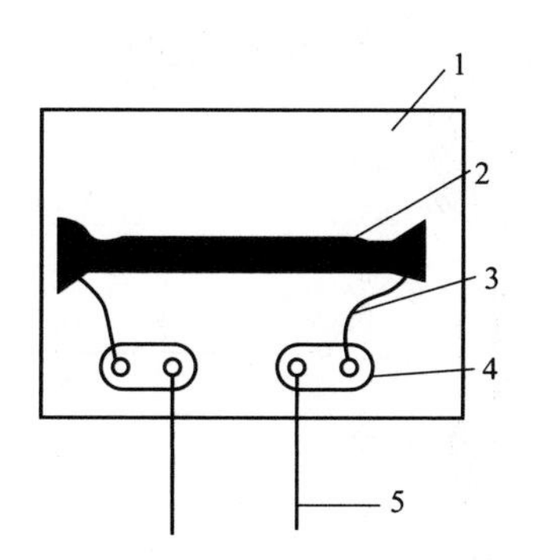

图4-6　半导体应变片示意图

1—胶膜基片；2—半导体敏感元件；3—内引线；4—焊盘；5—外引线

式(4-7)中 $(1+2\mu)\varepsilon$ 项是几何尺寸变化引起的，$\lambda E\varepsilon$ 是由于电阻率变化引起的，对半导体材料而言，后者远远大于前者，因此，可把式(4-7)简化为

$$\frac{\mathrm{d}R}{R}\approx\lambda E\varepsilon \tag{4-10}$$

半导体应变片的灵敏度

$$S=\frac{\mathrm{d}R/R}{\varepsilon}\approx\lambda E \tag{4-11}$$

其数值一般比金属电阻应变片的灵敏度值大50～70倍。几种常用半导体材料特性列于表4-2。

半导体应变片的特点是灵敏度高、机械滞后和横向效应小，测量范围大，频响范围宽。其最大缺点是温度稳定性差、灵敏度分散性较大以及在较大应变作用下，非线性误差大等。

表 4-2 几种常用半导体材料特性

材料	电阻率 ρ /$\Omega\cdot$cm	弹性模量 E /$\times 10^7$(N/cm^2)	灵敏度	晶向
p 型硅	7.8	1.87	175	[111]
n 型硅	11.7	1.23	−132	[100]
p 型锗	15.0	1.55	102	[111]
n 型锗	16.6	1.55	−157	[111]
n 型锗	1.5	1.55	−147	[111]
p 型锑化铟	0.54		−45	[100]
p 型锑化铟	0.01	0.745	30	[111]
n 型锑化铟	0.013		−74.5	[100]

(3) 应变片的主要参数

① 几何参数：表距 L 和丝栅宽度 b，制造厂常用 $b\times L$ 表示。

② 电阻值：应变计的原始电阻值。

③ 灵敏系数：表示应变计变换性能的重要参数。

④ 其他表示应变计性能参数（工作温度、滞后、蠕变、零漂以及疲劳寿命、横向灵敏度等）。

(4) 应变片测量电路

由于应变片的电阻变换非常小，直接用万用表测量应变片，将得不到应变片变换的测量结果。因此，实际测量中常按照图 4-7 所示电路测量应变片的变换。

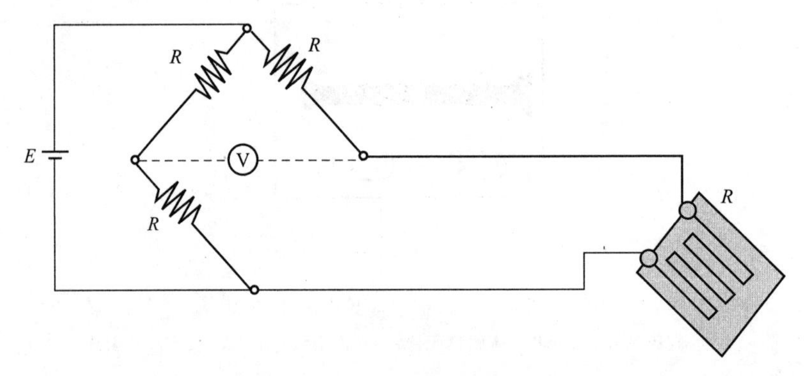

图 4-7 电阻应变片的测量电路

计算可知，图中输出电压值为$\frac{E}{4}\times\frac{\mathrm{d}R}{R}$，电压表数值中包含了电阻的变化量，即输出电压读数与应变成线性关系，因此，可以用这种电路来测量应变。

(5) 电阻应变片的选择、粘贴技术

① 目测电阻应变片有无折痕、断丝等缺陷，有缺陷的应变片不能粘贴。

② 用数字万用表测量应变片电阻值大小。同一电桥中各应变片之间阻值相差不得大于 0.5Ω。

③ 试件表面处理：贴片处置用细砂纸打磨干净，用酒精棉球反复擦洗贴处，直到棉球无痕迹为止。

④ 应变片粘贴：在应变片基底上挤一小滴 502 胶水，轻轻涂抹均匀，立即放在应变贴片位置。

⑤ 焊线：用电烙铁将应变片的引线焊接到导引线上。

⑥ 用兆欧表检查应变片与试件之间的绝缘组织，应大于500MΩ。

⑦ 应变片保护：用704硅橡胶覆于应变片上，防止受潮。

应变片常用来进行力的测量，图4-8给出几种典型的应变片的应用。其中，柱式电阻应变式传感器常用作冲床生产计数和生产过程监测；悬臂梁式可用于振动式地音入侵探测器中，适用于金库、仓库、古建筑的防范，挖墙、打洞、爆破等破坏行为均可及时发现；圆盘式主要用于机器人握力关节末梢，用来感知机械手指的握力大小。

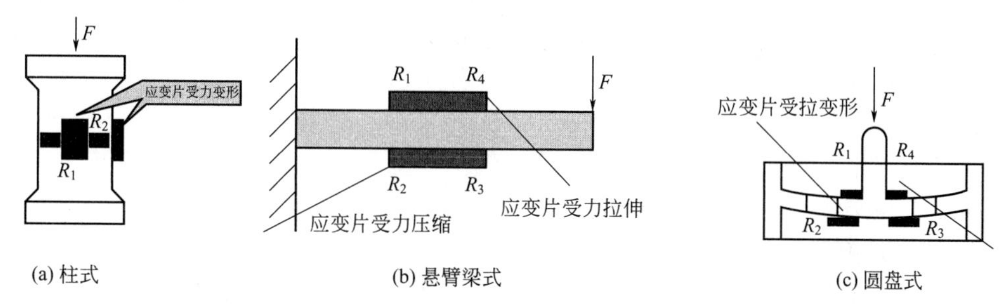

图4-8 电阻应变式传感器的典型应用

4.3 电感式（位移）传感器

电感式传感器主要是利用自感或互感的变化，将非电量转化为电量的装置，按其转换方式可分为自感式(包括可变磁阻式及涡流式）和互感式（差动变压器式）两种。

4.3.1 可变磁阻式（位移）传感器

（1）工作原理

可变磁阻式（位移）传感器的工作原理如图4-9所示。它由线圈、铁芯和衔铁组成，在铁芯和衔铁之间有空气隙δ。当线圈通以交流电时，则产生磁通，并在铁芯、衔铁和空气隙内形成闭合磁路。若被测物体使衔铁移动，由于δ变化引起磁路中磁阻的增减，从而使线圈中的自感变化。

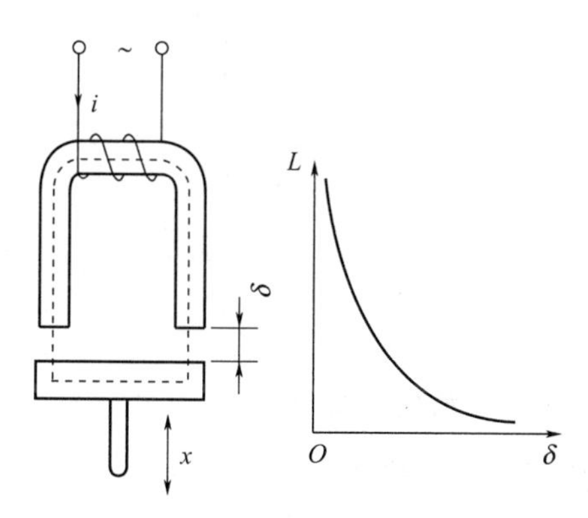

图4-9 可变磁阻式传感器工作原理

设W为线圈匝数，R_m为磁路的总磁阻，当线圈中流过电流i时，产生磁通Φ，其自感电动势为

$$e_L=-W\frac{d\Phi}{dt}=-\left(W\frac{d\Phi}{di}\right)\frac{di}{dt}=-L\frac{di}{dt} \tag{4-12}$$

式中　W——线圈匝数；

　　$L=W\frac{d\Phi}{di}$，即自感，H（亨）。

当电流 i 不变或无铁芯时

$$L=W\frac{d\Phi}{di}=W\frac{\Phi}{i}=\frac{W\Phi}{i} \tag{4-13}$$

即

$$Li=W\Phi \tag{4-14}$$

又根据磁路欧姆定律

$$\Phi=\frac{iW}{R_m} \tag{4-15}$$

式中　iW——磁动势，A；

　　R_m——磁阻。

考虑空气隙磁路，当 $\Delta\delta \ll \delta_0 \approx 1$，则

$$R_m=\frac{l}{\mu S}+\frac{2\delta}{\mu_0 S_0}\approx\frac{2\delta}{\mu_0 S_0} \tag{4-16}$$

式中　l——铁芯导磁长度，m；

　　μ——铁芯磁导率，H/m；

　　S——铁芯导磁截面积，m^2；

　　δ——空气隙长度，m；

　　μ_0——空气隙磁导率，$\mu_0=4\pi\times10^7$，H/m；

　　S_0——空气隙导磁截面积，m^2。

将式(4-15)、式(4-16) 代入式(4-14) 得

$$L=\frac{W^2}{R_m}=\frac{W^2\mu_0 S_0}{2\delta} \tag{4-17}$$

上式表明，自感 L 与气隙 δ 成反比，而与气隙导磁截面积成 S_0 成正比。当 S_0 固定，输出取决于 δ 变化，灵敏度 S 为

$$S=\frac{L}{\delta}=\frac{W^2\mu_0 S_0}{2\delta^2} \tag{4-18}$$

因为传感器的灵敏度 S 与气隙 δ 的平方成反比，且 δ 越小，传感器的灵敏度越高，S 不为常数，传感器的非线性严重，为了减小非线性误差，通常规定气隙的变化范围在较小的区域内，设气隙的变化范围为（δ_0，$\delta_0+\Delta\delta$），则灵敏度为

$$S\approx-\frac{W^2\mu_0 S_0}{2\delta^2} \tag{4-19}$$

此时，灵敏度 S 趋于定值，传感器的输出与输入近似呈线性关系，实际应用中，常取 $\Delta\delta/\delta\leqslant0.1$，这种传感器只适于小位移测量。但当固定 δ，变化 S_0 时，自感 L 与 S_0 成正比关系，传感器呈线性输出。

（2）结构形式

常用可变磁阻式传感器的类型，如图 4-10 所示。

图 4-10(a) 是可变导磁面积型传感器，其输出呈线性，但灵敏度较低。图 4-10(b) 是

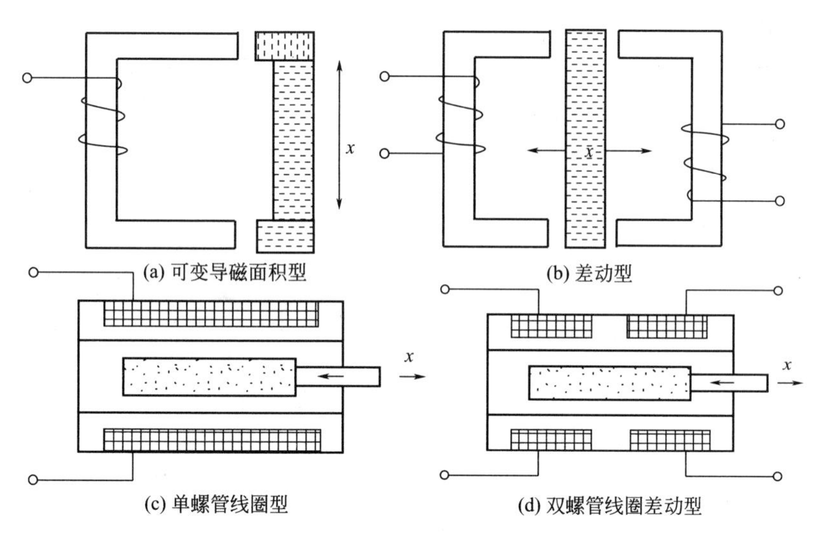

图 4-10　常用传感器的类型

差动型传感器，当衔铁位于中心位置（位移为零）时，两线圈自感相等，当衔铁有位移时，其中一个线圈 L 增加，另一个线圈自感则减少。如将两线圈接入电桥的相邻桥臂，则输出灵敏度较单线圈传感器提高一倍，且改善了线性特性。图 4-10(c) 是单螺管线圈型传感器，当铁芯在线圈中移动时，线圈泄漏路径中的磁阻发生变化，导致自感 L 的变化。由于磁场强度沿线圈轴向分布不均匀，故输出存在非线性误差。这种传感器结构简单，但灵敏度低，适用于较大位移的测量。图 4-10(d) 是双螺管线圈差动型，当铁芯在两个线圈中移动时，一个线圈的自感增加，另一个线圈的自感减小，将两线圈接入电桥的相邻桥臂，自感的总变化量是单线圈的两倍，且输出非线性得到相互补偿。其中典型的电感式接近开关常用于工业检测中。

4.3.2 涡流式（位移）传感器

根据电磁感应原理，当金属板置于变化着的磁场中时，金属板内便会产生感应电流，此电流在金属体内是闭合的，故称为涡流。

涡流式传感器的工作原理如图 4-11 所示。当线圈中施加高频激励电流 i 时，线圈产生的高频电磁场作用于距离为 δ 的金属板表面，由于集肤效应，在金属板表面内产生涡流 i_1，而涡流 i_1 又会产生交变电磁场反作用于线圈上，使线圈产生感应电动势，由此而引起线圈自感 L 和线圈阻抗 Z_L 的变化。阻抗变化的程度与距离 δ 有关，即线圈阻抗的变化量 ΔZ_L（输出）将随着金属板与线圈之间距离的变化量 $\Delta\delta$（被测位移）而改变。这是涡流式传感器

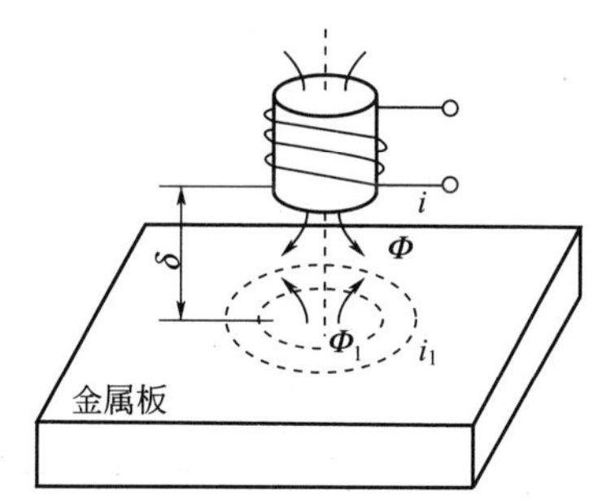

图 4-11　涡流式传感器的工作原理示意图

将位移转换为线圈自感量变化的原理。其变化程度取决于线圈与金属板之间距离 δ、金属板的电阻率 ρ、磁导率 μ 以及激励电流 i 的频率等。当改变其中某一因素时，可达到一定的变换目的。例如，当 δ 改变，可用于位移、振动测量；当 ρ 或 μ 改变，可作材质鉴别和探伤等。

涡流对传感器线圈的反作用可用图 4-12 的等效电路作进一步说明。图 4-12 中，L 为传感器线圈的自感，C 为线圈并联电容及分布电容的等效并联电容，R 为线圈的损耗电阻，R_F 为金属板上的涡流损耗电阻，L_E 为金属板对涡流的等效自感，互感 M 为 L_E 与 L 之间相互作用的程度。由等效电路可以看出，线圈与导体间存在一个互感 M，它随着导体与线圈间距离的减小而增大。

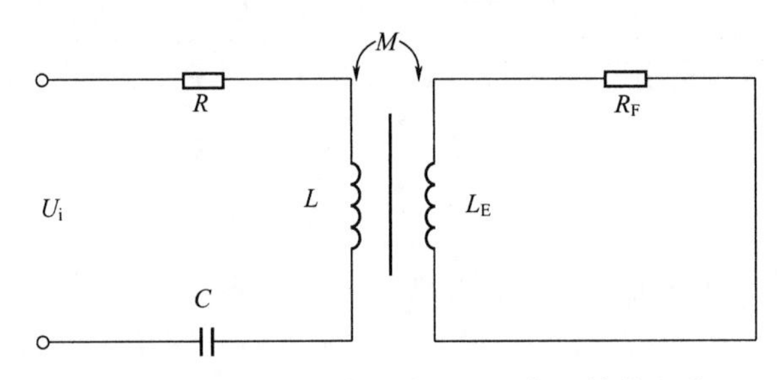

图 4-12 涡流对传感器线圈的反作用等效电路

涡流式传感器具有结构简单、使用方便、灵敏度高、分辨力强、非接触测量等一系列优点，常用于工件计数、连续油管的椭圆度测量、石油管道无损探伤及轴心轨迹测量中。

4.3.3 差动变压器式传感器

差动变压器式电感传感器又简称差动变压器，这种传感器利用电磁感应中的互感现象来进行信号转换。如图 4-13 所示，当线圈 W_1 输入电流 i_1 时，线圈 W_2 产生感应电动势 e_{12}，其值与电流 i_1 的变化率有关，即

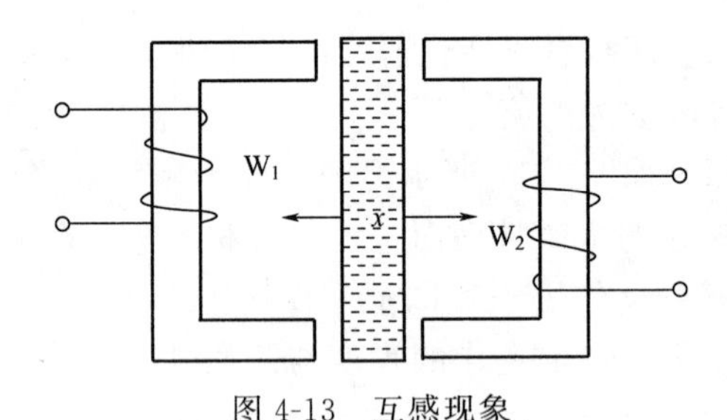

图 4-13 互感现象

$$e_{12}=-M\frac{\mathrm{d}i_1}{\mathrm{d}t} \tag{4-20}$$

式中，M 为互感，H（亨）。M 的数值与两线圈相对位置及周围介质的导磁能力等有关，它表示两线圈之间的耦合程度。

差动变压器就是利用这一原理，将被测位移转换成线圈互感的变化。实际应用的传感器多为螺管形差动变压器，其结构与工作原理如图 4-14 所示。

由初级线圈 W 和两个参数相同的次级线圈 W_1 和 W_2 组成的变压器，其线圈 W_1 和 W_2 反极性串联，线圈中心插入动铁芯。当初级线圈 W 加上交流电压时，次级分别产生感应电势

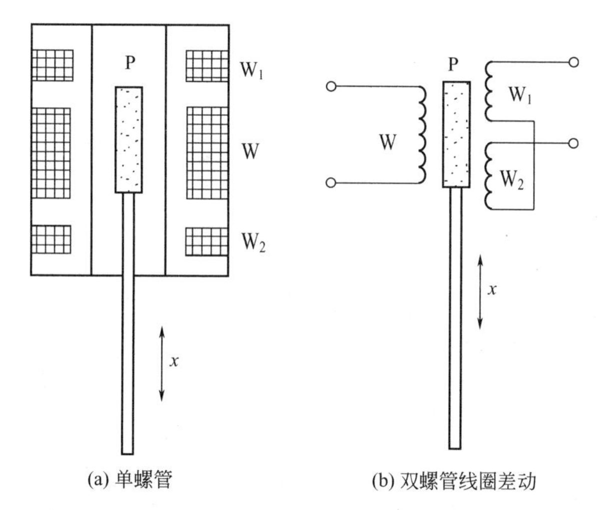

(a) 单螺管 (b) 双螺管线圈差动

图 4-14 差动变压器式传感器

e_1和e_2，其大小与铁芯位置有关。

当铁芯在中心位置时，$e_1=e_2$，输出电压$e_0=0$；铁芯向上移动，$e_1>e_2$；铁芯向下移动，则$e_1<e_2$；铁芯偏离中心位置，e_0逐渐增大。

差动变压器的输出电压是交流量，输出电压幅值与铁芯位移成正比，用交流电压表，即通过整流的方法测得输出电压幅值只反映铁芯位移的大小，不能反映移动方向。其次，由于两个次级线圈的不一致性、初级线圈损耗电阻、铁磁材料性质不均匀等因素导致传感器仍存在零点残余电压，即铁芯处于中间位置时，输出不为零。为此，需要采用既能反映铁芯移动方向，又能补偿零点残余电压的中间变换电路。

图 4-15 所示电路中相敏检波器可根据差动变压器输出的调幅波相位变化判别位移的方向和大小，其中可调电阻 R 与差动直流放大器的作用是消除传感器零点残余电压。

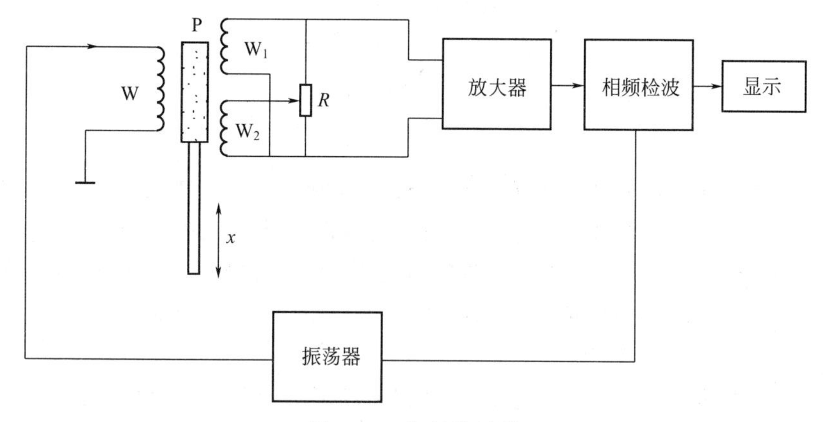

图 4-15 相敏检波器

差动变压器式电感传感器稳定性好，使用方便，其最大优点是线性范围大，有的可达到300mm，广泛用于大位移的测量，但测量频率上限受其机械部分固有频率的限制。常用激励电压频率为1～5kHz，传感器的测量频率上限一般约为激励频率的1/10。通过弹性元件把其他量变成位移，则这种传感器也适用于力、流体参数等测量。实际中常常用差动变压器测量位移、板材厚度和张力测量中。

4.4 电容式位移传感器

电容式传感器是将被测量转换为电容量变化的装置，它实质上是一个具有可变参数的电容器。由物理学可知，两个平行极板组成的电容器，其电容量为

$$C=\varepsilon_0 \frac{A\varepsilon}{\delta} \tag{4-21}$$

式中 ε_0——真空中介电常数，$\varepsilon_0=8.85\times10^{-12}\mathrm{F/m^2}$；

ε——极板间介质的介电常数；

δ——极板间的距离，m；

A——两极板相互覆盖面积，$\mathrm{m^2}$。

上式表明，当被测量使 δ、A 或 ε 发生变化时，都会引起电容量 C 的变化。若只改变其中某一参数，就可以把该参数的变化转换为电容量的变化，因而电容式传感器可分为极距变化型、面积变化型和介质变化型三种。其中前两种应用较广，都可作为位移传感器。

4.4.1 极距变化型电容传感器

根据式(4-21)，如果两极板相互覆盖面积和极间介质不变，则电容量 C 和极距 δ 呈非线性关系（图 4-16）。当极距有微小变化量 $\Delta\delta$ 时，若输出电容变化量为 ΔC，则传感器的灵敏度 S 为

$$S=\frac{\mathrm{d}C}{\mathrm{d}\delta}=-\frac{\varepsilon\varepsilon_0 A}{\delta^2} \tag{4-22}$$

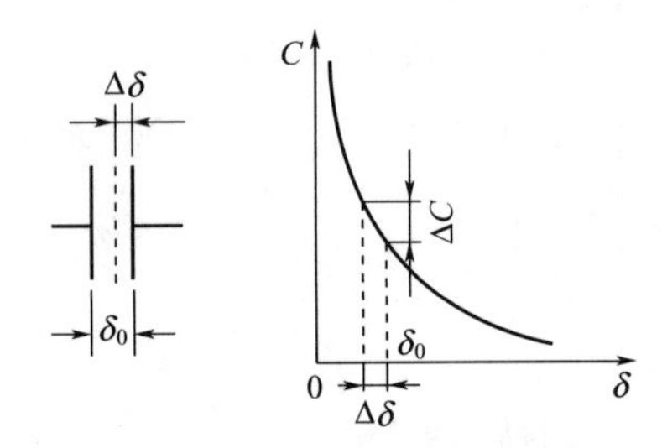

图 4-16 极距变化型电容传感器原理图

可以看出，灵敏度与极距的平方成反比，极距越小灵敏度越高。显然，这将引起非线性误差。为减少这一误差，通常规定传感器在较小的极距变化范围内工作（$\Delta\delta/\delta_0\approx0.1$，$\delta$ 为初始极距）。实际应用中常采用差动式，即在两块固定极板之间放一块动极板，以提高传感器的灵敏度和减少非线性。这种传感器的灵敏度高、动态性好、可非接触测量，仅适合小位移测试，大位移测试时非线性度大。

典型应用是驻极体电容传声器，它采用聚四氟乙烯材料作为振动膜片。这种材料经特殊电处理后，表面永久地驻有极化电荷，取代了电容传声器极板，故名为驻极体电容传声器。特点是体积小、性能优越、使用方便。

4.4.2 面积变化型电容传感器

电容式传感器可以通过面积的改变来控制电容的大小，按照面积的改变方式不同，可以分为直线位移型和角位移型。

（1）直线位移型

图4-17为直线位移型电容传感器。当动极板沿x方向移动时，动、定极板的覆盖面积变化，引起电容变化，其电容量如式(4-23)所示。

$$C=\frac{\varepsilon\varepsilon_0 bx}{\delta} \tag{4-23}$$

其灵敏度如式(4-24)所示。

$$S=\frac{\mathrm{d}C}{\mathrm{d}x}=\frac{\varepsilon\varepsilon_0 b}{\delta}=\text{常数} \tag{4-24}$$

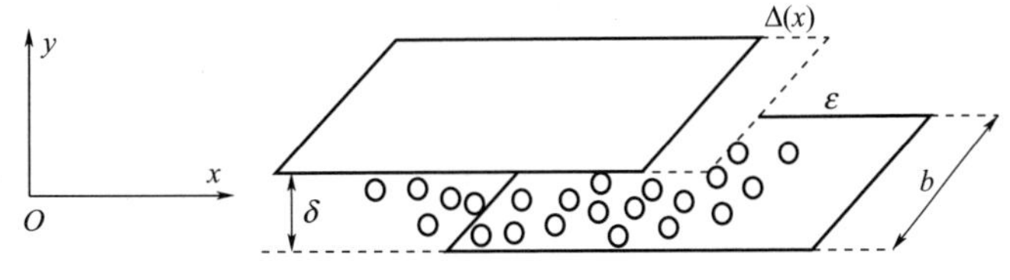

图4-17 直线位移型电容传感器

此时，输出与输入比值为常数，因此它们之间存在线性关系，但与极距变化型相比，直线型传感器灵敏度较低，适于作较大直线位移及角位移测量。

（2）角位移型

图4-18为角位移型电容传感器。当动极板沿顺时针方向转动时，引起动极板和定极板之间的覆盖面积变化，导致电容量发生变化，其电容量如式(4-25)所示。

$$C=\frac{\varepsilon\varepsilon_0 \alpha r^2}{2\delta} \tag{4-25}$$

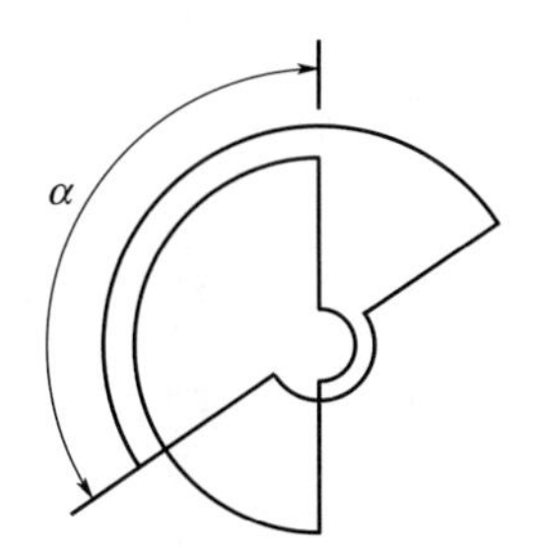

图4-18 角位移型电容传感器

此时，灵敏度为

$$S=\frac{\mathrm{d}C}{\mathrm{d}\alpha}=\frac{\varepsilon\varepsilon_0 r^2}{2\delta}=\text{常数} \tag{4-26}$$

式(4-26)说明系统的灵敏度为常数，即传感器输出与输入为线性关系。

4.4.3 介质变化型电容传感器

介质变化型电容传感器是指电容器两极板间介质改变时，其电容量发生变化。介质变化型电容传感器的极板固定，极距和覆盖面积均不改变。

当极板间介质的种类或其他参数变化时，其相对介电常数改变，导致电容量发生相应变化，从而实现被测量的转换。这种传感器常用于测量电介质的液位及某些材料的厚度、温度、湿度等。

传感器两极板固定不动，其极距 δ 和极板面积 A 固定。若极板间为空气介质，其相应电容量为 C。

$$C=\frac{2\pi\varepsilon_1 L}{\ln(R/r)} \tag{4-27}$$

式中 R——外电极的内半径；

r——内电极的外半径；

L——电极长度；

ε_1——空气的介电常数。

如果电极的一部分被非导电性液体所浸没时，此时电容量将发生变化。传感器的电容与介质参数之间关系为

$$\Delta C=\frac{2\pi(\varepsilon_2-\varepsilon_1)l}{\ln(R/r)} \tag{4-28}$$

式中 ε_2——液体介电常数；

l——液体浸没长度。

由上式可知，若介质厚度 l 不变，ε 的改变将使 C 改变，传感器可用作介电常数、位移等量的测试。反之，若介质的相对介电常数 ε 不变，其厚度 l 可能变化，则传感器可作厚度测量。图 4-19 是一种电容式液位计。当被测液面变化时，两个固定的筒形电极间液体浸入高度发生变化，从而可根据由此引起的电容变化测出相应的液位数据。

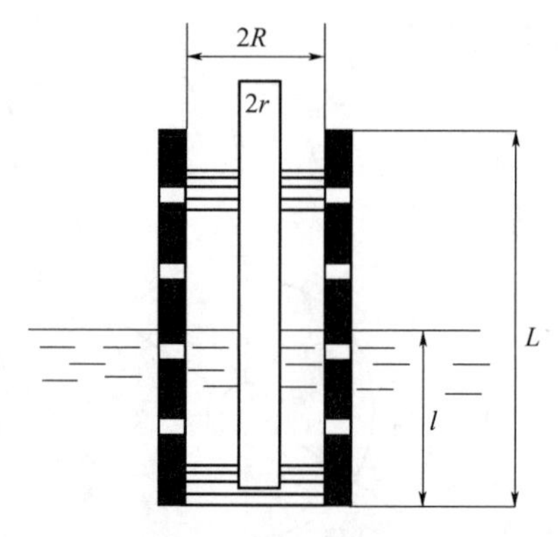

图 4-19　液位的测量

此外，电容式接近开关，利用测量头构成电容器的一个极板，另一个极板是物体本身，当物体移向接近开关时，物体和接近开关的介电常数发生变化，使得和测量头相连的电路状态也随之发生变化。接近开关的检测物体，并不限于金属导体，也可以是绝缘的液体或粉状物体。

4.4.4 电容传感器适配测量电路

常见电容传感器的适配测量电路有桥式电路、直流极化电路、谐幅电路和调频电路等。这里着重介绍差动脉冲宽度调制这种常见测量电路。

图 4-20 为差动式电容传感器的脉冲宽度调制电路原理图，该电路也简称差动脉冲调宽电路。它是由电压比较器 A_1 和 A_2、双稳态触发器及 R_1 和 R_2、二极管 VD_1 和 VD_2、差动电容 C_1 和 C_2 组成的电容充放电电路。双稳态触发器的两个输出端 Q 和 $\widetilde{Q}$ 为该电路的输出端。

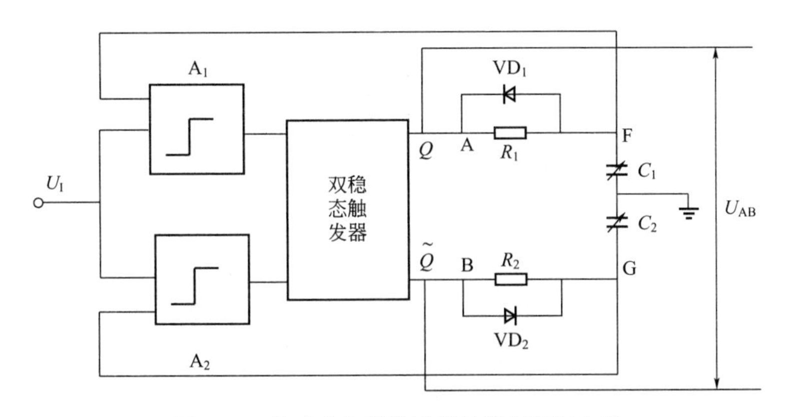

图 4-20　差动式电容传感器的脉宽调制电路

设电源接通时，双稳态触发器的 A 点为高电位，即 $Q=1$；B 点为低电位，$Q=0$。U_A 通过 R_1 对 C_1 充电，直到 F 点电位 U_F 等于参考电压 U_I 时，比较器 A_1 产生一个脉冲使双稳态触发器翻转，A 点成低电位，B 点成高电位。此时，F 点的高电位经 VD_1 放电迅速降低到零。同时，B 点为高电位。经 R_2 向 C_2 充电，当 G 点电位 U_G 等于 U_I 时，比较器 A_2 产生一个脉冲使双稳态再次翻转，使 U_A 为高，U_G 为低，又重复上述过程，周而复始，结果双稳态两个输出端 Q 和 $\tilde{Q}$ 分别输出方波 U_Q 和 $-U_Q$，A 与 B 处的脉冲波的脉冲宽度与电容充放电有关。

① 当两电容 $C_1=C_2$ 时，A、B 两脉冲波的脉冲宽度相等，如图 4-21(a) 所示。此时 A、B 两点间平均电压为零。

② 当 C_1、C_2 值不等时，如 $C_1>C_2$，则 C_1 和 C_2 充电时间分别为 $T_1>T_2$。这样，A、B 处脉冲波的脉冲宽度不等，如图 4-21(b) 所示。A、B 两点平均电压不再为零。

A 及 B 点的平均电压 U_{AP} 和 U_{BP} 分别为

$$U_{AP}=\frac{T_1}{T_1+T_2}U_Q \tag{4-29}$$

$$U_{BP}=\frac{T_2}{T_1+T}U_Q \tag{4-30}$$

式中，U_Q 为触发器输出高电压。

$$U_{AB}=U_{AP}-U_{BP}=\frac{T_1-T_2}{T_1+T_2} \tag{4-31}$$

$$T_1=R_1C_1\ln\frac{U_Q}{U_Q-U_I} \tag{4-32}$$

$$T_2=R_2C_2\ln\frac{U_Q}{U_Q-U_I} \tag{4-33}$$

这是因为，放电时，$U_{AB}=(U_I-U_F)e^{\frac{T}{RC}}$ 两边取对数，即可求出 T 表达式，当应用差动法，极距变化型电容传感器的电容，此时

$$C_1=\frac{\varepsilon_0A}{\delta_0-\Delta\delta} \tag{4-34}$$

$$C_2=\frac{\varepsilon_0A}{\delta_0+\Delta\delta} \tag{4-35}$$

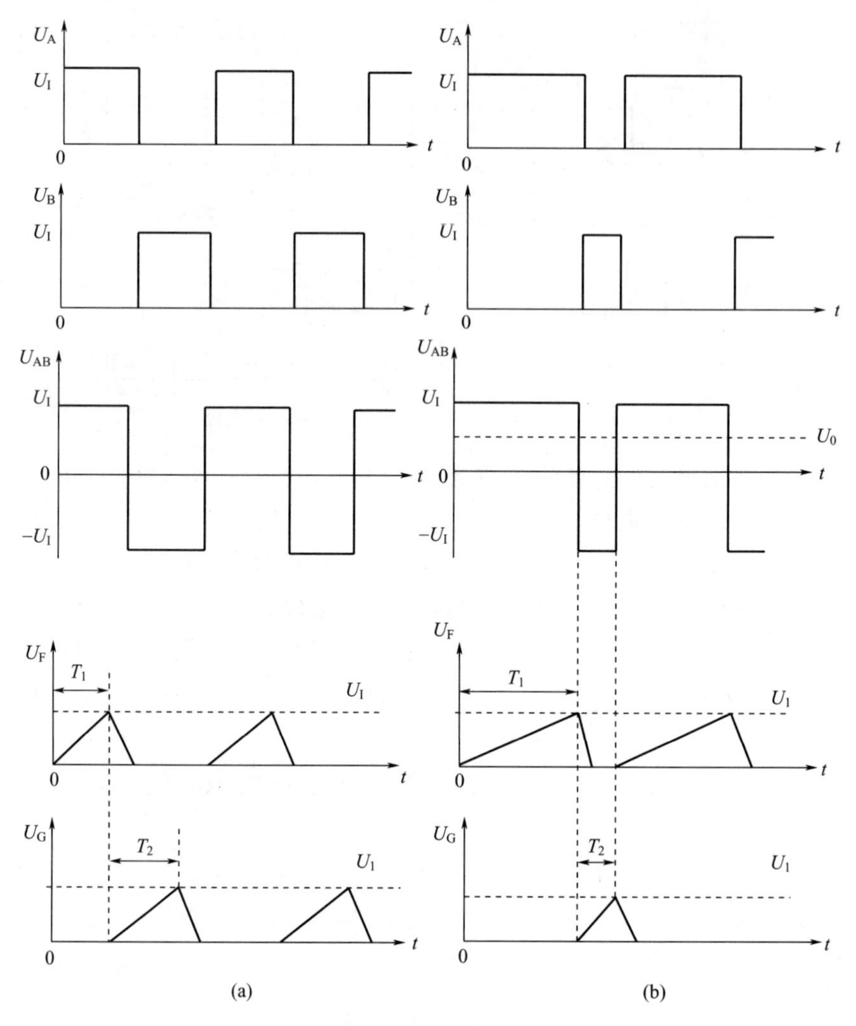

图 4-21 电容传感器的差动脉宽调制电路波形

代入上式，有

$$U_{AB}=\frac{\Delta\delta}{\delta_0}U_I \tag{4-36}$$

此时，输出电压与输入位移为线性关系，由于电路输出信号一般为 100kHz～1MHz 的方波，对低通滤波器要求不很高，所需的直流稳压电源电压稳定性应较好，但这一要求与其他电路所要求的高稳定度稳频稳幅交流电源相比容易得多。

电容传感器具有结构简单、灵敏度高、动态响应好等优点，但其测量精度往往受到电路寄生电容、电缆电容以及温湿度的影响，因此，要保证电路正常工作，有必要采取良好的绝缘和屏蔽措施。

4.5 压电式传感器

4.5.1 压电效应原理

某些材料如石英、钛酸钡等晶体，当受外力作用时，不仅几何尺寸发生变化，而且内部极化，一些表面出现电荷，形成电场。当外力去掉时，表面又重新回复到原来不带电状态，这种现象称为压电效应。具有这种性质的材料称为压电材料。

如果把压电材料置于电场中，其几何尺寸发生变化，这种外电场作用导致压电材料机械变形的现象称为逆压电效应或电致伸缩效应。

石英是一种常用的单晶压电材料，如图 4-22 所示，石英（SiO_2）晶体结晶形状为六角形晶柱。其基本组织六棱柱体有三种轴线：纵轴线 z-z 表示光轴；通过六角棱线而垂直于光轴的轴线如 x-x 表示电轴；垂直于棱柱面轴线如 y-y 表示机械轴。

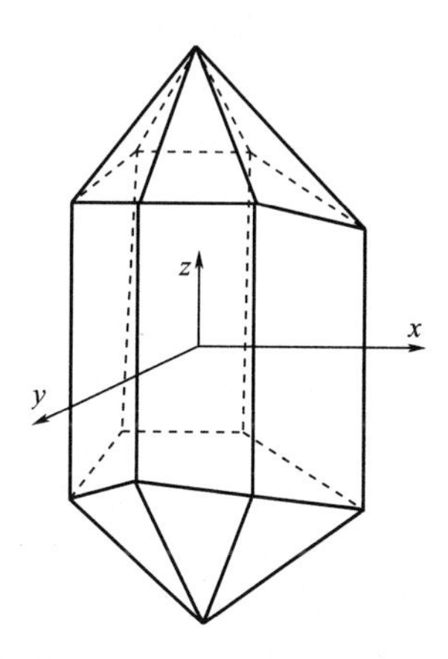

图 4-22 石英晶片示意图

如果从石英晶体中切下一个平行六面体，使其表面分别平行于电轴、机械轴和光轴，这个晶片在正常状态下不呈现电性。在垂直于光轴的力作用下，晶体则会发生不同的极化现象，如图 4-23 所示。在垂直于 x-x 轴线的平面上出现电荷。沿 x-x 轴加力产生纵压电效应，沿 y-y 轴加力产生横压电效应，沿相对两平面加力则产生切向压电效应，沿 z-z 轴加力则不呈现任何极化现象。

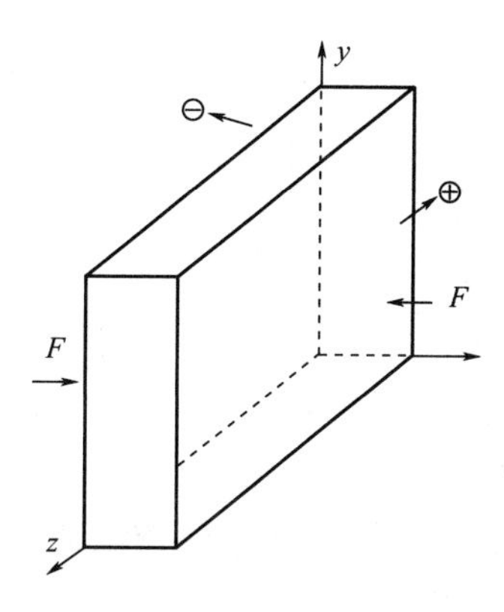

图 4-23 压电效应示意图

常用材料：石英的压电常数较低，但具有很好的时间和温度稳定性；其他单晶压电材料如铌酸锂和钽酸锂等的压电常数为石英的 2～4 倍，但价格较贵，应用不如石英广泛；酒石酸钾钠的压电常数虽然较高，但属于水溶性晶体，易受潮湿影响，强度低，性能不稳定，应用不多。

压电陶瓷是目前应用最为普遍的多晶体压电材料。压电陶瓷烧制方便，易于成形，元件成本低。现在使用最多的是压电常数很高（70～590pC/N）的锆钛酸铅（PZT）压电陶瓷系列。它具有与铁磁材料“磁畴”相类似的“电畴”，所谓电畴就是自发极化的小区。一般情况下，压电陶瓷并不具有压电效应。在一定的温度下作极化处理，在强电场作用下电畴规则排列，从而呈现压电性能。极化电场除去后，压电性能仍然保持，且在常温下受力即呈现压电效应。

4.5.2 压电式传感器及其等效电路

在压电晶片的两个工作面上进行金属蒸镀处理，形成金属膜，即电极，如图 4-24 所示。

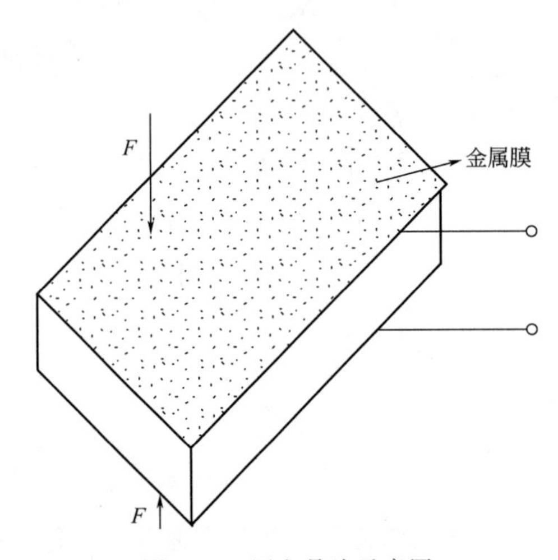

图 4-24 压电晶片示意图

当压电晶片受外力作用时，在两个电极上积聚数量相等、极性相反的电荷，形成电场。因此压电式传感器视为电荷发生器，但也是一个以压电材料为介质的平行板电容器，其电容量可按下式计算：

$$C=\frac{\varepsilon\varepsilon_0 A}{\delta} \tag{4-37}$$

式中 ε——压电材料的相对介电常数，对于石英晶体 $\varepsilon=4.5$；

δ——极距，即晶片厚度，m；

A——压电晶片的工作面面积，m^2。

如果施加于晶片的外力不变时，且积聚在极板上的电荷无泄漏，那么在外力继续作用时，电荷量保持不变，而在力的作用终止时，电荷就随之消失。

实验证明，压电晶片上所受作用力与由此产生的电荷量成正比。若沿单一晶轴 x-x 轴施加外力 f，则在垂直于 x-x 轴的晶片表面上积聚的电荷量 q 为

$$q=d\cdot f \tag{4-38}$$

式中 q——电荷量，C；

d——压电常数（与材质及切片方向有关），C/N；

f——作用力，N。

若压电晶片受多方向的力，其内部应力将是一个复杂的应力场。压电晶片各个表面都会积聚电荷，每个表面上的电荷量不仅与各表面上的垂直力有关，而且还与其他面上的受力有关，即有交叉耦合现象，应用矩阵形式表示，即

$$Q=D\cdot F \tag{4-39}$$

式中，Q、D、F 均为矩阵，其量纲同式(4-38)。

由式(4-38)、式(4-39) 可知，无论被测量如何，关键在于电荷量的测量。传感器不从信号源吸取能量的原则在这里的体现是，测量方法不应消耗极板上积聚的电荷，因为电荷的数量常常是很小的。当然，要达到这一要求是很困难的。基于这一点，用压电式传感器作静态或准静态测量时，必须采取措施，使电荷的漏失减小到足够小的程度。在动态测量时，由于电荷可以不断补充，对此要求并不很高。压电式传感器多用两个或两个以上的晶片进行串接或并接。串接时，传感器电压输出大，电容也比并接时的小，适用于以电压为输出的情况。并接时两晶片的负极在内，直接连接成传感器的负电极。位于外侧的两个正极，在外部连接成传感器的正电极。并接时输出电荷量大，适用于以电荷为输出的场合。但其电容量大，时间常数大，致使传感器不适于作频率很高的信号的测量。

常见压电式传感器的产品有压力变送器、加速度计、力传感器、拾振器、压差调节阀（如图 4-25 所示）等，可应用于主轴系统检测、转子实验台底座振动测量、油田开采（如图 4-26 所示）等方面。

图 4-25　压差调节阀

图 4-26　压差调节阀在采油厂中的应用

4.5.3 测量电路

压电式传感器输出信号比较微弱，输出阻抗极高。为了减小电荷泄漏，实现阻抗匹配，后续测量电路的输入阻抗必须极高，匹配的电缆电容要很小且噪声要很低，电缆电容不能任意变动。通常把传感器信号首先送入前置放大器。经过阻抗变换后，再用一般的放大、检波等电路进行后续处理。

压电式传感器的前置放大器有其特殊要求，主要作用有两点：一是将传感器的高输出阻抗变换成前置放大器的低阻抗输出，实现与一般测试装置或中间变换器的阻抗匹配，即电压放大器；二是对传感器的微弱输出信号进行预放大，即电荷放大器。

（1）电压放大器（阻抗变换器）

电压放大器电路如图 4-27 所示。其第一级采用 MOS 型场效应管构成源极输出器，第二级的普通晶体管射极输出器除作电压放大器的输出级外，同时对第一级形成负反馈，从而使得输入阻抗本已很高的场效应管源极输出器的输入阻抗得以进一步提高，致使该电压放大器的输入阻抗大于 1000Ω，输出阻抗小于 100Ω。这种前置放大器的作用主要是阻抗变换，放大作用是次要的，故称为阻抗变换器。

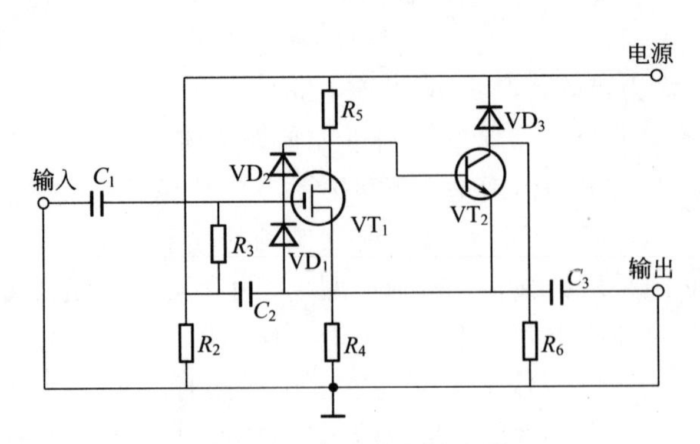

图 4-27 电压放大器电路

电压放大器电路简单，体积小，价格低。但传感器的连接电缆必须专用，不得任意更换或对调；电缆不能很长，电缆电容不得很大，否则传感器灵敏度改变，引起测量误差。为解决电缆影响，可将传感器和前置放大器集成在传感器壳体内，传感器以低阻抗输出即可消除电缆影响。

（2）电荷放大器

电荷放大器原理如图 4-28 所示。它是一个带有电容负反馈的高增益运算放大器。当略去传感器漏电阻及电荷放大器输入电阻时，输出电压 e_y 为

$$e_y=\frac{Kq}{C_f(K+1)+C_0} \tag{4-40}$$

式中 C_f——电荷放大器反馈电容；

C_0——传感器电容 C_a、电缆电容 C_c 和电荷放大器输入电容 C_i 的等效电容；

q——传感器输出电荷；

K——运算放大器开环放大倍数。

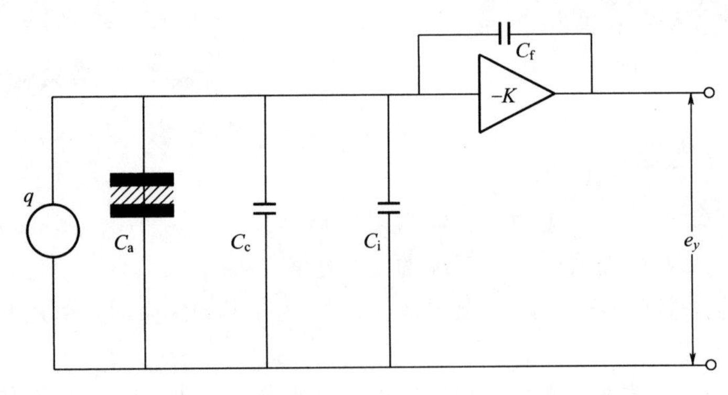

图 4-28 电荷放大器电路

由于运算放大器开环放大倍数 K 很大，致使

$$e_y\approx\frac{q}{C_f} \tag{4-41}$$

压电式传感器是一个具有一定电容的电荷源。输出开路时，开路电压 e_a 与电荷 q、电容 C_a 之间关系为

$$e_a=\frac{q}{C_a} \tag{4-42}$$

4.6 磁电式传感器

磁电式传感器是把被测物理量转换成为感应电动势的一种传感器，又称电动式传感器。一个匝数为 W 的线圈，当穿过该线圈的磁通发生变化时，线圈内的感应电动势为

$$e=-W\frac{\mathrm{d}\Phi}{\mathrm{d}t} \tag{4-43}$$

感应电动势 e 与其匝数 W 和磁通变化率 $\mathrm{d}\Phi/\mathrm{d}t$ 有关。对于特定的传感器，其线圈的有效匝数 W 一定，e 取决于磁通变化率 $\mathrm{d}\Phi/\mathrm{d}t$。

磁通变化率受磁场强度、磁路磁阻、线圈运动速度等因素影响，因而，改变上述因素之一，将使线圈感应电动势改变。磁电式传感器可分为动圈式和磁阻式，动圈式又分为线速度和角速度两种类型。

4.6.1 动圈式传感器

线圈在磁场中作直线运动时，所产生的感应电动势

$$e=WBlv\sin\theta\ (\mathrm{V}) \tag{4-44}$$

式中 W——线圈有效匝数；

B——磁感应强度，T；

l——单匝线圈的长度，m；

v——线圈与磁场的相对运动速度，m/s；

θ——线圈运动方向与磁场方向的夹角，传感器通常为 $\theta=\pi/2$。

考虑到 θ 通常为 $\pi/2$，上式一般写成

$$e=WBlv\ (\mathrm{V}) \tag{4-45}$$

图 4-29 为动圈式传声器，当感受到声音信号时，振膜振动带动线圈工作，磁铁在壳体中作直线运动，因此，属于线速度型磁电传感器。

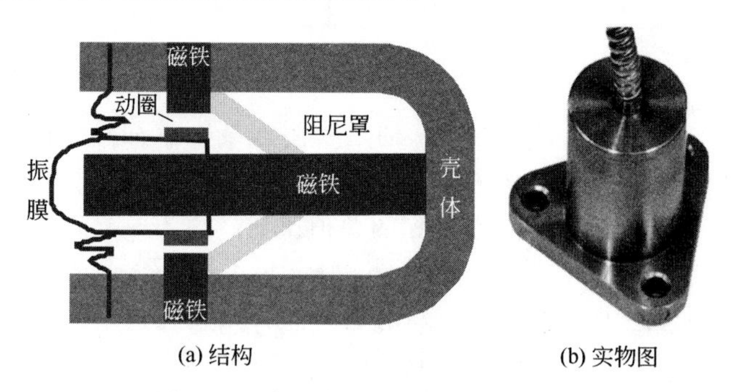

(a) 结构　(b) 实物图

图 4-29 线速度型动圈式磁电传感器

由于对于一个特定的传感器来说，W、B 和 l 均为定值，所以感应电动势 e 与线圈运动速度 v 成正比。图 4-30 是测速电机角速度型传感器。线圈在磁场中转动时产生的感应电动势为

$$e=BWA\omega\ (\mathrm{V}) \tag{4-46}$$

式中 ω——线圈转动角速度，rad/s；

A——单匝线圈的截面积，mm^2；

B——磁感应强度，T；

W——线圈匝数。

在 B、W、A 为常数时，感应电动势的大小与线圈转动角速度成正比。

(a) 工作原理图

(b) 实物图

图 4-30　测速电机角速度型磁电传感器

实际中，磁电式传感器可用于用微发电机制作机械式转速表、车速传感器、笼型电机转子闭合检测等。

4.6.2　磁阻式传感器

磁阻式传感器由永久磁钢及缠绕在其上的线圈组成。工作时，线圈与磁钢不动，由运动着的物体（导磁材料）改变磁路中的磁阻，引起通过线圈的磁力线增强或减弱，使线圈产生感应电动势。磁阻式测速传感器如图 4-31 所示。

图 4-31　磁阻式测速传感器

由线圈、磁铁等构成的磁阻式传感器，通过磁阻改变，从而在线圈中产生感应电动势。感应电动势的大小不仅与传感器和被测体之间相对运动速度 v 有关，而且还与传感器工作面与被测体之间距离 x 有关。因而 e 不是 v 的单值函数，更不是线性关系，$e=f(v,x)$。

此外，这种传感器还可以进行旋转体频数测量、振动测量等。值得注意的是，磁阻式传感器对被测体有一定的磁吸力，质量轻小的被测对象可能受其影响，应慎重选用。

磁阻式传感器输出阻抗一般不高，负载效应对其输出的影响可以忽略。这种传感器性能稳定、工作可靠、使用方便，但体积大、使用频率范围不宽。

4.7　光电式传感器

光电式传感器是测试技术中一种常用的传感器。实际使用时，被测物理量转换成光量，然后再由光敏元件转换成电信号。

4.7.1 光敏电阻

某些半导体材料，在光照射下，吸收一部分光能，使其内部的载流子数目增多，从而使材料的电导率增大，电阻减小，这种现象称为光电效应或光导效应。

图 4-32 为光敏电阻的外观，外部光通过保护玻璃照射在光电导层——光敏半导体薄膜上，光敏电阻通过引线接入电路。如图 4-33 所示，当无光照时，因光敏电阻的暗电阻阻值很大，大多数光敏电阻的暗电阻值往往超过 1MΩ，甚至高达 100MΩ，电路电流很小。受到一定波长范围的光照时，其亮电阻阻值急剧减小，致使电路电流迅速增大。在正常的白昼条件下其亮电阻可降低到 1kΩ 以下。

图 4-32 光敏电阻的外观

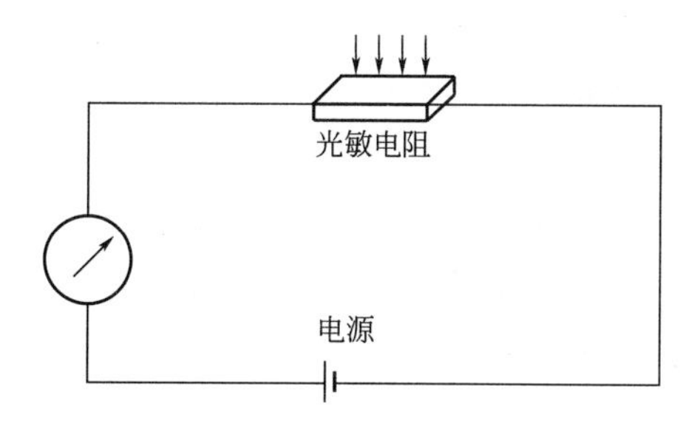

图 4-33 光敏电阻外接电路

光敏电阻阻值变化与光波波长有关。不同的材料有不同的光谱特性，例如硫化镉（CdS）、硒化镉（CdSe）等适用于可见光（0.4～0.75μm）范围；氧化锌（ZnO）、硫化锌（ZnS）等适用于紫外线域；硫化铅（PbS）、硒化铅（PbSe）、碲化铅（PbTe）等适用于红外线域等。因此，应根据光波波长合理选择光敏电阻的材料。

4.7.2 光电池与光敏晶体管

在半导体与金属或半导体 P-N 结结合面受到光的照射，发生电子与空穴的分离现象，从而在接触面两端产生电势，这种现象称为光生伏特效应。P 型半导体内具有过剩的空穴，N 型是导体具有过剩电子。当两者结合时，在结合面上将发生载流子的扩散现象，即 N 型区的电子向 P 型区扩散，而 P 型区的空穴向 N 型区扩散，结果使 N 区失去电子带正电，P 区失去空穴带负电，并形成一个电场，称为 P-N 结，由于 P-N 结阻止空穴、电子的进一步扩散，故称为“阻挡层”。

如用光照射 P-N 结，在 P-N 结附近，由于吸收了光子能量，因而产生空穴与电子、这种由于光照射而产生的载流子称为光生载流子。光生载流子在 P-N 结电场作用下，产生与扩散运动相反的漂移运动，电子被推向 N 区，而空穴被拉进 P 区，使 P 区带正电，而 N 区带负电，二区之间产生电位差，即构成了光电池，如图 4-34 所示，光电池受光照后将在电路中产生电流。

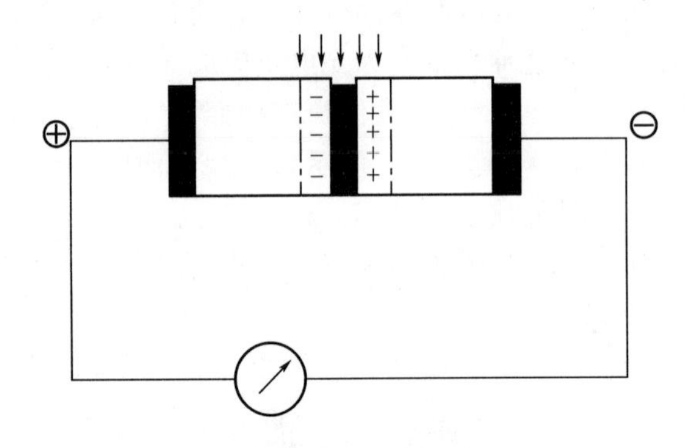

图 4-34　具有 P-N 结的光电池原理

光敏晶体管是利用受光照射时载流子增加的半导体光敏元件。具有一个 P-N 结的称为光敏二极管，具有两个 P-N 结的称为光敏三极管。

4.7.3　光电式转速传感器

光电式转速传感器的工作原理如图 4-35 所示，光源 1、透镜 2 送出的平行光经半透半反射镜 3 反射并由透镜 6 会聚在被测的旋转物体 7 上。被测物体上设置一定数量的反光面和非反光面。被测物体旋转时，反光面反射回的光线经半透半反射镜 3 透射，透镜 4 会聚于光敏元件 5 上，使其输出光脉冲；旋转体上的非反光面不能将光反射回传感器，因此无对应脉冲输出。传感器输出的光电脉冲送入频率计或计数器可测得转速。传感器体积小、便于携带，测量范围宽，使用方便，应用十分广泛。

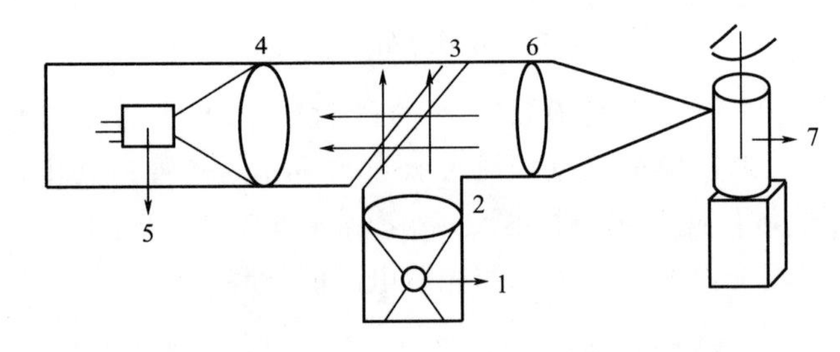

图 4-35　光电式转速传感器的原理图

1—光源；2,3,4—透镜；5—光敏管；6—半透明膜片；7—被测物

由于频率特性优良、易实现非接触式测量等许多因素使光电式传感器应用十分广泛，结构形式多种多样，可根据需要查阅有关资料。

光电式传感器在工业上的应用可归纳为辐射式(直射式)、吸收式、遮光式、反射式四种基本形式，亮度传感器是生活中常用到的光电式传感器，它通过检测周围环境的亮度，再与内部设定值相比较，调整光源的亮度和分布，有效利用自然光线，达到节约电能的目的。图 4-36 所示为利用 LED 与光敏晶体管组合来测量位移的工作原理图，生活中光电鼠标也是光电传感器的一个应用（图 4-37）。

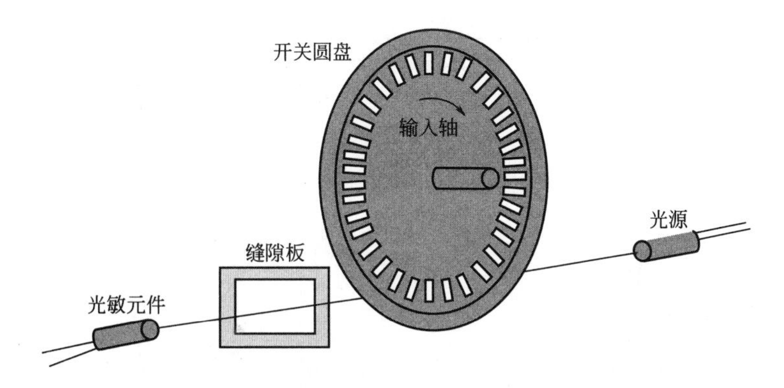

图 4-36 利用 LED 与光敏晶体管组合来测量位移的工作原理图

图 4-37 光电鼠标实物图

4.8 MATLAB 信号检测及处理

4.8.1 矩形函数的频域变换——辛格函数

辛格函数，用 sinc(x) 表示，有两个定义，有时区分为归一化 sinc 函数和非归一化的 sinc 函数。它们都是正弦函数和单调递减函数 $1/x$ 的乘积，其函数定义如下。

① 在数字信号处理和通信理论中，归一化 sinc 函数通常定义为

$$\mathrm{sinc}(x)=\frac{\sin\pi x}{\pi x} \tag{4-47}$$

② 在数学领域，非归一化 sinc 函数（for sinus cardinalis）定义为

$$\mathrm{sinc}(x)=\frac{\sin x}{x} \tag{4-48}$$

在这两种情况下，函数在 0 点的奇异点有时显式地定义为 1，sinc 函数处处可解析。非归一化 sinc 函数等同于归一化 sinc 函数，只是它的变量中没有放大系数 π。

图 4-38 描述了 $y=3\mathrm{sinc}(x)$ 的图像，图 4-39 描述了其绝对值函数 $y=|3\mathrm{sinc}(x)|$ 的图像。

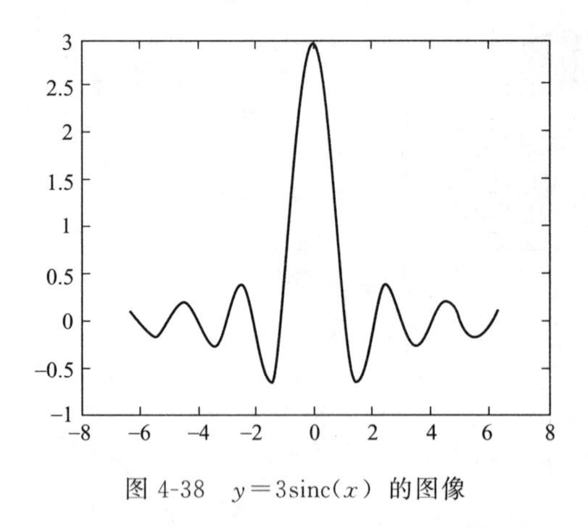

图 4-38　$y=3\text{sinc}(x)$ 的图像

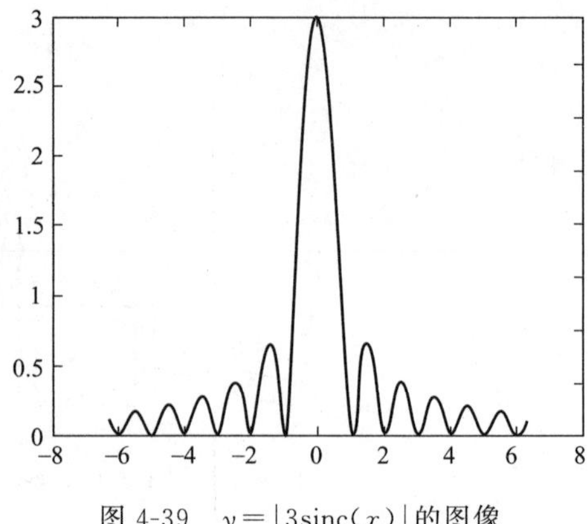

图 4-39　$y=|3\text{sinc}(x)|$的图像

在信号处理领域，sinc 函数常用作滤波器使用，此时它是一个全部除去给定带宽之上的信号分量而只保留低频信号的理想电子滤波器。在频域它的形状像一个矩形函数，在时域它的形状像一个 sinc 函数。

4.8.2 矩形函数的卷积运算

卷积是一种线性运算，它是通过两个函数 f 和 g 生成第三个函数的一种数学算子，表征函数 f 与经过翻转和平移的 g 的重叠部分的累积，在图像处理中常见的 mask 运算都是卷积运算的应用，高斯变换就是用高斯函数对图像进行卷积。图 4-40 说明了利用卷积确定图像中字母 a 的坐标的实例，程序代码如下：

```
bw = imread('text.png');
a = bw(32:45,88:98);
imshow(bw);
figure, imshow(a);
C = real(ifft2(fft2(bw) .* fft2(rot90(a,2),256,256)));
figure, imshow(C,[])
c=max(C(:))
thresh = 0.9 * c;
figure, imshow(C > thresh)
```

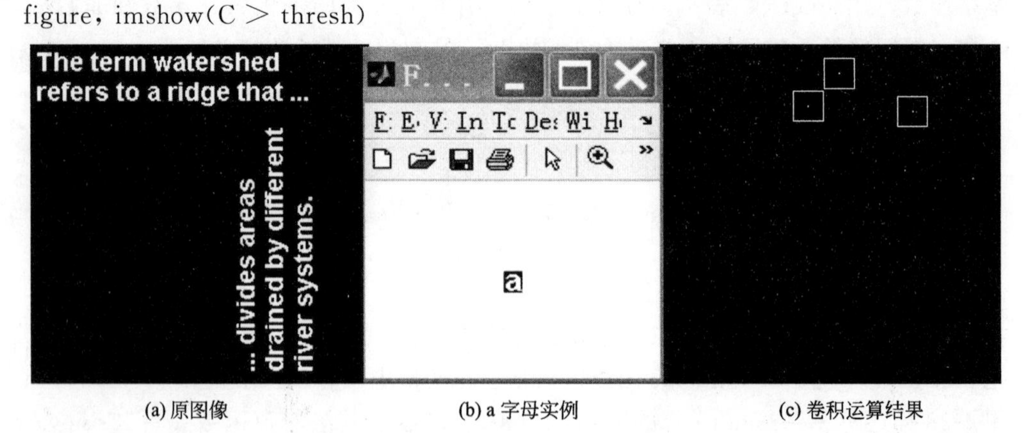

(a) 原图像　　(b) a 字母实例　　(c) 卷积运算结果

图 4-40　卷积运算实例

复习思考题

1. 简述常用传感器的分类方法。

2. 什么是压电效应？简述电阻应变片传感器的工作原理。

3. 简述电涡流传感器的工作原理。

4. 简述极距变化型传感器的工作原理，讨论如何使极距变化型传感器的灵敏度趋于常数。

5. 金属应变片与半导体应变片在工作原理上有何区别？各有何缺点？应如何根据实际情况进行选用？

6. 叙述差动传感器的工作原理。

7. 压电传感器的测量电路为什么常用电荷放大电路？

8. 用光电元件设计测速的装置，并说明其原理。

9. 有一电容传感器，其圆形极板半径为4mm，初始工作间隙为0.3mm，工作时极板间距变化为$\Delta\delta=\pm0.1\mu m$，电容变化量是多少？

10. 有一电阻应变片，其电阻为120Ω，灵敏度为2，设工作时的应变为$1000\mu\varepsilon$，问$\Delta R=$？若将此应变片接成图4-41所示的电路，求：①无应变时电流表示值/读数；②有应变时电流表示值；③电流表示值的相对变化量；④试分析这个变量能否从表中读出。

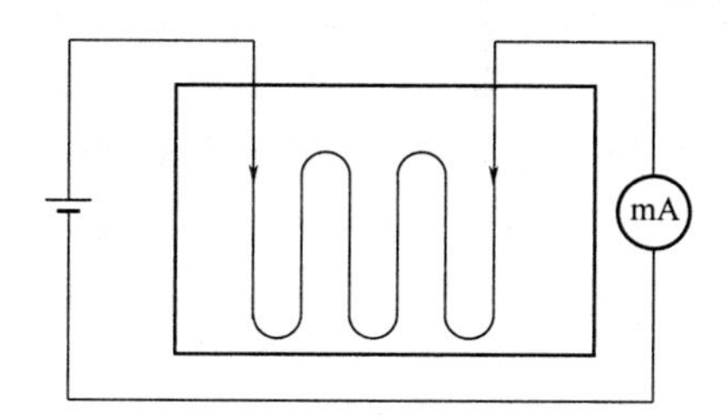

图4-41 应变片测量电路示意图

测试信号的调理

学习要点

本章主要介绍了信号的一些调理装置。在介绍实现间接电量向直接电量转换的直流电桥和交流电桥电路基础上，阐述了信号的放大、调制、解调、滤波等各种信号中间处理过程。

被测物理量经过传感器变换以后，往往成为电阻、电容、电感、电荷、频率或电压、电流等某种电参数的变化。电阻、电容、电感、电荷及频率的变化还需要使用电桥电路变换成电压或电流的变化。为了进行信号分析、处理、显示和记录，有必要对信号进行放大、运算及分析等中间变换，测试系统中常用的调理装置有放大器、滤波器、电桥、调制与解调器等。

5.1 信号的调理

当参量型传感器把被测量转换为电路参数电阻、电感、电容等参数的变化后，电桥可以把这些参数的变化转变为电桥输出电压的变化。电桥输出一般需先作放大，然后再作后续处理，但有时也可用指示仪表直接测量。

根据供桥电压（激励电源）的性质，电桥可分为直流电桥和交流电桥；根据输出方式，电桥可分为平衡电桥和不平衡电桥。

5.1.1 直流电桥

5.1.1.1 工作原理

直流电桥电路的形式如图 5-1 所示。四个桥臂上的元件为电阻 R_1、R_2、R_3、R_4，a、c 两端接入直流激励电压 e_0，b、d 为电桥输出端 e_y。

当输出端所接放大器的输入电阻很大，电桥输出端可视为开路时，桥路电流如式(5-1)、式(5-2) 所示。

$$I_1=\frac{e_0}{R_1+R_2} \tag{5-1}$$

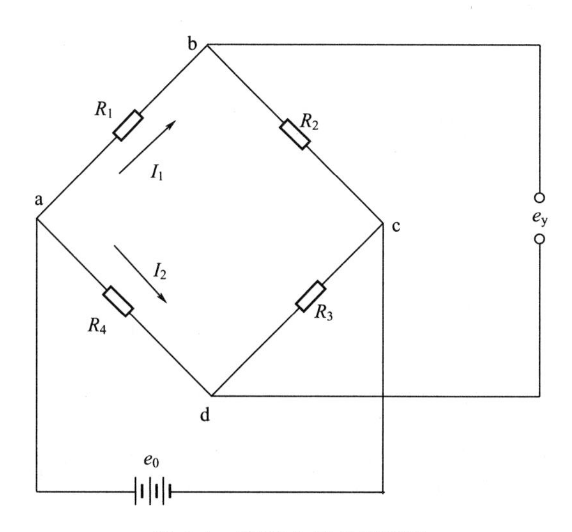

图 5-1　直流电桥的原理图

$$I_2=\frac{e_0}{R_3+R_4} \tag{5-2}$$

此时，正电桥输出电压为

$$e_y=U_{ab}-U_{ad}=I_1R_1-I_2R_4=\left(\frac{R_1}{R_1+R_2}-\frac{R_4}{R_3+R_4}\right)e_0 \tag{5-3}$$

化简后可得

$$e_y=\frac{R_1R_3-R_2R_4}{(R_1+R_2)(R_3+R_4)}e_0 \tag{5-4}$$

当 $R_1R_3=R_2R_4$ 时，$e_y=0$，即电桥输出电压为零，电桥的这种状态称为电桥平衡。直流电桥的平衡条件为

$$R_1R_3=R_2R_4 \tag{5-5}$$

根据电桥的工作原理，当固定供桥电压不变时，电桥的输出电压就与四个桥臂电阻的变化量有关。

5.1.1.2　直流电桥的分类

直流电桥有单臂式(单桥)、双臂式(半桥) 和全桥式三种接法，如图 5-2、图 5-3 和图 5-4 所示。

(1) 单臂电桥

图 5-2 为单臂接法。工作中桥臂元件 R_1 随被测量变化，此时，电阻增量 ΔR 引起的输出电压为

$$e_y=\left(\frac{R_1+\Delta R}{R_1+\Delta R+R_2}-\frac{R_4}{R_3+R_4}\right)e_0 \tag{5-6}$$

通常，令 $R_1=R_2=R_3=R_4=R_0$，因此上式可改写成

$$e_y=\frac{\Delta R}{4R_0\left(1+\dfrac{\Delta R}{2R_0}\right)}e_0 \tag{5-7}$$

由于 $\Delta R \ll R_0$，所以

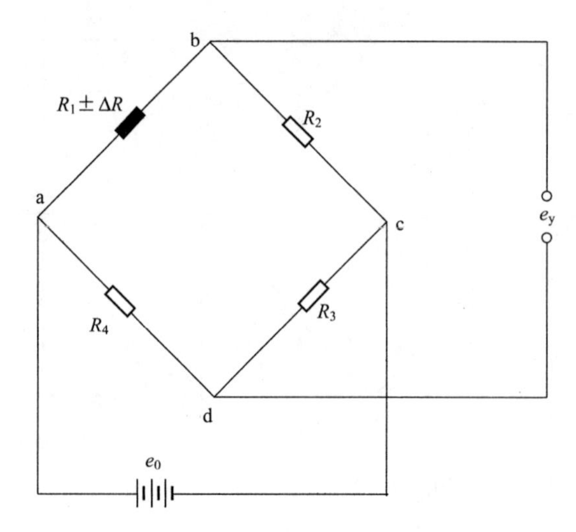

图 5-2 单臂电桥的连接方式

$$e_y \frac{\Delta R}{4R_0}e_0 \tag{5-8}$$

$$e_y=\frac{K_0 e_0}{4}\varepsilon_1 \tag{5-9}$$

式中，$K_0=1+2\mu=$常数（金属丝的应变系数或灵敏度）。

由式(5-9) 可知电桥输出电压与应变片上的应变成线性关系。

（2）双臂电桥

图 5-3 为双臂电桥的连接方式，其中由两个桥臂的电阻值参与变化，根据变化方式不同，半桥电路可以分为邻臂方式（邻臂极性相反）和对臂方式（对臂极性相同）两种类型。

图 5-3(a) 为双臂接法中的邻臂方式，工作中桥臂元件 R_1 和 R_2 随被测量变化，此时，电阻增量 ΔR 引起的输出电压为

$$e_y=\left[\frac{R_1+\Delta R}{(R_1+\Delta R)+(R_2-\Delta R)}-\frac{R_4}{R_3+R_4}\right]e_0 \tag{5-10}$$

图 5-3(b) 为双臂接法中的对臂方式，工作中桥臂元件 R_1 和 R_3 随被测量变化，此时，电阻增量 ΔR 引起的输出电压为

$$e_y=\left[\frac{R_1+\Delta R}{(R_1+\Delta R)+R_2}-\frac{R_4}{(R_3+\Delta R)+R_4}\right]e_0 \tag{5-11}$$

四个桥臂的初始电阻相等，将式(5-10) 和式(5-11) 整理得

$$e_y=\frac{K_0 e_0}{2}\varepsilon_1 \tag{5-12}$$

（3）全臂电桥

一般地，对于图 5-4 所示的全臂电桥的连接方式，假设电桥各桥臂电阻都发生变化，且 $R_1=R_2=R_3=R_4=R_0$，$\Delta R_1=\Delta R_2=\Delta R_3=\Delta R_4=\Delta R$ 时，由式(5-4) 可有

$$e_y=\frac{(R_1+\Delta R_1)(R_3+\Delta R_3)-(R_2+\Delta R_2)(R_4+\Delta R_4)}{(R_1+\Delta R_1+R_2+\Delta R_2)(R_3+\Delta R_3+R_4+\Delta R_4)}e_0 \tag{5-13}$$

将上式展开，并注意 $\Delta R \ll R$，并忽略掉 ΔR 的高阶项，则上式可写成

$$e_y=\frac{e_0}{4}\left(\frac{\Delta R_1}{R}-\frac{\Delta R_2}{R}+\frac{\Delta R_3}{R}-\frac{\Delta R_4}{R}\right)=\frac{K_0 e_0}{4}(\varepsilon_1-\varepsilon_2+\varepsilon_3-\varepsilon_4) \tag{5-14}$$

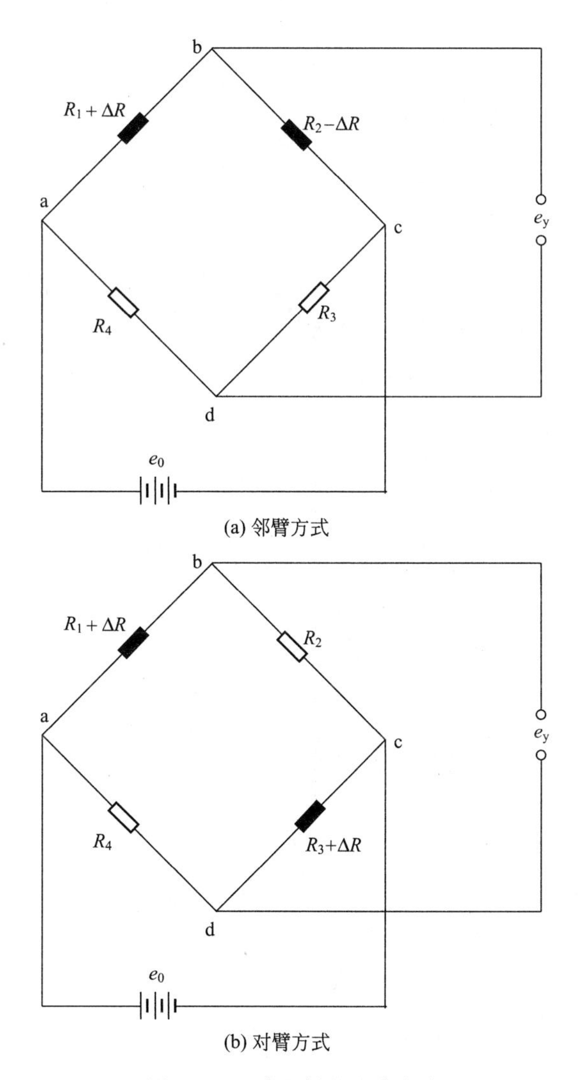

图 5-3　双臂电桥的连接方式

假设四个桥臂的应变片贴片方式为图 4-8(b) 所示的悬臂梁式贴片方式，应变片 R_1 和 R_3 贴在悬臂梁的上面，R_2 和 R_4 贴在悬臂梁的下面，根据四个桥臂贴片相对方向可知

$$\varepsilon_1=-\varepsilon_2=\varepsilon_3=-\varepsilon_4$$

则有

$$e_y=K_0e_0\varepsilon_1 \tag{5-15}$$

由此可见，当激励电压 e_0 稳定不变时，电桥输出电压与相对电阻增量之间为线性关系。电阻的变化通过电桥变换成电压的变化，这就是直流电桥的变换原理。电桥接法不同，其灵敏度也不同，全桥接法可获得最大输出。

直流电桥在不平衡条件下工作时，激励电压不稳定、环境温度变化都会引起电桥输出变化，从而产生测量误差。为此，有时也采用平衡电桥。如图 5-5 所示，当某桥臂随被测量变化使电桥失衡时，调节电位器 R_5 使电表 G 重新指零，实现电桥再次平衡。电位器指针 H 的指示值变化量表示被测物理量的数值。由于指示值是在电桥平衡状态形成的，所以测量误差取决于电位器和刻度盘的精度，而与激励电源电压稳定性无关。

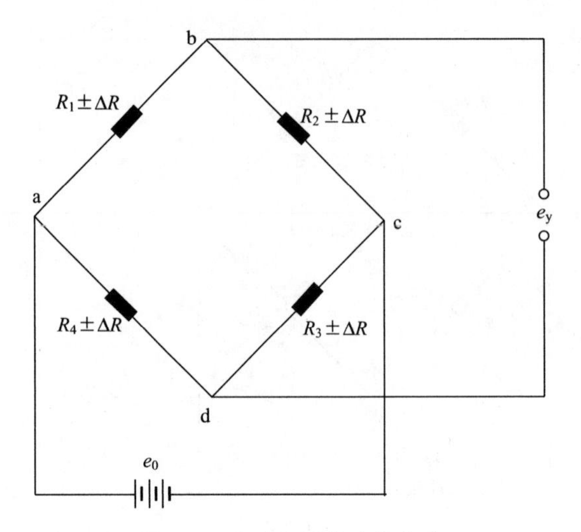

图 5-4　全臂电桥的连接方式

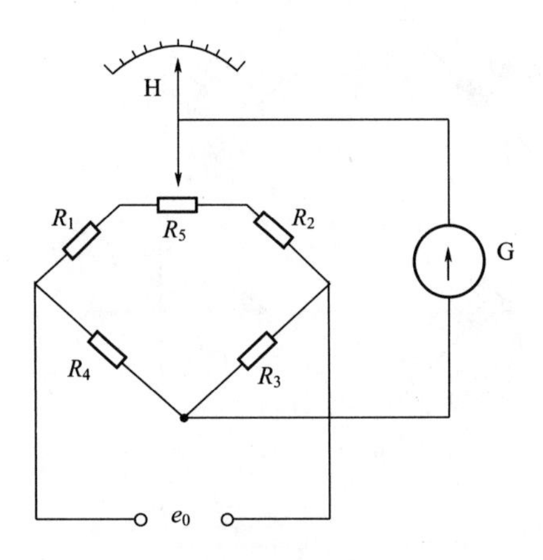

图 5-5　平衡电桥的连接方式

5.1.2　交流电桥

交流电桥的供桥电压一般是一正弦波交流电压，即

$$U=U_m\sin\omega t \tag{5-16}$$

式中　U_m——供桥电压幅值；

ω——供桥电压的角频率。

桥臂元件可为电阻、电感或电容，故除电阻外还含有电抗，称为阻抗。各阻抗用指数形式表示为

$$Z_1=Z_{01}e^{j\phi_1}\quad Z_2=Z_{02}e^{j\phi_2}$$
$$Z_3=Z_{03}e^{j\phi_3}\quad Z_4=Z_{04}e^{j\phi_4} \tag{5-17}$$

其中，Z_{0i} 为各阻抗的模；ϕ_i 为阻抗角，即各臂电流与电压的相位差。当桥臂元件为纯电阻时，$\phi=0$，电流与电压相同；为电感性阻抗时，$\phi>0$；为电容性阻抗时，$\phi<0$。

交流电桥的输出电压为

$$U_{BD}=\frac{Z_1Z_3-Z_2Z_4}{(Z_1+Z_3)(Z_2+Z_4)}U_m\sin\omega t \tag{5-18}$$

(1) 平衡条件

依据直流电桥的平衡关系，交流电桥的平衡条件为

$$Z_1Z_3=Z_2Z_4 \tag{5-19}$$

即

$$Z_{01}Z_{03}e^{j(\phi_1+\phi_3)}=Z_{02}Z_{04}e^{j(\phi_2+\phi_4)} \tag{5-20}$$

也可写成

$$\begin{cases}Z_{01}Z_{03}=Z_{02}Z_{04}\\ \phi_1+\phi_3=\phi_2+\phi_4\end{cases}$$

上式表明，交流电桥平衡时，必须同时满足如下条件：

① 相对两臂阻抗之模的乘积相等；

② 相对两臂阻抗角的和也必须相等。

为满足上述平衡条件，交流电桥的各桥臂可有如下组合方式。

① 如果相邻两臂接入电阻，另两臂应接入性质相同的阻抗。例如，若 Z_1、Z_2 是电阻，则 Z_3 和 Z_4 应同为电感性或同为电容性阻抗，这样才可能使式(5-19) 成立。

② 如果相对两臂接入电阻，另两臂应接入性质不同的阻抗。例如，若 Z_1 和 Z_3 为电阻，Z_2 为电容性阻抗，则 Z_4 就应为电感性阻抗，或者相反。

③ 各桥臂均接入电阻性元件。

图 5-6 为常用电容电桥。两相邻桥臂 R_2 和 R_3 为固定无感电阻，另两臂为电容 C_1、C_4。R_1 和 R_4 为电容介质损耗等效电阻。电桥平衡时，有

$$\left(R_1+\frac{1}{j\omega C_1}\right)R_3=\left(R_4+\frac{1}{j\omega C_4}\right)R_2 \tag{5-21}$$

$$R_1R_3+\frac{R_3}{j\omega C_1}=R_2R_4+\frac{R_2}{j\omega C_4} \tag{5-22}$$

由此可得该电容电桥的电阻与电容平衡条件，即

$$R_3/C_1=R_2/C_4 \tag{5-23}$$

可见，必须同时调节电阻和电容两个参数才能使电容电桥达到平衡。

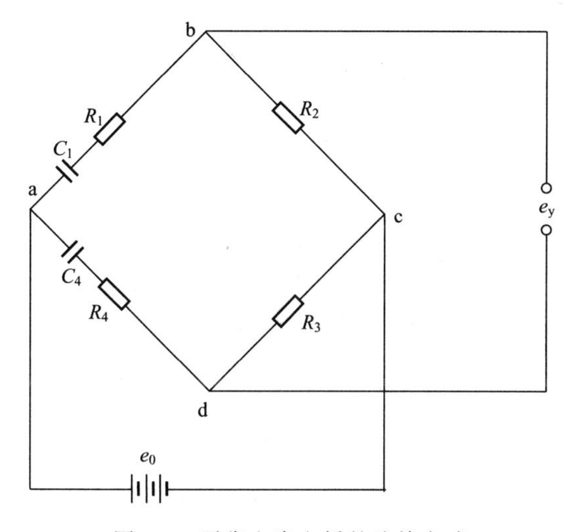

图 5-6　平衡电容电桥的连接方式

图 5-7 为常用电感电桥。其中 R_2、R_3 为固定无感电阻，L_1、L_4 为电感，而 R_1、R_4 则

是电感线圈的等效有功电阻。电桥平衡条件可写成

$$(R_1+j\omega L_1)R_3=R_2(R_4+j\omega L_4)\text{或}\quad R_1R_3+j\omega L_1R_3=R_2R_4+j\omega L_4R_2 \tag{5-24}$$

于是可得电感电桥的电阻与电感平衡条件，即

$$L_1R_3=L_4R_2 \tag{5-25}$$

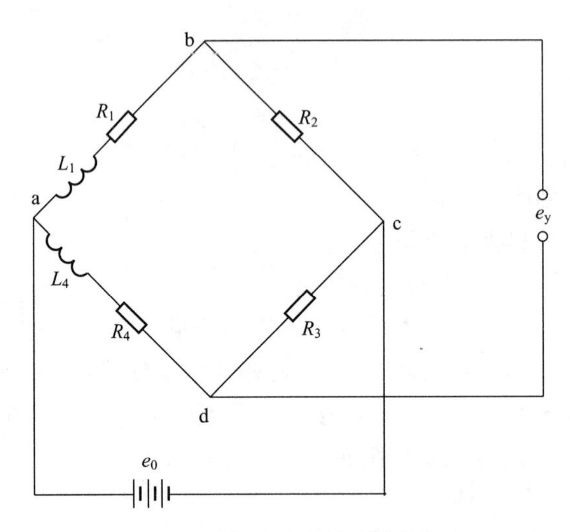

图 5-7 平衡电感电桥的连接方式

可见，对于电容或电感电桥，除电阻平衡外，还要达到电容或电感平衡。

（2）纯电阻交流电桥

纯电阻交流电桥的四个桥臂均为电阻。图 5-8 为纯电阻交流电桥，可见，桥臂元件均为电阻性元件，但在激励电压频率较高时，导线分布电容的影响不能忽略不计，结果相当于在桥臂上并联了一个电容。因此，除达到电阻平衡外，还必须达到电容平衡，图中，R_3和C_2分别为电阻和电容平衡调节器。

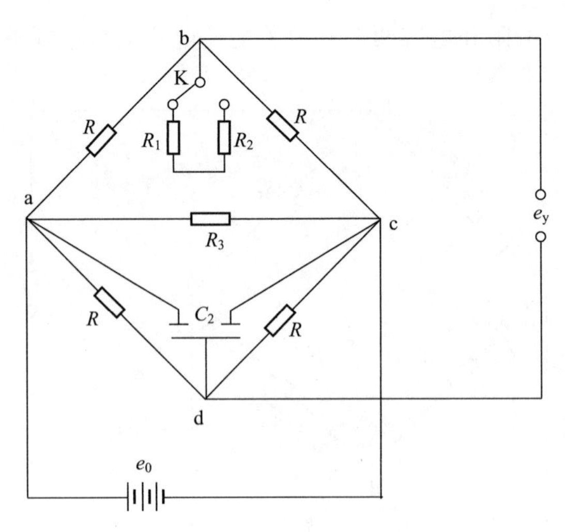

图 5-8 纯电阻交流电桥

（3）变压器电桥

图 5-9 为变压器电桥，W_1和W_2为差动变压器式电感传感器的电感线圈，它们与另外两个固定阻抗元件Z_3、Z_4接成桥式电路。变压器电桥以变压器原绕组与副绕组之间的耦合方

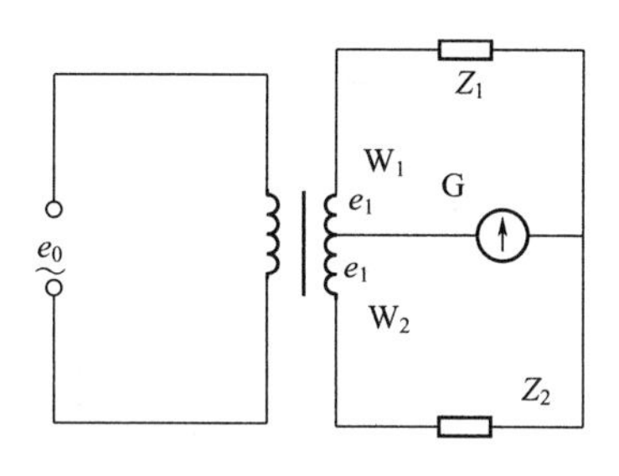

图 5-9 变压器电桥

式引入激励电压或形成电桥输出，与普通交流电桥相比，变压器电桥具有较高的精度、灵敏度以及性能稳定等优点。

5.2 信号的放大

所谓放大，实质是实现能量的控制，因输入能量较小，不能直接推动负载工作，因此需要另外加一个能源，实现由能量较小的输入信号控制能源使其转换成较大的能量输出，推动负载工作，这种以小能量控制大能量的作用，称为放大。放大器在收音机、电视机、手机、遥控飞机等电子产品中应用广泛。

放大器常用以下指标来描述。

（1）电压放大倍数 A_u

$$A_u=\frac{U_o}{U_i} \tag{5-26}$$

其中 U_o 和 U_i 分别为输出与输入电压的有效值，A_u 表示放大器对信号电压的放大能力。

（2）电流放大倍数 A_i

$$A_i=\frac{I_o}{I_i} \tag{5-27}$$

其中 I_o 和 I_i 分别为输出与输入电流的有效值，A_i 表示放大器对信号电流的放大能力。

（3）通频带

由于电路中电抗元件和放大电路三极管之间电容的影响，放大倍数将随着信号频率的变化而变化，当频率很低或很高时，放大倍数都要下降，而在中间一段频率内，放大倍数基本不变，把放大倍数下降至中频率值 A_{um} 的 0.707 倍时所对应的频率范围称通频带，即

$$B_w=f_h-f_l \tag{5-28}$$

其中，f_h 和 f_l 分别为上、下限频率，通频带越宽，表明放大器的频率变化适应能力越强。

对于理想的运算放大器，其工作在线性区，理想放大器电路如图 5-10 所示。

理想放大电路的反馈需从放大器的反相输入端引入，对于理想放大器具有两个输入端电位相等，即虚短，此时同相输入端与反相输入端电压相等，即 $U_+=U_-$，但由于二者并未真实连接在一起，则在两个输入端不取电流，即虚断，此时 $I_+=I_-=0$。

［**例 5-1**］ A 为理想运放，定出输出电压 U_o 的表达式，如图 5-11 所示。

解 由于引入负反馈，利用放大电路虚短和虚断，则 U_o 为 5V。

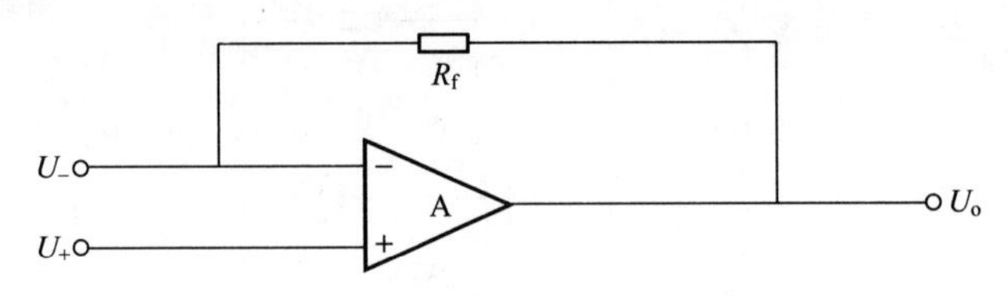

图 5-10 理想放大电路示意图

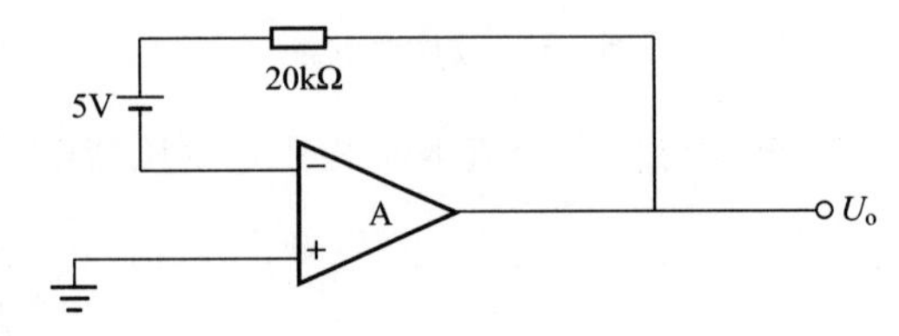

图 5-11 例 5-1 放大电路示意图

［**例 5-2**］ A 为理想运放，定出输出电压 U_o 的表达式，如图 5-12 所示。

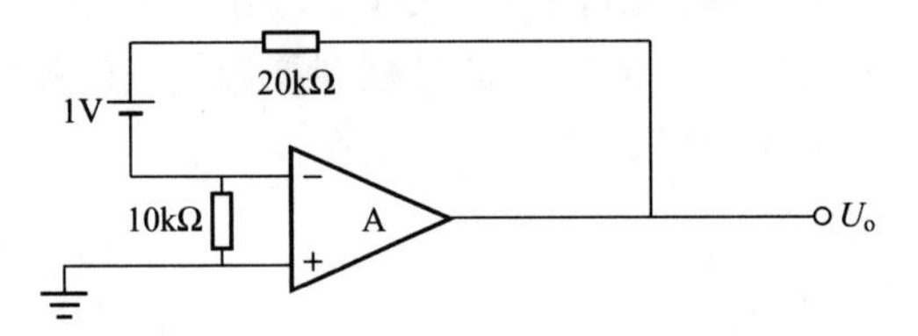

图 5-12 例 5-2 放大电路示意图

解 由理想放大器特性可得 $U_+=U_-$，则有

$$\frac{1}{10}=\frac{U_o-1}{20}$$

解得 U_o 为 3V。

［**例 5-3**］ A 为理想运放，定出输出电压 U_o 的表达式，如图 5-13 所示。

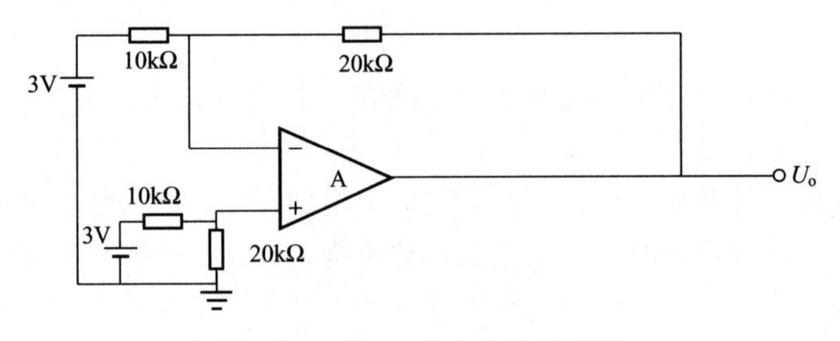

图 5-13 例 5-3 放大电路示意图

解 由理想放大器特性可得 $U_+=U_-=\dfrac{20}{10+20}\times 3=2\text{V}$，则有

$\dfrac{U_- -(-3)}{10}=\dfrac{U_o-U_-}{20}$，解得 U_o 为 12V。

5.2.1 直流放大器

随着电子技术的发展，特别是大规模集成电路的发展，过去存在于直流放大器的极间耦合和零点漂移问题，得到了很好的解决，因而，直流放大式测量电路广泛应用到新一代的测试仪器中。其基本特征是采用直接耦合的方式进行信号的放大、传输和处理。

（1）直接耦合式放大器

为了放大缓变信号，直流放大器采用多级放大，而前级与后级间是直接耦合，从而产生了极间静态工作点相互影响。为解决这一问题，可以采用阻容耦合、变压器耦合和直接耦合方式。如图 5-14～图 5-16 所示。

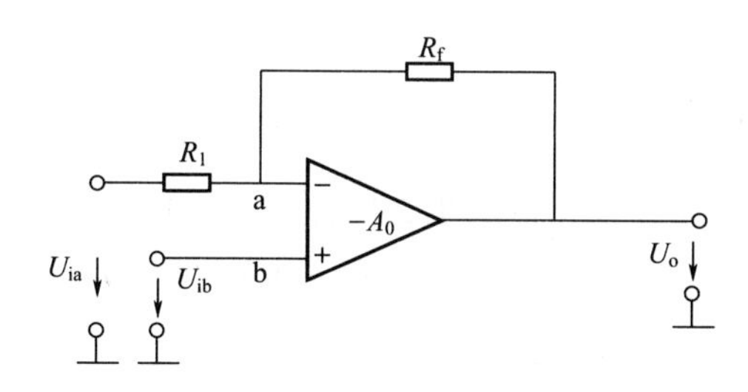

图 5-14　提高后级发射极电位的直接耦合电路

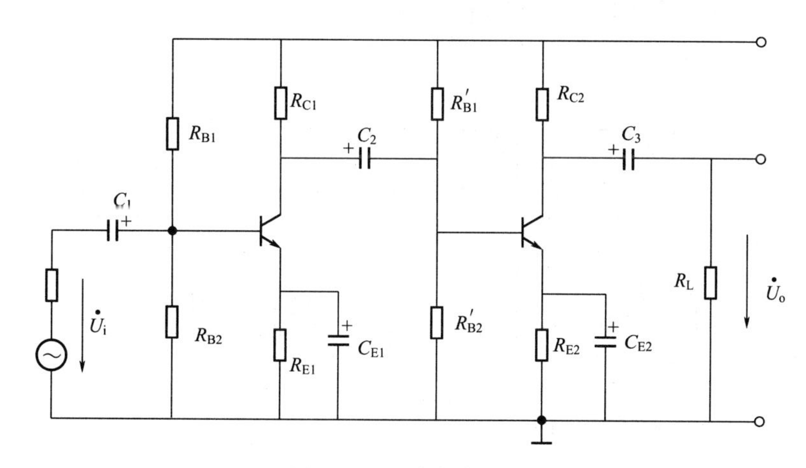

图 5-15　阻容耦合电路

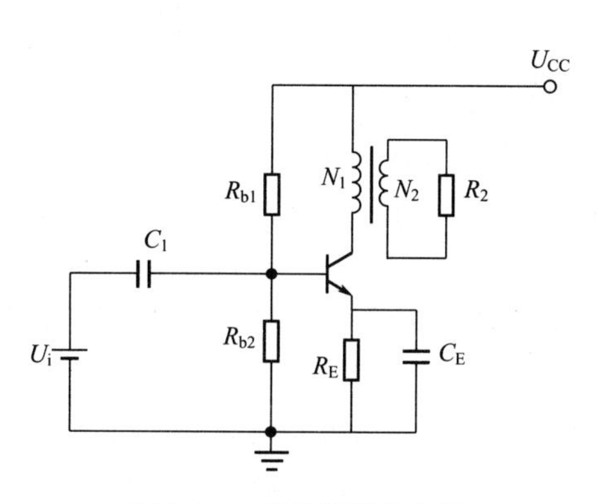

图 5-16　变压器耦合电路

前两种耦合方式的基本特征是采用电容和变压器隔直，极间静态工作点互不影响，但不能放大直流或缓变信号，且体积大，集成电路要制作耦合电容或电感是非常困难的，故不易集成化。而直接耦合式放大器能放大缓变信号，不用耦合电容，易于小型化和集成化，但极间静态工作点互相影响，静态参数计算复杂，而且很容易出现零点漂移。这是直接耦合式直流放大器必须解决的两大难题。

(2) 差动式放大电路

为了解决极间耦合和零点漂移问题，常采用差动式放大电路，利用两个相同特性的三极管组成对称电路，并采用共模负反馈电路的方法，解决极间耦合和克服零点漂移问题。

特别是我国已从第一代集成运算放大器，发展到自稳零集成运算放大器，已经较好地解决了上述两个问题，并且获得了高稳定度、高精度、高放大倍数的直流放大器，为测试仪器的发展提供了坚实的基础。

5.2.2 交流放大器

由于极间耦合和零点漂移问题难以解决，因此大多数应变测量仪器采用交流调制式传输方式，如 YD6-3、YD15 等动态电阻应变仪，其原理框图如图 5-17 所示。

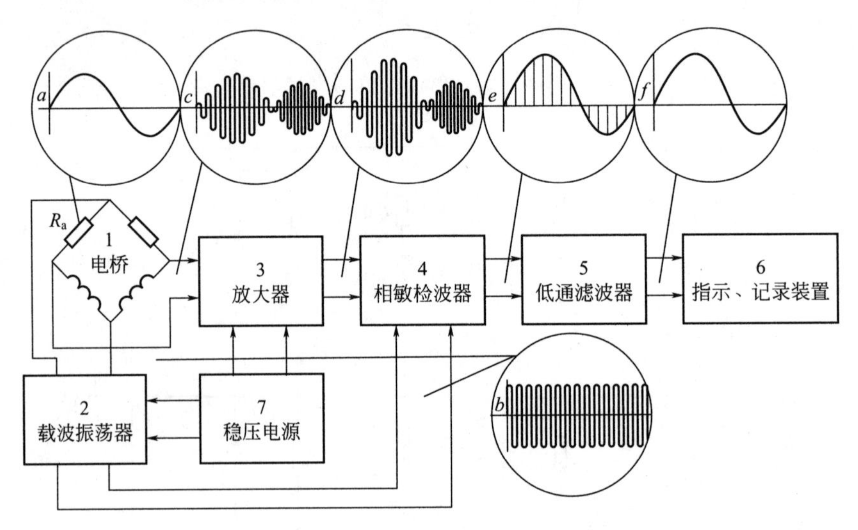

图 5-17 动态电阻应变仪原理框图

① 电桥 大多采用交流电桥，它是一个调制器，由高频振荡器提供幅值稳定的载波作为桥压，在电桥内，被应变信号调制后变成调幅波，将应变片的电阻变化按比例转换成电压信号，然后送至交流放大器放大。应变仪设置有专门的桥盒。

② 高频振荡器 产生幅值稳定的高频正弦波电压，简称载波。它既是调制器（电桥）的桥压，也是解调器的参考电压，为使被测应变信号实现不失真传输，应使载波电压的频率比被测信号频率高 5～10 倍。

③ 放大器 将电桥输出的微弱调幅电压信号进行不失真电压的功率放大。要求它有很高的稳定性。

④ 相敏检波器 它是由 4 个二极管组成环电路。利用振荡器提供的同一载波信号作为参考信号，在相敏检波器内辨别极性。放大的调幅波还原成与被测应变信号相同的波形。

⑤ 低通滤波器 相敏检波器输出的电压信号中，含有高频载波分量，为此应变仪设置有低通滤波器滤去高频成分，使输出信号还原成已放大的被测输入信号。

5.3 调制与解调

经过传感器变换后，被测信号一般需要先作交流放大，以便于进行传输、运算等后续处理。交流放大器不适于缓变信号的放大，直流放大器虽可作此类信号的直接放大，但存在零漂和级间耦合等问题。为此，常采用调制的方法把缓慢变化的信号变换成频率适当的交流信号，然后用交流放大器放大，经过传输、处理后，最后再使原来缓变信号得以恢复原样。这种变换称为调制与解调。

调制的含义是“成比例改变、调节”或“按一定规律控制”，即由被测的缓变信号控制、调节高频振荡信号的某个参数（幅值、频率或相位），使其按被测缓变信号的规律变化。在这个过程中，被测信号称为调制信号。调制信号的信息载于高频振荡信号中，故称高频振荡信号为载波，载波被调制后称为已调波。

调制分为调幅、调频和调相三种，调幅（AM）指载波幅值随调制信号变化；调频（FM）指载波频率随调制信号变化；调相（PM）指载波相位随调制信号变化。

当调制信号调节、控制载波的幅值时，所得已调波为调幅波，此过程称为调幅（AM）；当被控制的参数为载波的频率或相位时，则分别称为调频（FM）或调相（PM），已调波分别为调频波或调相波。调幅、调频应用较广泛。调制信号、载波和已调波如图 5-18 所示。解调则是对已调波进行相应处理以恢复调制信号的过程。

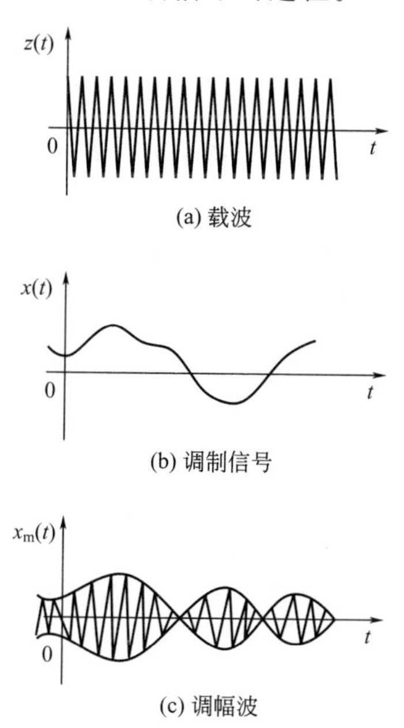

图 5-18 调制信号、载波和调幅波示意图

5.3.1 调幅与解调

5.3.1.1 调幅原理

调幅是在时域将一个高频简谐信号（载波）与测试信号（调制信号）相乘，使载波信号的幅值随测试信号的变化而变化。而在频域，则是将信号的频谱搬移到载波的频率处，相当于频谱的“搬移”过程。

时域数学表达式如下所示：

$$x_m(t)=x(t)\cdot z(t)=x(t)\cdot \cos 2\pi f_z t \tag{5-29}$$

频域数学表达式则为

$$X_m(f)=\frac{1}{2}X(f-f_z)+\frac{1}{2}X(f+f_z) \tag{5-30}$$

信号经幅度调制后，输出调幅波与调制信号、载波的时域和频域图像如图 5-19 所示。

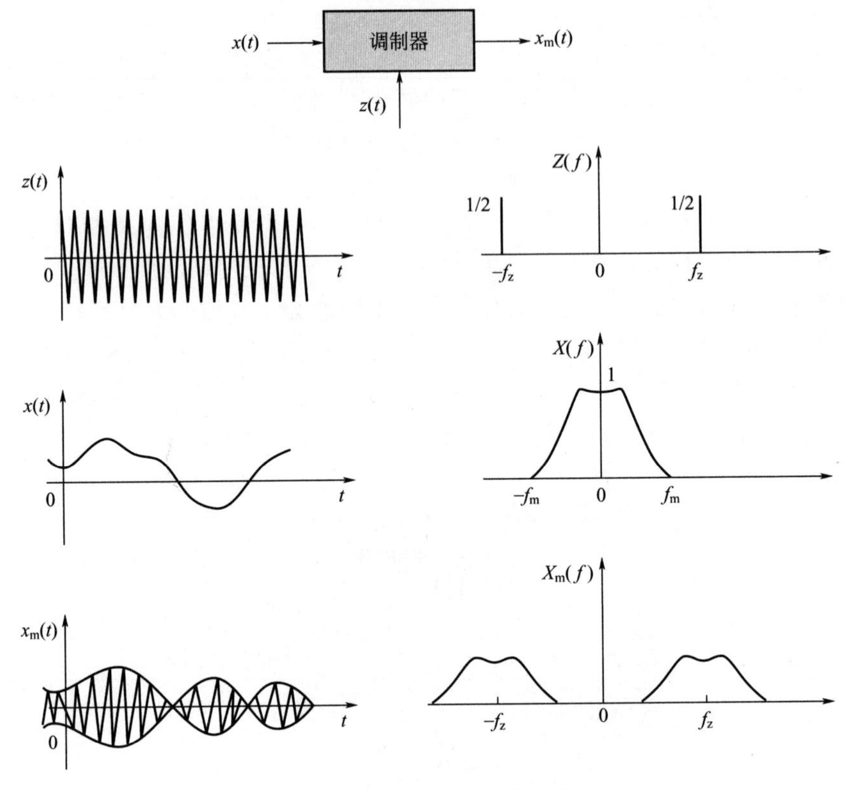

图 5-19 幅度调试信号波形

实际中，交流电桥就是一种最简单的调幅装置，其输出为调幅波。设供桥电压为 $U=U_m\sin\omega t$，则对于纯电阻电桥，单臂测量时，其输出电压为

$$U_{BD}=\frac{U}{4}\times\frac{\Delta R}{R}=\frac{1}{4}U\varepsilon=\frac{1}{4}\varepsilon\cdot U_m\sin\omega t \tag{5-31}$$

① 当 $\varepsilon=0$ 时，$U_{BD}=0$。

② 当 $\varepsilon=A$（常数）时

若 $A>0$（拉应变），输出

$$U_{BD}=\frac{1}{4}KA\cdot U_m\sin\omega t \quad (t\text{ 轴上正弦波}) \tag{5-32}$$

若 $A<0$（压应变），输出

$$U_{BD}=\frac{1}{4}K(-A)\cdot U_m\sin\omega t=\frac{1}{4}KA\cdot U_m\sin(\omega t+\pi)$$

（位于 t 轴下方与载波相位相反的正弦波） (5-33)

③ 当 $\varepsilon=E\sin\omega_R t$ 时

$$U_{BD}=\left(\frac{1}{4}KEU_m\sin\omega_R t\right)\cdot\sin\omega t \quad (\omega_R\ll\omega,\text{正弦波}) \tag{5-34}$$

可见，调幅是将一个高频简谐信号与低频的测试信号相乘，使高频信号幅值随测试信号的变化而变化。实际应用中，性能良好的线性乘法器、霍尔元件等均可作调幅装置。图5-20为电桥调幅的调制及解调过程中的波形。

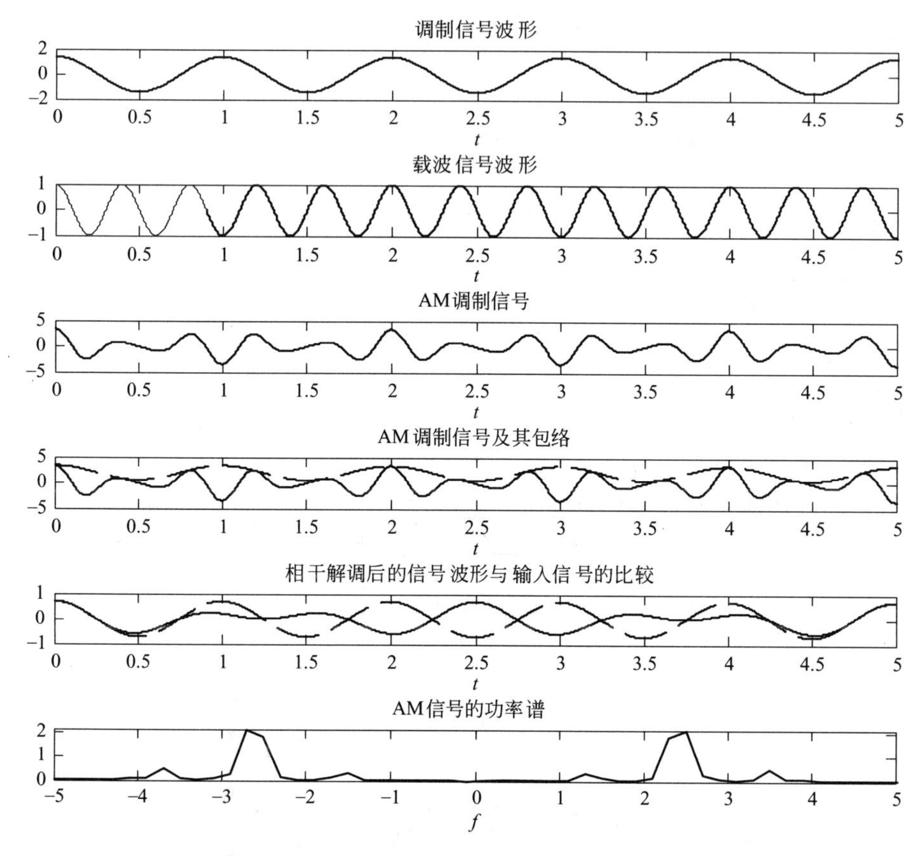

图5-20 电桥调幅与相敏检波的波形变换过程

5.3.1.2 调幅波的频谱

由傅里叶变换性质知，当两个信号在时域相乘时，则它们的频谱函数进行卷积，假设载波是频率为 f_z 的余弦信号，则调幅波的时、频域关系为式(5-29)、式(5-30)所示。即调幅波的频谱相当于原信号频谱幅值减半，然后平移到载波频谱的一对脉冲谱线处。

按照这一思路，若将调幅波与原载波再次相乘，即再次进行频谱“搬移”，若用低通滤波器滤除高频成分，则得到原信号频谱，仅其幅值减小一半。通过放大即可使该频谱完全恢复原样，则由此解除调制，复现原信号。

调幅波的失真有过调失真和重叠失真两种，过调失真指对于非抑制调幅，要求其直流偏置必须足够大，否则 $x(t)$ 的相位将发生180°偏移。重叠失真指当载波频率较低时，信号在中间部分的频带会相互重叠，这类似于采样频率较低时所发生的频率混叠效应。

为了使频谱不产生混叠，减小时域波形失真，载波频率必须高于调制信号频带的最高频率。但载波频率受电路截止频率等因素约束，不可过高，通常取载波频率为调制信号频带的最高频率的10倍或数十倍。

5.3.1.3 调幅波的解调

(1) 同步解调

若把调幅波再次与载波信号相乘，则将再次“搬移”，即

时域表达式：

$$x_m(t)\cdot z(t)=x(t)\cdot \cos 2\pi f_z t\cdot \cos 2\pi f_z t=\frac{1}{2}x(t)+\frac{1}{2}x(t)\cos 4\pi f_z t \quad (5\text{-}35)$$

频域表达式：

$$x_m(t)\cdot z(t)=x(t)\cdot \cos 2\pi f_z t\cdot \cos 2\pi f_z t=\frac{1}{2}x(t)+\frac{1}{2}x(t)\cos 4\pi f_z t$$

$$\begin{aligned}X_m(f)*Z(f)&=X_m(f)*\frac{1}{2}[\delta(f-f_z)+\delta(f+f_z)]\\&=\frac{1}{2}[X(f-f_z)+X(f+f_z)]*\frac{1}{2}[\delta(f-f_z)+\delta(f+f_z)]\\&=\frac{1}{2}X(f)+\frac{1}{4}X(f-2f_z)+\frac{1}{4}X(f+2f_z)\end{aligned} \quad (5\text{-}36)$$

若用一个低通滤波器滤除中心频率中的高频成分，可以复现原信号的频谱，这一过程称为同步解调，同步解调示意图如图 5-21 所示，“同步”是指解调时所乘的信号与调制时的载波信号具有相同的频率和相位，其波形如图 5-22 所示。

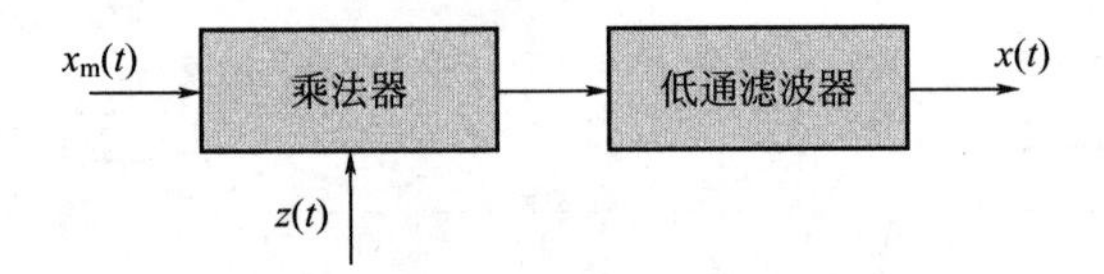

图 5-21 同步解调原理图

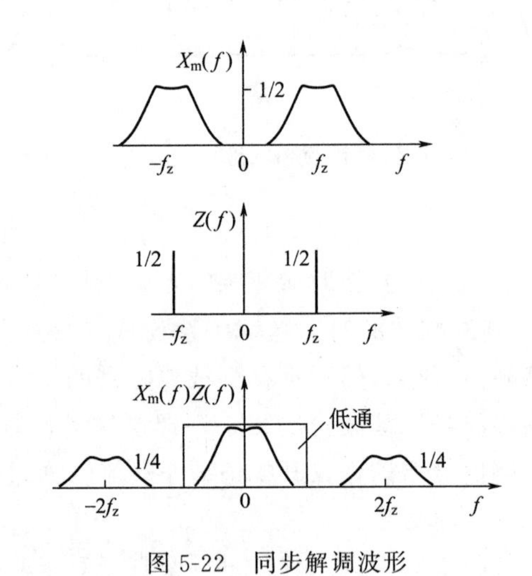

图 5-22 同步解调波形

（2）包络检波

将调制信号进行偏置，叠加一个直流分量，使偏置后的信号都具有正电压，然后对其调幅，其调幅波的包络线具有原信号形状，这时可采用整流、滤波（或称整流检波）的方法，就可以恢复原信号，这种解调方法称为包络检波，其波形如图 5-23 所示。

如图 5-23 所示，调制信号不发生极性变化时，相应的调幅波包络线与调制信号波形比较接近。对该调幅波作整流（半波或全波整流）和低通滤波处理就能复现原输入信号。不满足上述要求的调制信号，可通过与数值适当的偏置直流分量叠加处理，经二极管整流和低通

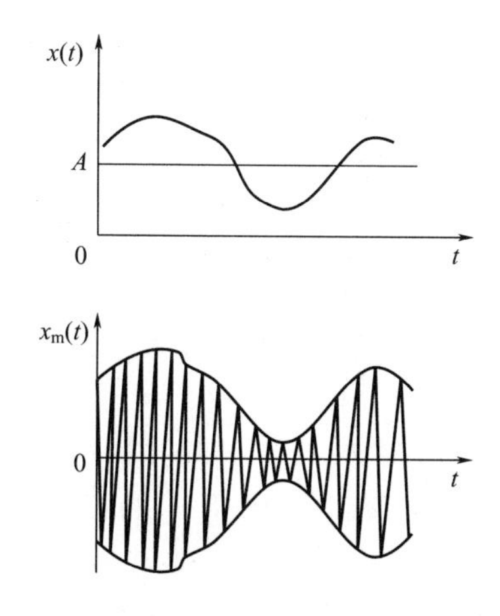

图 5-23　信号调幅后包络检波示意图

滤波后，再准确地减去所加偏置直流电压分量，即可复现原输入信号。

（3）相敏检波

相敏检波的原理与同步解调相似，也是将调制信号直接与载波信号相乘。这种调幅波具有极性变化，即在信号过零线时，其幅值发生由正到负（或由负到正）的突然变化，此时调幅波的相位（相对于载波）也相应地发生 180°的相位变化。在解调电路中利用二极管的单向导通性，即可恢复出原信号的幅值和极性，此种解调方法称为相敏检波。相敏检波器是一种能按调幅波与载波相位差判别调制信号极性的解调器。

图 5-24 为常用的二极管相敏检波器与调制信号 $x(t)$、载波 $y(t)$、调幅波 $x_m(t)$等波

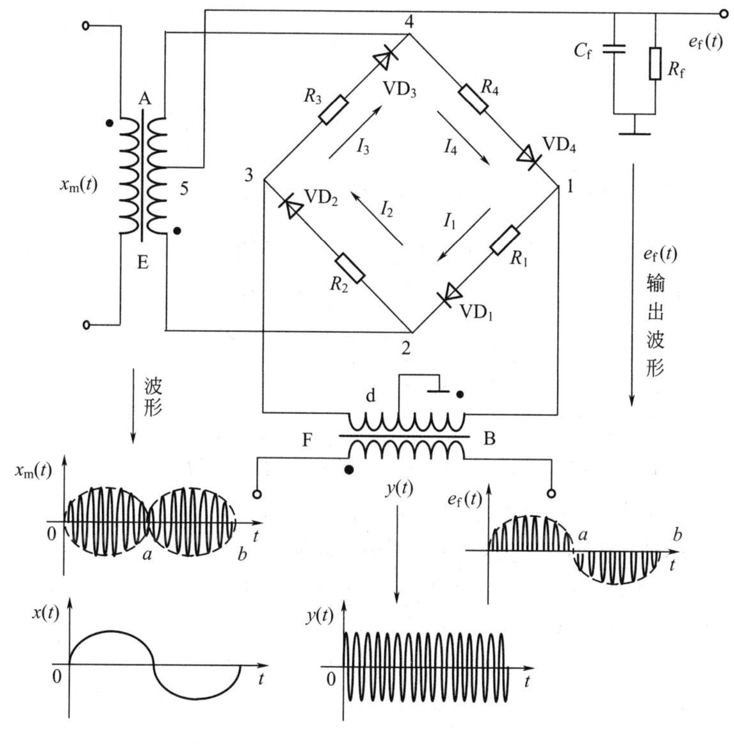

图 5-24　信号的相敏检波电路

形。设计规定两变压器 A 和 B 的副边电压 $e_{BF}>e_{AE}$。图 5-24 为相敏检波的电路，从图 5-24 中可知以下几点。

① 调制信号 $x(t)>0$ 时，调幅波 $x_m(t)$ 与载波 $y(t)$ 同相位，如图中 $0\sim a$ 段所示。在载波的正半周时，二极管 VD_1 导通，电流的流向为 VD_1—2—5—C_f—R_f—d—1—R_1；在载波的负半周时，由于调幅波与载波相位相同，变压器 A 和 B 的极性同时变成与载波正半周时相反的状态，此时，VD_3 导通，电流的流向为 VD_3—4—5—C_f—R_f—d—3—R_3，但电流流过负载 R_f 的方向与载波正半周时的电流流向相同，这样，相敏检波器使调幅波的 $0\sim a$ 段均为正。

② 调制信号 $x(t)<0$ 时，调幅波 $x_m(t)$ 与载波的相位相反，如图中 $a\sim b$ 段所示。当载波为正时，变压器 B 的极性如图所示，变压器 A 的极性应与图示相反，这时 VD_2 导通，电流的流向为 VD_2—3—d—R_f—C_f—5—2—R_2；当载波为负时，VD_4 导通，电流的流向为 VD_4—1—d—R_f—C_f—5—4—R_4。无论载波为正或为负，流过负载 R_f 的电流方向与调制信号 $x(t)>0$ 时的电流方向相反。

可见，相敏检波器利用调幅波与载波之间的相位关系进行检波，使检波后波形包络线与调制信号波形相似，经过低通滤波后可得调制信号。相对于包络检波而言，采用相敏检波时，对原信号可不必再加偏置电压。

5.3.2 调频与鉴频

(1) 调频原理

调频是利用信号的幅值控制一个振荡器，振荡器输出的是等幅波，但其频率偏移量与信号幅值成正比，它是用调制信号的幅值变化控制和调节载波的频率，其原理如图 5-25 所示。

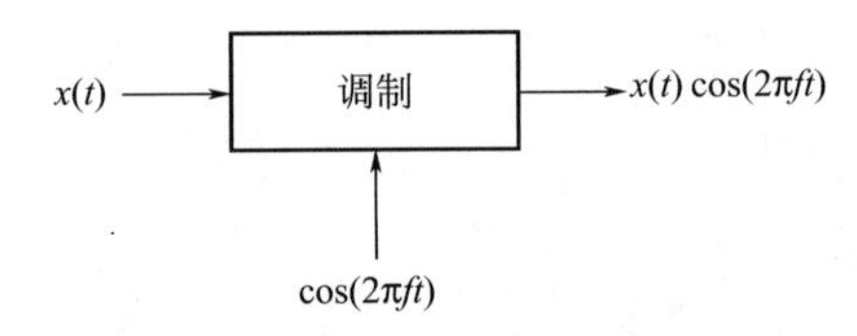

图 5-25 频率调制原理图

通常，频率的调制是由一个振荡器来完成，振荡器的输出即为振荡频率与调制信号幅值成正比的等幅波，即调频波的频率有一定的变化范围，其瞬时频率可表示为

$$f=f_0\pm\Delta f \tag{5-37}$$

式中 f_0——载波频率，或称调频波中心频率；

Δf——频率偏移，或称调频波的频偏。

调频波的频偏与调制信号的幅值成比例。当调制信号 $x(t)$ 为零时，调频波的频率等于其中心频率，$x(t)$ 为正时调频波频率升高，为负时降低。

频率调制器有压控振荡器、变容二极管调频振荡器和谐振频率调制器等，这里只介绍测试系统中应用较多的谐振调频或称直接调频的原理，如图 5-26 所示。

电容（或电感）的变化将使调频振荡器的振荡频率发生相应的变化，谐振频率为

$$f=\frac{1}{2\pi\sqrt{LC}} \tag{5-38}$$

对式(5-38) 进行微分，有

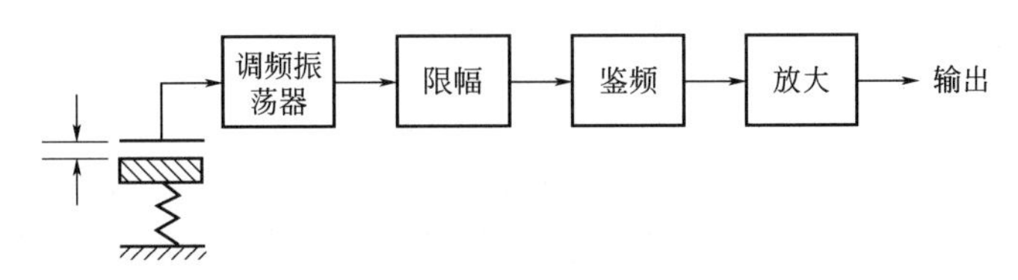

图 5-26　调频波与调制信号

$$\frac{\mathrm{d}f}{\mathrm{d}C}=-\frac{f}{2C} \tag{5-39}$$

设当电容量为 C_0 时，振荡器频率为 f_0，且电容变化量 $\Delta C \ll C_0$，ΔC 引起的频率偏移为

$$\Delta f=-\frac{f_0\Delta C}{2C_0} \tag{5-40}$$

则电容调谐调频器的频率为

$$f=f_0\pm\Delta f=f_0\left(1\mp\frac{\Delta C}{2C_0}\right) \tag{5-41}$$

与调幅波相比，调频的方式其抗干扰能力强，因为调频信号所携带的信息包含在频率变化之中，并非振幅之中，而干扰波的干扰作用则主要表现在振幅之中。但这种调制方式复杂，占频带宽度大，调频波通常要求很宽的频带，甚至为调幅所要求带宽的 20 倍；调频系统较之调幅系统复杂，因为频率调制是一种非线性调制。

（2）鉴频原理

调频波的解调又称为鉴频，是将频率变化的等幅调频波按其频率变化复现调制信号波形的变换。鉴频的方法也有许多，常用的是变压器耦合的谐振回路法，其原理如图 5-27 所示。

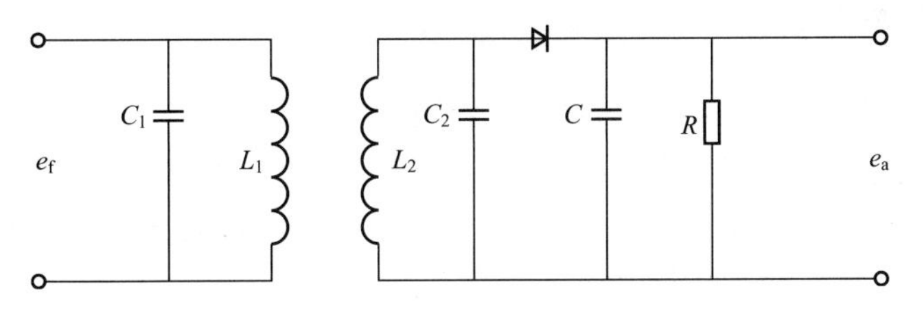

图 5-27　振幅鉴频器

图 5-27 中包括频率-电压线性变换和幅值检波两个部分，L_1、L_2 是耦合变压器的原、副边线圈，分别与 C_1、C_2 组成并联谐振回路。调频波 e_f 经过 L_1、L_2 耦合，加在 L_2C_2 谐振回路上，在它的两端获得频率-电压特性曲线。当调频波频率 f 等于并联谐振回路的固有频率 f_{2n} 时，e_a 有最大值；当 f 值偏离回路固有频率 f_{2n} 时，则 e_a 值下降。e_a 的频率虽然与 e_f 的频率一致，但幅值却是随 f 的变化而改变。在特性曲线近似直线段中，电压 e_a 与频率变化基本呈线性关系。据此，使调频波的中心频率 f_0 处于该近似直线段的中点，从而使调频波的振幅随其频率高于（或低于）中心频率 f_0 而增大（或减小），成为调频-调幅波。经过线性变换后，调频-调幅波再经过幅值检波、低通滤波后可实现解调，复现调制信号，信号鉴频的波形及频谱如图 5-28 所示。

调制与解调在实际中应用广泛，例如铁路机车调度信号检测中，调制频率 8.5Hz 为绿灯，调制频率 23.5Hz 为红灯。

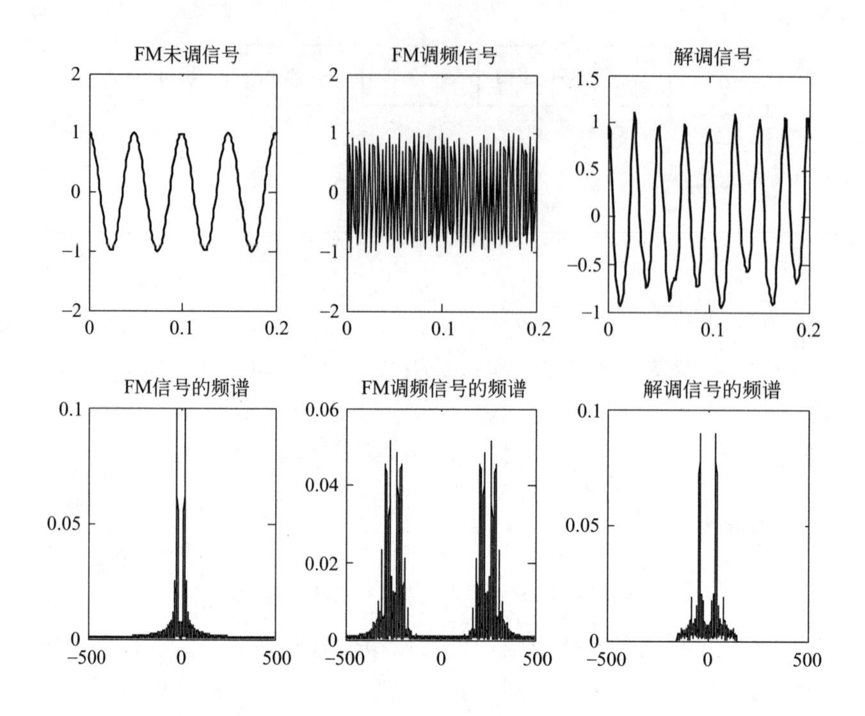

图 5-28　调频及鉴频过程波形及频谱

5.4　滤波器

5.4.1　概念与分类

滤波器是一种选频装置，滤波器的作用是使信号中的特定频率成分通过，而抑制或极大地衰减其他频率成分。在测试系统中，利用滤波器的这种选频作用，可以滤除干扰噪声或进行频谱分析。滤波器是频谱分析和滤除干扰噪声的频率选择装置，广泛应用于各种自动检测、自动控制装置中，本节重点介绍常用滤波器原理与应用。

根据选频特性，一般将滤波器分为低通、高通、带通和带阻滤波器四类，图 5-29 分别为这四种滤波器的幅频特性，其中虚线为理想滤波器的幅频特性。

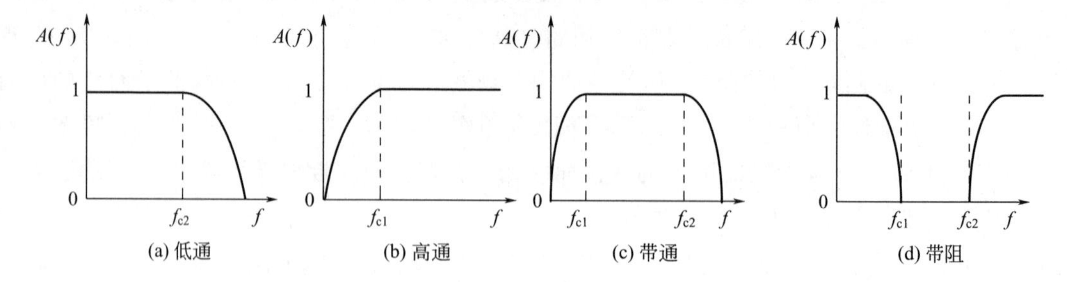

图 5-29　低通、高通、带通及带阻四类滤波器的幅频特性

低通滤波器是指通带 $0 \sim f_{c2}$ 内信号各频率成分无衰减地通过滤波器，高于 f_{c2} 的频率成分受到阻止；高通滤波器则与低通滤波器不同，频率低于 f_{c1} 的带外低频成分不能通过滤波器；带通滤波器的通带为 $f_{c1} \sim f_{c2}$，其他频率范围均为阻带，信号中频率处于通带内的成

分可以通过，阻带内的频率成分受到阻止，不能通过带通滤波器；带阻滤波器与带通滤波器互补，其阻带为 $f_{c1} \sim f_{c2}$。

低通滤波器和高通滤波器是滤波器两种最基本的形式，其他的滤波器都可以分解为这两种类型的滤波器。低通滤波器与高通滤波器的串联为带通滤波器，低通滤波器与高通滤波器的并联为带阻滤波器。

滤波器还有其他分类方法。例如，根据构成元件类型，可分为 RC、LC 或晶体谐振滤波器等；根据所用电路，可分为有源滤波器和无源滤波器；按工作对象可分为模拟滤波器和数字滤波器等。

5.4.2 理想滤波器

理想滤波器是指能使通频带内信号的幅值和相位都不失真，阻带内的频率成分都衰减为零的滤波器，其通带和阻带之间有明显的分界线。也就是说，理想滤波器在通带内的幅频特性应为常数，相频特性的斜率为常值；在通带外的幅频特性应为零，其频率特性如图 5-30 所示。

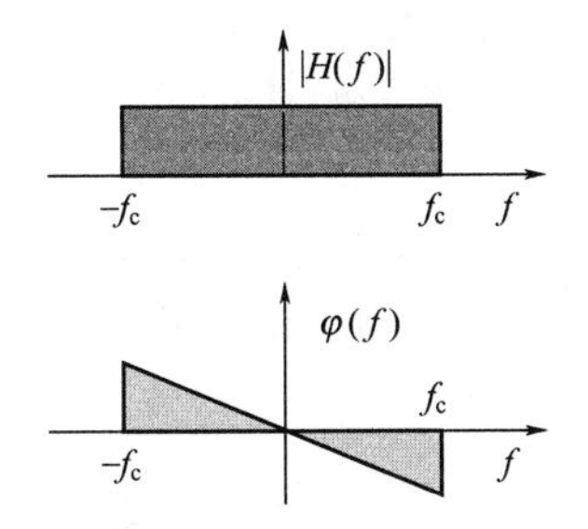

图 5-30 理想滤波器的频率特性

理想滤波器频率响应如式(5-42) 所示：

$$H(f)=A_0 \cdot e^{j(-2\pi t_0 f)} \Rightarrow \begin{cases} |H(f)|=A_0 \\ \varphi(f)=-2\pi t_0 f \end{cases} \tag{5-42}$$

其中，$f \in [-f_c, f_c]$。理想滤波器是指能使通带内信号的幅值和相位都不失真，阻带内的频率成分都衰减为零的滤波器。它在时域内的脉冲响应函数 $h(t)$ 为采样（sample）函数。脉冲响应的波形沿横坐标左、右无限延伸，波形如图 5-31 所示。

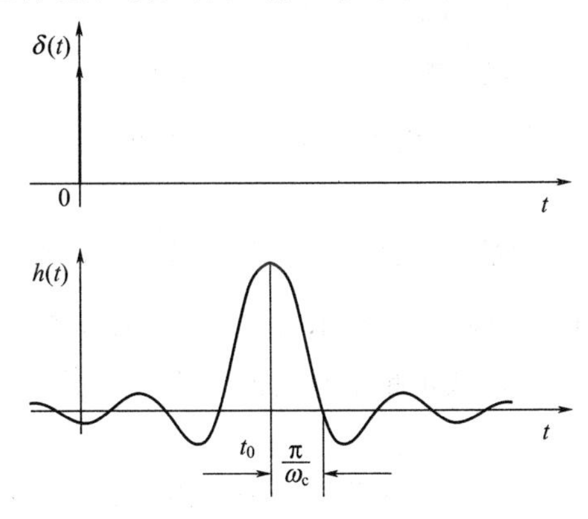

图 5-31 理想滤波器的频率响应

给理想滤波器一个脉冲激励，在 $t=0$ 时刻单位脉冲输入滤波器之前，滤波器就已经有响应了，故物理不可实现。分析式(5-42) 所表示的频率特性可知，该滤波器在时域内的脉冲响应函数 $h(t)$ 为采样函数，图形如图 5-31 所示。脉冲响应的波形沿横坐标左、右无限延伸，从图中可以看出，在单位脉冲输入滤波器之前，即在 $t<0$ 时，滤波器就已经有响应了。显然，这是一种非因果关系，在物理上是不能实现的。

由此知在截止频率处呈现直角锐变的幅频特性，或者说在频域内用矩形窗函数描述的理想滤波器是不可能存在的。实际滤波器的频域图形不会在某个频率上完全截止，而会逐渐衰减并延伸到∞。

5.4.3 实际滤波器

理想滤波器是不存在的，在实际滤波器的幅频特性图中，通带和阻带之间应没有严格的界限。在通带和阻带之间存在一个过渡带。在过渡带内的频率成分不会被完全抑制，只会受到不同程度的衰减。所以，当一个信号经过实际滤波器时，其带宽 B 与响应建立时间 T 之间存在一个反比关系，即 $BT=$常数 。带宽标志着滤波器的分辨力，带宽越窄，分辨力越高，但由上式可知滤波器达到稳态输出的时间会加长。反之，若想获得较快的输出，就要选择带宽较大的滤波器，但由此会导致滤波的精度下降。实际使用时，要综合考虑这两个因素。

实际带通滤波器的幅频特性如图 5-32 所示。由于其特性曲线无明显的转折点，两截止频率之间的幅频特性并非常数，因此，必须用更多参数来描述实际滤波器的特性。

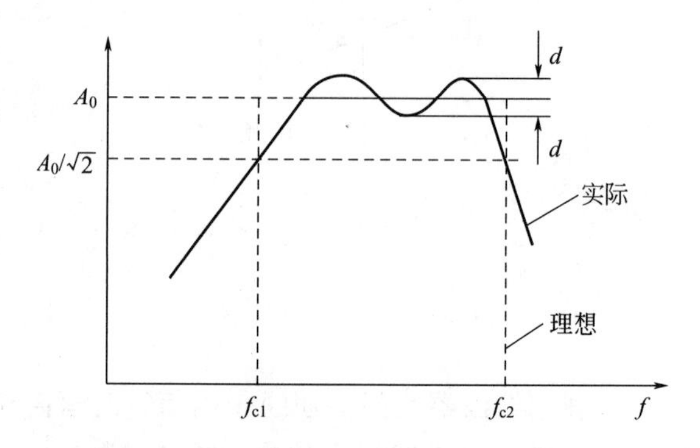

图 5-32 带通滤波器的幅频特性示意图

(1) 纹波幅度 d

在一定频率范围内，实际滤波器的幅频特性可能有波动、变化，d 值为幅频特性的最大波动值。一个优良的滤波器，d 与 A_0 相比，应满足 $d \ll A_0/\sqrt{2}$(－3dB)。

(2) 截止频率

幅频特性值等于 $A_0/\sqrt{2}$ 对应的频率称为滤波器的截止频率，记作 f_c（图 5-32 中的 f_{c1} 和 f_{c2}）。以 A_0 为参考值，$A_0/\sqrt{2}$ 对应－3dB，所以上述截止频率又称为－3dB 频率。若以信号的幅值平方表示信号功率，则截止频率对应的点正好是半功率点。

(3) 带宽 B 和中心频率 f_0

带通滤波器上、下两截止频率之间的频率范围称为其通频带带宽，或－3dB 带宽，记作 $B=f_{c2}-f_{c1}$(Hz)。滤波器分离信号中相邻频率成分的能力称为频率分辨力。带宽表示滤波器的频率分辨力。

滤波器的中心频率 f_0 是指上、下两截止频率的几何平均值，即 $f_0=\sqrt{f_{c1}f_{c2}}$。它表示滤波器通频带在频率域的位置。

（4）选择性

实际滤波器的选择性是一个特别重要的性能指标。过渡带的幅频特性曲线的斜率表明其幅频特性衰减的快慢，它决定着滤波器对通频带外频率成分衰减的能力。过渡带内幅频特性衰减越快，对通频带外频率成分衰减能力就越强，滤波器选择性就越好。描述选择性的参数有以下两项。

① 倍频程选择性　上截止频率 f_{c2} 与 $2f_{c2}$ 之间或者下截止频率 f_{c1} 与 $f_{c1}/2$ 之间为倍频程关系。频率变化一个倍频程时，过渡带幅频特性的衰减量称为滤波器的倍频程选择性，以 dB 表示。显然，衰减越快，选择性越好。

② 滤波器因数（矩形系数）　滤波器幅频特性的 -60dB 带宽与 -3dB 带宽之比称为滤波器因数，记作 λ，即

$$\lambda=\frac{B_{-60\text{dB}}}{B_{-3\text{dB}}} \tag{5-43}$$

对于理想滤波器有 $\lambda=1$，对于常用滤波器，λ 一般为 1～5。显然滤波器因数 λ 越接近 1，其选择性越好。由于理想滤波器具有矩形幅频特性，所以滤波器因数 λ 又称为矩形系数。

（5）品质因数（Q 值）

带通滤波器中心频率 f_0 与带宽 B 之比称为滤波器的品质因数，其值越大，表明滤波器频率分辨力越高，有时称作 Q 值，即

$$Q=\frac{f_0}{B} \tag{5-44}$$

Q 值越高，选择性越好。例如中心频率 $f_{01}=f_{02}=500$Hz 的两个带通滤波器，$Q_1=50$，$Q_2=25$，滤波器 1 的带宽 $B_1=10$Hz，滤波器 2 的带宽 $B_2=20$Hz。可见滤波器 1 的频率分辨力比滤波器 2 高一倍，所以其选择性优于滤波器 2。

5.4.4 常见滤波器

5.4.4.1 *RC* 滤波器

RC 滤波器是测试系统中应用最广泛的一种滤波器。这里以线性常系数 *RC* 滤波器为例讨论实际滤波器的基本特性。

（1）*RC* 低通滤波器

RC 低通滤波器的电路的输入信号为 e_x，输出信号为 e_y。电路的微分方程、频率响应、幅频特性和相频特性分别为

$$CR\frac{\mathrm{d}e_y}{\mathrm{d}t}+e_y=e_x \tag{5-45}$$

$$H(\mathrm{j}\omega)=\frac{1}{1+\mathrm{j}\omega\tau} \tag{5-46}$$

$$A(\omega)=\frac{1}{\sqrt{1+\omega^2\tau^2}} \tag{5-47}$$

$$\varphi(\omega)=-\arctan(\omega\tau) \tag{5-48}$$

式中　$\tau=RC$——时间常数。

当 $\omega \ll 1/RC$ 时，信号几乎不受衰减地通过滤波器，这时幅频特性等于 1，相频特性近似于一条通过原点的直线，即 $\varphi(\omega) \approx \omega\tau$。因此，可以认为，在此情况下 RC 低通滤波器为不失真传输系统。

当 $\omega=1/RC=1/\tau$，幅频特性值为 $1/\sqrt{2}$，即

$$f_{c2}=\frac{1}{2\pi RC} \tag{5-49}$$

可见，改变 RC 参数就可改变 RC 低通滤波器的截止频率。

可以证明，RC 低通滤波器在 $\omega \gg 1/\tau$ 的情况下，输出 e_y 与输入 e_x 的积分成正比，即

$$e_y=\frac{1}{RC}\int e_x \mathrm{d}t \tag{5-50}$$

此时，它对通带外的高频成分衰减率仅为－6dB/倍频程（或－20dB/10 倍频程），RC 低通滤波器的组成电路如图 5-33 所示。

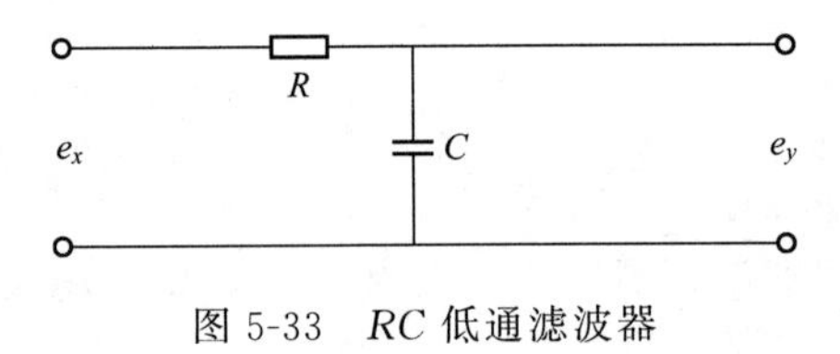

图 5-33　RC 低通滤波器

（2）RC 高通滤波器

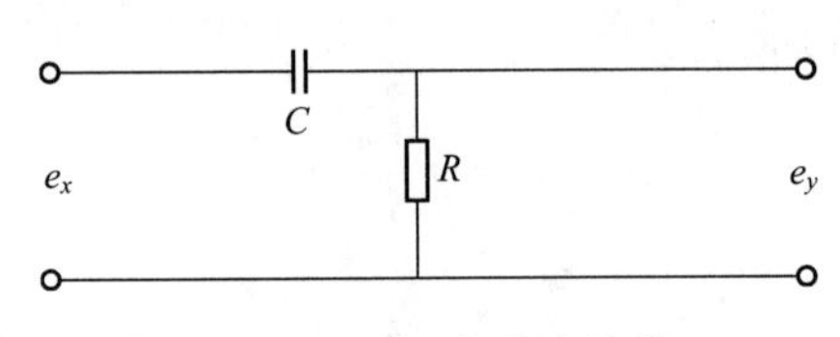

图 5-34　RC 高通滤波器

图 5-34 为 RC 高通滤波器电路。其微分方程、频率响应、幅频和相频特性分别为

$$e_y+\frac{1}{RC}\int e_y \mathrm{d}t=e_x \tag{5-51}$$

$$H(\mathrm{j}\omega)=\frac{\mathrm{j}\omega\tau}{1+\mathrm{j}\omega\tau} \tag{5-52}$$

$$A(\omega)=\frac{\omega\tau}{\sqrt{1+\omega^2\tau^2}} \tag{5-53}$$

$$\varphi(\omega)=-\arctan\frac{1}{\omega\tau} \tag{5-54}$$

当 $\omega \gg 1/\tau$ 时，$A(\omega) \approx 1$，$\varphi(\omega) \approx 0$，$RC$ 高通滤波器可视为不失真传输系统。滤波器截止频率为

$$f_{c1}=\frac{1}{2\pi RC} \tag{5-55}$$

当 $\omega \ll 1/\tau$ 时，高通滤波器的输出 e_y 与输入 e_x 的微分成正比，起着微分器的作用。

（3）RC 带通滤波器

上述一阶高通滤波器与一阶低通滤波器在一定条件下串联而成的电路可视为 RC 带通滤波器的最简单结构，如图 5-35 所示。

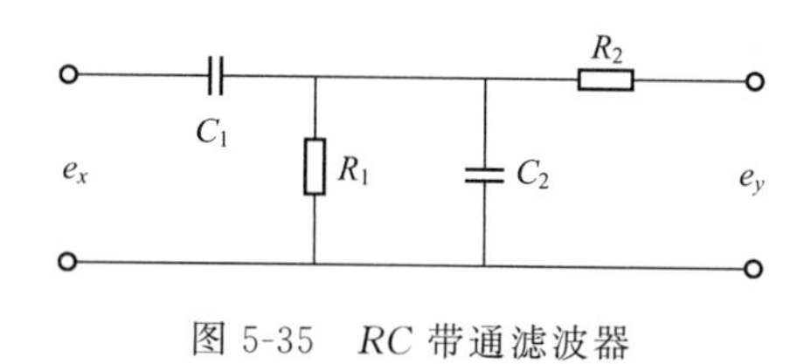

图 5-35　RC 带通滤波器

当 $R_2 \gg R_1$ 时，低通滤波器对前面的高通滤波器影响极小，因此可把带通滤波器的频率响应看成高通滤波器与低通滤波器频率响应的乘积，即

$$H(\omega)=\frac{\mathrm{j}\omega\tau_1}{(1+\mathrm{j}\omega\tau_1)(1+\mathrm{j}\omega\tau_2)} \tag{5-56}$$

串联所得的带通滤波器以原高通滤波器的截止频率为其下截止频率，即

$$f_{c1}=\frac{1}{2\pi\tau_1} \tag{5-57}$$

其上截止频率为原低通滤波器的截止频率，即

$$f_{c2}=\frac{1}{2\pi\tau_2} \tag{5-58}$$

5.4.4.2　*RC* 有源滤波器

上述低阶无源滤波器的选择性主要取决于滤波器传递函数的阶次。无源 RC 滤波器串联虽然可提高阶次，但受级间耦合影响，其效果将是递减的，而信号的幅值也将逐级减弱。为此，常采用有源滤波器。

有源滤波器由 RC 网络和有源器件组成。目前以运算放大器作有源器件构成的有源滤波器应用广泛。运算放大器既可消除级间耦合对特性的影响，又可起信号放大作用。RC 网络通常作为运算放大器的负反馈网络。

低通和高通滤波器、带通和带阻滤波器正好是“互补”关系。若在运算放大器的负反馈回路中接入高通滤波器，则得到有源低通滤波器。若用带阻网络作负反馈，则可得到带通滤波器，反之亦然。这里仅以有源低通滤波器为例说明有源滤波器的构成方法及特点。

图 5-36 是一阶有源 RC 低通滤波器的两种基本接法。图 5-36(a) 是将一阶无源 RC 低通滤波器接在运算放大器的正输入端，其中 R_F 为负反馈电阻，R_F 与 R_1 决定运算放大器的工作状态。显然这种接法的截止频率只取决于 RC，即 $f_c=1/2\pi RC$，其放大倍数 $K=1+R_F/R_1$。图 5-36(b) 中 C 和 R_1 对输出端来说是高通无源滤波器，起负反馈的作用。由此构成的有源低通滤波器，其截止频率与负反馈电阻、电容有关，即 $f_c=1/2\pi R_F C$，放大倍数 $K=R_F/R_1$。

一阶有源滤波器对选择性虽然并无改善，但为通过环节串联提高滤波器的阶次提供了条件。二阶滤波器中采用多路负反馈形式，目的在于削弱反馈电阻 R_F 在调谐频率附近的负反馈作用，改善滤波器的特性。

5.4.4.3　恒带宽比和恒带宽滤波器

滤波器用于频谱分析中，将信号通过中心频率不同的多个带通滤波器，则各个滤波器的输出就反映了信号中在该通带频率范围内的量值，此过程称为信号的频谱分析，可采用中心

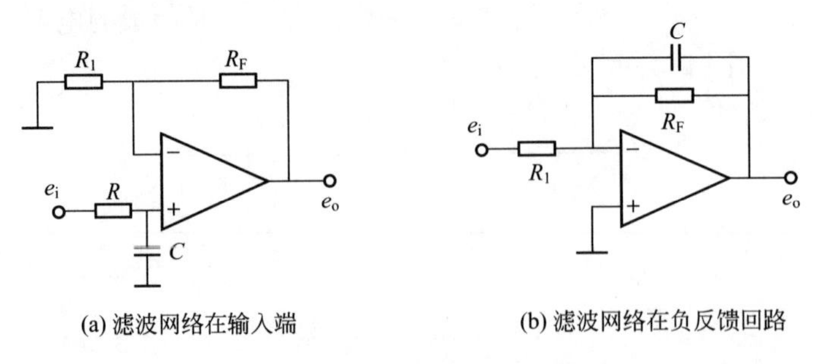

图 5-36 一阶有源 RC 低通滤波器

频率可调的带通滤波器或一组各自中心频率固定，但又按一定规律相隔的滤波器组进行频率分析。

用于频谱分析装置中的滤波器组，根据带通滤波器中心频率与带宽之间的数值关系，可分为恒带宽比和恒带宽滤波器两种。

中心频率与带宽的比值（品质因数）是不变的，称为恒带宽比带通滤波器，优点是用较少的带通滤波器个数就可以覆盖较大的频率范围，缺点是中心频率越高，带宽也越宽，高频滤波性能下降。

恒带宽比带通滤波器为使各个带通滤波器组合起来后能覆盖整个要分析的信号频率范围，其带通滤波器组的中心频率是倍频程关系，同时带宽是邻接式的，通常的做法是使前一个滤波器的上截止频率与后一个滤波器的下截止频率相一致，如图 5-37 中所示。这样的一组滤波器将覆盖整个频率范围，称之为“邻接式”的。

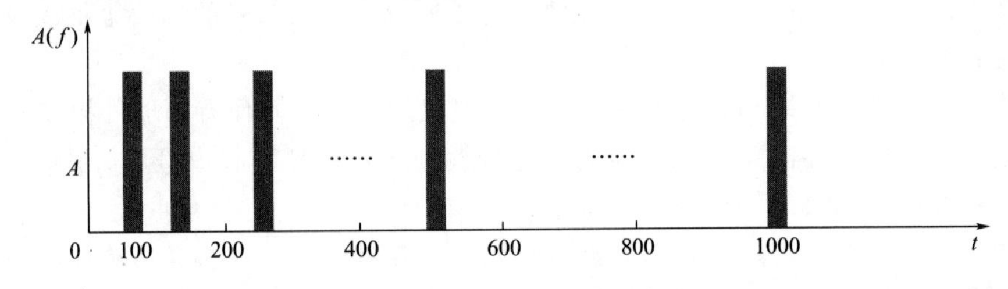

图 5-37 恒带宽比带通滤波器

带宽 B 不随中心频率而变化，称为恒带宽带通滤波器，其优点是不论带通滤波器的中心频率处在任何频段上，带宽都相同，即分辨力不随频率变化，缺点是在覆盖频率范围相同的情况下，要比恒带宽比滤波器使用较多的带通滤波器。

实际中，在钢管无损探伤中，为了滤除信号中的零漂和低频晃动，便于门限报警，常常采用高通滤波器进行处理；机床轴心轨迹的滤波处理中，采用低通滤波器滤除信号中的高频噪声，以便于观察轴心运动规律。

复习思考题

1. 信号调理的内容和目的是什么？
2. 简述电桥电路在信号变换中的主要作用。
3. 信号放大电路的种类有哪些？如何根据传感器输出特性选择合适的放大电路？
4. 求图 5-38 中放大电路的输出电压是多少？

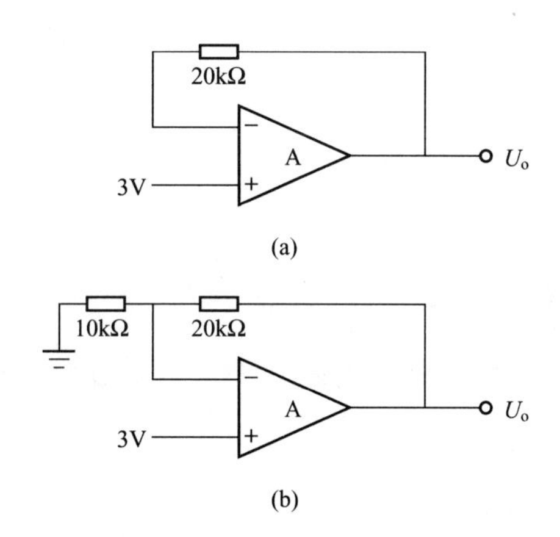

图 5-38　放大器示意图

5. 什么是信号的调制？根据调制的方式不同，可以有几种调制方式？

6. 简述滤波器的分类，在实际中如何利用搭建滤波电路？

7. 叙述滤波器的主要参数有哪些。

8. 什么是调幅波的失真？如何消除？

9. 描述相敏检波在信号调制与解调中的作用和基本工作原理。

10. 如何根据测试信号中有用成分和干扰成分的频谱来选择滤波器种类和设定其参数？

第6章 测试信号的数字处理

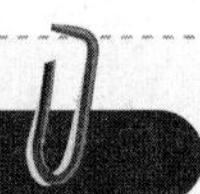

学习要点

本章介绍了测试信号模数和数模转换原理，进而对采样定理进行阐述，说明了对于计算机处理测试信号中常用的截断、能量泄漏、栅栏效应，最后对窗函数作了介绍。

本章从测试信号模数和数模转换原理为切入点，通过采样定理，确定正确选择采样频率的方法，再通过数字信号处理中常用的截断、能量泄漏、栅栏效应等现象的介绍，掌握常用的数字信号处理方法。

6.1 数字信号处理概述

数字信号处理主要研究用数字序列来表示测试信号，并用数学公式和运算来对这些数字序列进行处理，主要包括数字波形分析、幅值分析、频谱分析和数字滤波。

测试信号数字化处理的基本流程为利用传感器检测被测物理量，再将转换后的电信号放大，经过模拟数字转换后，将其传递给计算机显示或分析，同时计算机通过数字模拟转换，将其电信号控制被测对象，完成系统的功能。

数字信号处理与传统的处理方式相比有着明显的优势，它可以利用数学计算、计算机显示代替复杂的电路和机械结构，此外，随着计算机软硬件的不断发展，虚拟仪器的开发更加灵活方便。

6.2 数字信号转换器

测试中许多信号是模拟信号，如力、位移等，它们都是时间的连续变量。经过传感器变换后，代表被测量的电压或电流信号的幅值在连续时间内取连续值，为模拟信号。

模拟信号可以直接记录、显示或存储。但把模拟信号转换成数字信号，对信号记录、显示、存储、传输以及分析处理等都是非常有益的。随着计算机技术在测试领域的应用，诸如波形存储、数据采集、数字滤波和信号处理以及自动测试系统与计算机控制等，既需要进行模拟-数字转换，也需要把数字信号转换成模拟信号以推动控制系统执行元件或者作模拟记录或显示。

把模拟信号转换为数字信号的装置，称为模-数转换器，或称 A/D 转换器；反之，将数字信号转换成模拟信号的装置称为数-模转换器，或称为 D/A 转换器。现在有许多 A/D 和 D/A 集成电路芯片和各种模-数与数-模转换组件可供选用，而且其应用已相当广泛。本节介绍 A/D 和 D/A 转换器工作原理和应用的基本知识。

6.2.1 数-模转换器（D/A 转换器）

数-模转换器是把数字量转换成电压、电流等模拟量的装置。数-模转换器的输入为数字量 D 和模拟参考电压 E，其输出模拟量 A 可表示为

$$A=DE_1 \tag{6-1}$$

式中，E_1 为数字量最低有效数位对应的单位模拟参考电压；数字量 D 为一个二进制数。其最高位（亦即最左面的一位）是符号位，设 0 代表正，1 代表负。图 6-1 中以一个 4 位 D/A 转换器说明其输入与输出间的关系。

数-模转换器电路形式较多，在集成电路中多采用 T 形电阻解码网络。图 6-2 是一种常见的 R-$2R$ 型 T 形电阻网络 D/A 转换器原理图。图中，运算放大器接成跟随器形式，其输出电压 e_0 跟随输入电压 e_a，且输入阻抗高，输出阻抗低，起阻抗匹配作用。开关 S_0～S_3 的状态由二进制数的各位 a_0～a_3 控制。若 $a_i=0$，表示接地；若 $a_i=1$，则按参考电压 E。各个开关的不同状态可以改变 T 形解码网络的输出电压 e_a。

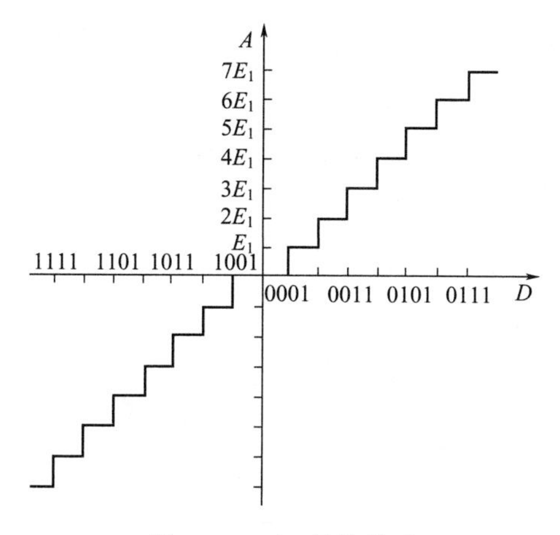

图 6-1 D/A 转换关系

根据二进制计数表达式

$$D=\sum_{i=0}^{n-1} a_i 2^i \tag{6-2}$$

式中，n 为二进制数的位数，n 为正整数。

如果输入的数字量为 $a_3a_2a_1a_0=1000$，如前所述，开关 S_3 接参考电压 E，其余接地。容易求出，节点 a 右边的网络电阻等效值为 $2R$。由此可知，a 点电压为

$$e_a=\left(\frac{2R}{2R+2R}\right)E=\frac{1}{2}E=\frac{1}{2^1}E \tag{6-3}$$

如输入数字量为 $a_3a_2a_1a_0=0100$，则开关 S_2 接参考电压 E，其余接地。此时，b 点通

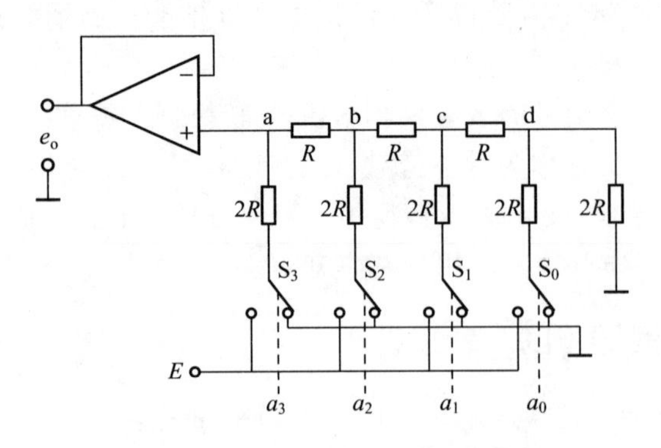

图 6-2 D/A 转换器工作原理图

过电阻 $2R$ 接参考电压 E，而且同时有左、右两组接地电阻。其左接地网络电阻为 $3R$，右接地网络电阻为 $2R$。因此，e_b 和 e_a 此时为

$$e_b=\frac{3R/\!/2R}{(3R/\!/2R)+2R}E=\frac{3}{8}E \tag{6-4}$$

$$e_a=\frac{2R}{2R+R}e_b=\frac{1}{4}E=\frac{1}{2^2}E \tag{6-5}$$

同理，有

$$\text{当 } a_3a_2a_1a_0=0010 \text{ 时，} \quad e_a=\frac{1}{2^3}E \tag{6-6}$$

$$\text{当 } a_3a_2a_1a_0=0001 \text{ 时，} \quad e_a=\frac{1}{2^4}E \tag{6-7}$$

由电路分析可知，如果输入的二进制数字为 $a_3a_2a_1a_0=1111$，则运用叠加原理可得

$$e_a=\left(\frac{1}{2}+\frac{1}{2^2}+\frac{1}{2^3}+\frac{1}{2^4}\right)E=\frac{E}{2}\left(1+\frac{1}{2}+\frac{1}{2^2}+\frac{1}{2^3}\right) \tag{6-8}$$

n 位二进制数字输入，则输出电压

$$e_0=e_a=\frac{E}{2}(a_{n-1}+\frac{a_{n-2}}{2}+\frac{a_{n-3}}{2^2}+\cdots+\frac{a_1}{2^{n-2}}+\frac{a_0}{2^{n-1}}) \tag{6-9}$$

可见，D/A 转换器的输出模拟电压与输入的二进制数字量成正比。

D/A 转换器的输出电压 e_0 是采样时刻的瞬时值，在时间域仍然是离散量。若要恢复原来的连续波形，还需经过波形复原处理，一般通过保持电路来实现。如图 6-3 所示，零阶保持器是在两个采样值之间，令输出保持上一个采样值；一阶多角保持器是在两采样值间，使输出为两个采样值的线性插值。

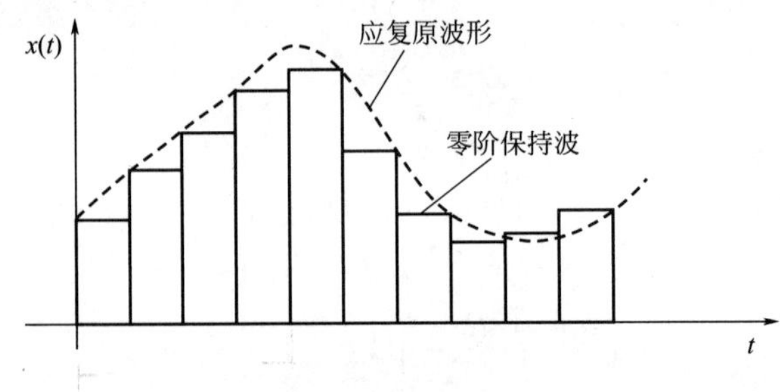

图 6-3 波形复原

由图 6-3 可知，如果采样频率足够高，量化增量足够小，亦即参考电压 E 一定，数字量的字长足够大，则 D/A 转换器（包括保持器）可以相当精确地恢复原波形。实际中，D/A 转换的指标有分辨率、转换速度和模拟信号的输出范围。

6.2.2　模-数转换器（A/D 转换器）

6.2.2.1　模-数转换原理

在 A/D 转换的过程中，输入的模拟信号在时间上是连续的，而输出的数字量是离散的，所以模-数转换是在一系列选定的瞬时（即时间坐标轴上的某些规定点）对输入的模拟信号采样，对采样值进行量化，再编码成相应的数字量。模拟-数字转换过程如图 6-4 所示。

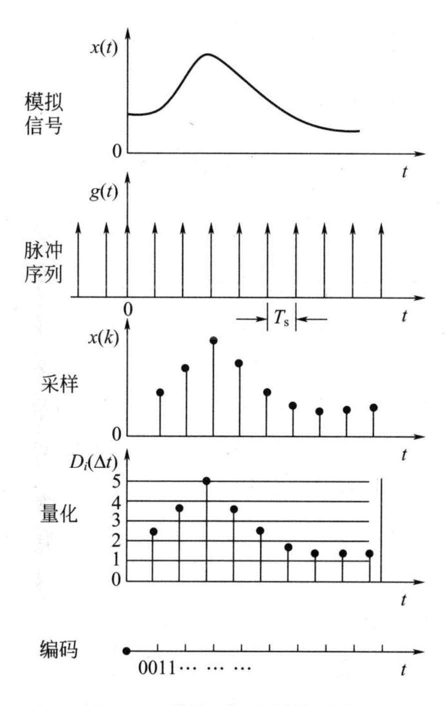

图 6-4　模拟-数字转换过程

把采样信号经过舍入变为只有有限个有效数字的数，这一过程称为量化。用一些幅度不连续的数字来近似表示信号幅值的过程称为幅值量化，然后再用一组二进制代码来描述已量化的幅值，即编码。

6.2.2.2　模-数转换器

A/D 转换器有多种类型，如跟踪比较式、斜坡比较式、双积分式及逐次比较式等。这里重点介绍以下两种。

（1）双积分式 A/D 转换器

双积分式 A/D 转换器属于电压-时间（V-T）变换型，它将被测电压用积分器（模拟积分器）变换成时间宽度，在这时间内用一定频率的脉冲数来表示被测电压量值。

工作原理如图 6-5 所示，电阻 R、电容 C 与运算放大器 A 组成积分器。在初始状态，电容 C 上的电荷为零，其输出波形如图 6-6 所示。

整个转换过程分为两个阶段。首先，开关 K_1 接至输入，并对输入电压 e_r 作固定时间 T_1

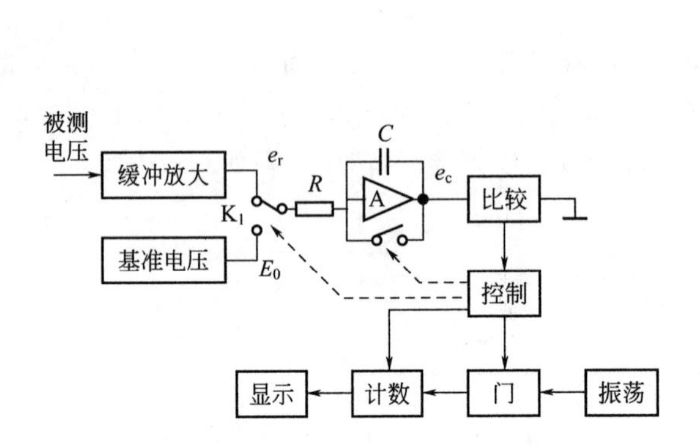

图 6-5　双积分式 A/D 转换器原理图

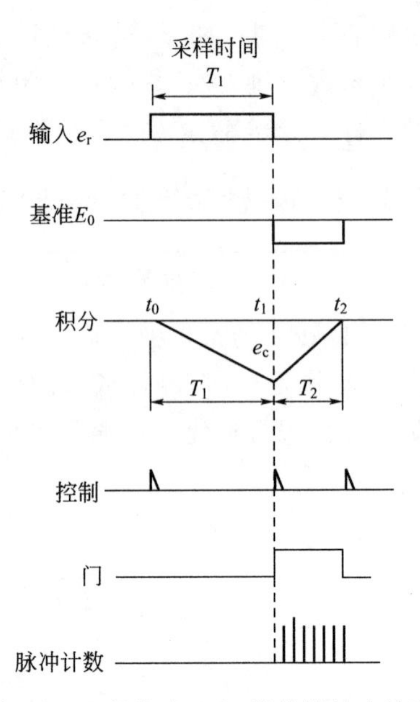

图 6-6　双积分式 A/D 转换器输出波形

（或称采样时间）的积分。这样，积分器输出电压 e_c 为输入电压 e_r 的积分，即

$$e_c=-\frac{1}{RC}\int_{t_0}^{t_0+T_1}e_r\mathrm{d}t \tag{6-10}$$

此后，开关 K_1 接基准电压 E_0，E_0 是与 e_r 极性相反的恒定电压，这时电容 C 上的电荷按一定速率放电，直至放完。电容 C 上的电荷放电时间 T_2（称为比较时间）与被测电压在 T_2 时间内的平均值成正比。因为在电容 C 充电结束与放电开始的 t_1 时刻，其电压相等，于是

$$e_c=-\frac{1}{RC}\int_{t_0}^{t_0+T_1}e_r\mathrm{d}t=\frac{1}{RC}\int_{t_1}^{t_1+T_2}(-E_0)\mathrm{d}t \tag{6-11}$$

设 $\overline{e_r}$ 为 e_r 在 T_1 时间内的平均值：

$$\overline{e_r}=-\frac{1}{T_1}\int_{t_0}^{t_0+T_1}e_r\mathrm{d}t \tag{6-12}$$

所以

$$\frac{\overline{e_r}T_1}{RC}=\frac{E_0T_2}{RC} \tag{6-13}$$

即

$$T_2=\frac{T_1\overline{e_r}}{E_0} \tag{6-14}$$

式(6-14) 表明，积分器电容放电时间 T_2 与被测电压在 T_1 时间内的平均值成正比。因此，如果在 T_2 时间内由比较器通过控制器发出开门与关门信号，由计数器测得在 T_2 时间内的脉冲数，就可以得到采样时间 T_1 内的电压平均值。显然采样时间 T_1 越小，所得电压越接近瞬时值，误差越小。

这种 A/D 转换器的最大特点是抗干扰性较强。这是因为当输入电压 e_r 混有噪声时，其高频分量在积分时间 T_1 内被平均而几乎变为零，低频分量（如工频干扰）可通过使 T_1 等于电源周期或整数倍于电源周期加以消除。此外，这种 A/D 转换器的稳定性好、灵敏度高，但转换速度慢，约为每秒 20 次，一般用于数字电压表中。

(2) 逐次比较式 A/D 转换器

逐次比较式 A/D 转换器的工作过程类似于用天平称重，即用砝码的最小增量来逐次比

较逼近所称重量。幅值量化的过程可以用天平称量质量 m_x 的过程来说明，如图 6-7 所示。未知质量 m_x 可以是天平称量范围内的任意数值，是一个模拟量。设 m_R 为标准单元质量（砝码），则可用已知的标准单元质量 m_R 的个数来近似表示 m_x。例如 $m_x=10.5\text{g}$，标准单元质量 $m_R=1\text{g}$，则最接近的近似值为 10 或 11，A/D 转换与称重过程如图 6-7 所示。

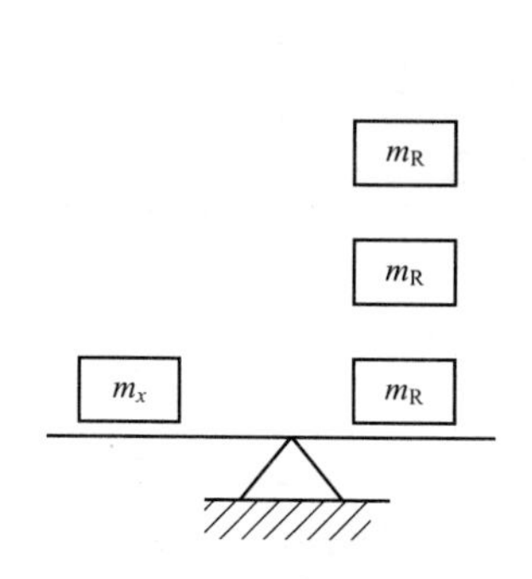

图 6-7　A/D 转换与称重过程

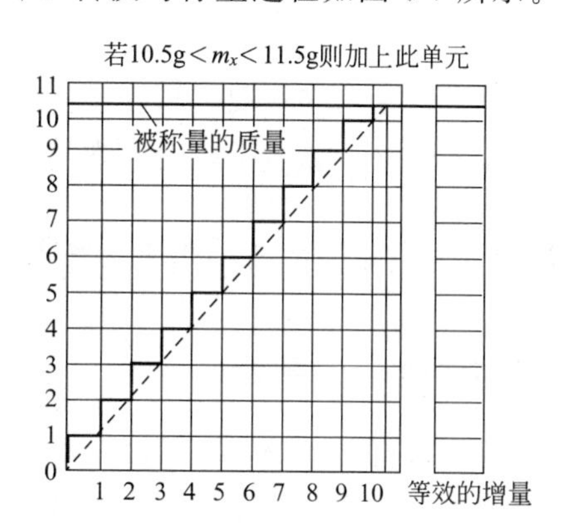

图 6-8　模拟幅值的变化

图 6-8 为模拟幅值变化过程，设转换器的转换数位为 8 位，模拟量输入范围为 0～10V。采样后某一时刻电压的幅值 $x(kT_s)=e_r=6.6\text{V}$，当启动脉冲到来以后，移位寄存器清零，给时钟脉冲开门，于是开始在时钟脉冲控制下进行转换。第一个时钟脉冲使移位寄存器最高位 B7 置“1”，其余各位仍为“0”。该二进制数字 10000000 经过数据寄存器加在 D/A 转换器上，使其输出 e_0 为满标度值的一半，即＋5V。此时 $e_r>e_0$，通过电压比较和控制逻辑电路使 B7 仍保持为“1”。当第二个时钟脉冲到来，使次高位 B6 置“1”，则 D/A 输入的数字量为 11000000，其输出为 7.5V，此时 $e_r<e_0$，通过控制逻辑电路使 B6 复位成“0”，数字量输出端又成为 10000000 状态。第三个时钟脉冲使 B5 置位为“1”，对应数字量为 10100000，$e_0=6.25\text{V}$，$e_r>e_0$，B5 保持“1”，数字输出端为 10100000。如此继续，直到第八个时钟脉冲使 B0 置“1”，$e_0=6.582\text{V}$，$e_r>e_0$，B0 保持“1”，数字输出 10101001。第九个脉冲使移位寄存器溢出，表示一次 A/D 转换结束。这种 A/D 转换器转换速度较快，转换精度较高，应用广泛。

实际中 A/D 转换器的技术指标包括分辨率、转换速度和模拟信号的输入范围。A/D 转换器分辨率指用输出二进制数码的位数表示。位数越多，量化误差越小，分辨率越高，常用有 8 位、10 位、12 位、16 位等；转换速度指完成一次转换所用的时间，如 1ms(1kHz)、10μs(100kHz) 等。

6.3　采样定理

采样是利用采样脉冲序列，从信号中抽取一系列离散值，使之成为采样信号 $x(nT_s)$ 的过程。采样是将模拟信号 $x(t)$ 和一个等间隔的脉冲序列（称为采样脉冲序列）$g(t)$ 相乘。

$$g(t)=\sum_{k=-\infty}^{\infty}\delta(t-kT_s) \tag{6-15}$$

式中　T_s——采样间隔。

由于 δ 函数的筛选性质，采样以后只在离散点 $t=kT_s$ 处有值，即 $x(kT_s)$。离散时间信号 $x(kT_s)$ 又可表示为 $x(k)$，$k=0$，1，2，…采样后所得到的信号 $x(k)$ 为时间离散的脉冲序列，但其幅值仍为模拟量，只有经过幅值量化以后才能得到数字信号。

为保证采样后信号能真实地保留原模拟信号信息，信号采样频率必须至少为原信号中最高频率成分的 2 倍。这是采样的基本法则，称为采样定理。

需注意，满足采样定理，只保证不发生频率混叠，而不能保证此时的采样信号能真实地反映原信号 $x(t)$。工程实际中采样频率通常大于信号中最高频率成分的 3～5 倍。

6.4 信号的截断与能量泄漏

6.4.1 信号的截断

用计算机进行测试信号处理时，不可能对无限长的信号进行测量和运算，而是取其有限的时间片段进行分析，这个过程称信号截断。为便于数学处理，对截断信号作周期延拓，得到虚拟的无限长信号。

周期延拓后的信号与真实信号是不同的，设有余弦信号 $x(t)$，用矩形窗函数 $w(t)$ 与其相乘，得到截断信号为

$$y(t)=x(t)w(t) \tag{6-16}$$

6.4.2 能量的泄漏

将截断信号谱 $XT(\omega)$ 与原始信号谱 $X(\omega)$ 相比较可知，它已不是原来的两条谱线，而是两段振荡的连续谱，原来集中在 f_0 处的能量被分散到两个较宽的频带中去了，这种现象称之为频谱能量泄漏。为了避免能量泄漏，对信号截断时针对整周期信号。

6.5 离散傅里叶变换 DFT

离散傅里叶变换是针对有限长序列或周期序列才存在的；其次，它相当于把序列的连续傅里叶变换加以离散化（抽样），频域的离散化造成时间函数也呈周期，故级数应限制在一个周期之内。有限长序列的离散傅里叶变换，简称为离散傅里叶变换，即 DFT（Discrete Fourier Transform），是为适应计算机作傅里叶变换运算而引出的一个专用名词。

设 $\widetilde{x}(n)$ 是周期为 N 的一个周期序列，在 $0\leqslant n\leqslant N-1$ 范围内，令 $W_N=\mathrm{e}^{-\mathrm{j}\frac{2\pi}{N}}$ 它的离散傅里叶级数对（DFS 和 IDFS）如下：

$$\widetilde{X}(k)=DFS[\widetilde{x}(n)]=\sum_{n=0}^{N-1}\widetilde{x}(n)W_N^{nk},0\leqslant k\leqslant N-1 \tag{6-17}$$

$$\widetilde{x}(n)=IDFS[\widetilde{X}(k)]=\frac{1}{N}\sum_{n=0}^{N-1}[\widetilde{X}(k)]W_N^{-nk},0\leqslant n\leqslant N-1 \tag{6-18}$$

把长度为 N 的有限长序列 $x(n)$ 看成周期为 N 的周期序列的一个周期，利用傅里叶级数 DFS（Discrete Fourier Series）计算周期序列的一个周期，也就是计算了有限长序列。

设有限长序列 $x(n)$，点数为 N，即 $x(n)$ 只在 $n=0\sim N-1$ 有值，n 为其他值时，$x(n)=0$。把它看成周期为 N 的周期序列 $x(n)$ 的一个周期，而把 $\overline{x}(n)$ 看成 $x(n)$ 的以 N

为周期的周期延拓。

令 $R_N(n)=\begin{cases}1, & 0\leqslant n\leqslant N-1\\ 0, & n \text{ 为其他值}\end{cases}$，则它们的关系表示为

$$\tilde{x}(n)=x((n))_N \tag{6-19}$$

$$x(n)=\tilde{x}(n)R_N(n)=x((n))_N R_N(n) \tag{6-20}$$

同理，对频域的周期序列 $\tilde{X}(k)$ 可以看成是对有限长序列 $X(k)$ 的周期延拓，而有限长序列 $X(k)$ 看成周期序列 $\tilde{X}(k)$ 的主值序列，即

$$\tilde{X}(k)=X((k))_N \tag{6-21}$$

$$X(k)=\tilde{X}(k)R_N(k)=X((k))_N R_N(k) \tag{6-22}$$

由以上两式可以看出，求和是只限定在 $n=0\sim N-1$ 及 $k=0\sim N-1$ 的主值区间进行的，故完全适用于主值序列 $x(n)$ 与 $X(k)$，即有限长序列的离散傅里叶变换定义。

正变换：

$$X(k)=DFT[x(n)]=\sum_{n=0}^{N-1}x(n)W_N^{nk}=\tilde{X}(k)R_N(k),0\leqslant k\leqslant N-1 \tag{6-23}$$

反变换：

$$x(n)=IDFT[X(k)]=\frac{1}{N}\sum_{n=0}^{N-1}x(k)W_N^{nk}=\tilde{x}(n)R_N(n),0\leqslant n\leqslant N-1 \tag{6-24}$$

两式构成离散傅里叶变换对。离散傅里叶变换是对任意序列的傅里叶变换，它的频谱是一个连续函数，而 DFT 是对有限长序列的离散傅里叶变换，DFT 的特点是无论在时域还是在频谱都是离散的，而且都是有限长的。

6.6 栅栏效应与窗函数

如果信号中的频率分量与频率取样点不重合，则只能按四舍五入的原则，取相邻的频率取样点谱线值代替。频谱的离散取样造成了栅栏效应，谱峰越尖锐，产生误差的可能性就越大。

例如，余弦信号的频谱为线谱。当信号频率与频谱离散取样点不等时，栅栏效应的误差为无穷大。实际应用中，由于信号截断的原因，产生了能量泄漏，即使信号频率与频谱离散取样点不相等，也能得到该频率分量的一个近似值。

从这个意义上说，能量泄漏误差不完全是有害的。如果没有信号截断产生的能量泄漏，频谱离散取样造成的栅栏效应误差将是不能接受的。能量泄漏分主瓣泄漏和旁瓣泄漏，主瓣泄漏可以减小因栅栏效应带来的谱峰幅值估计误差，有其好的一面，而旁瓣泄漏则是完全有害的。

为了减少频谱能量泄漏，可采用不同的截取函数对信号进行截断，截断函数称为窗函数，简称为窗。信号截断以后产生的能量泄漏现象是必然的，因为窗函数 $w(t)$ 是一个频带无限的函数，所以即使原信号 $x(t)$ 是有限带宽信号，而在截断以后也必然成为无限带宽的函数，即信号在频域的能量与分布被扩展了。又从采样定理可知，无论采样频率多高，只要信号一经截断，就不可避免地引起混叠，因此信号截断必然导致一些误差。

泄漏与窗函数频谱的两侧旁瓣有关，如果两侧瓣的高度趋于零，而使能量相对集中在主

瓣，就可以较为接近于真实的频谱，为此，在时间域中可采用不同的窗函数来截断信号。

（1）矩形窗

矩形窗属于时间变量的零次幂窗。矩形窗使用最多，习惯上不加窗就是使信号通过了矩形窗。这种窗的优点是主瓣比较集中，缺点是旁瓣较高，并有负旁瓣，导致变换中带进了高频干扰和泄漏，甚至出现负谱现象。

（2）三角窗

三角窗亦称费杰（Fejer）窗，是幂窗的一次方形式。与矩形窗比较，主瓣宽约等于矩形窗的两倍，但旁瓣小，而且无负旁瓣。

（3）汉宁窗

汉宁窗又称升余弦窗，汉宁窗视为3个矩形时间窗的频谱之和，或者说是3个采样函数之和，当n大于0，小于$N-1$时，汉宁窗表达式$h(n)=0.5-0.5\cos\frac{2\pi n}{N-1}$，括号中的两项相对于第一个谱窗向左、右各移动了$\pi/T$，从而使旁瓣互相抵消，消去高频干扰和漏能。可以看出，汉宁窗主瓣加宽并降低，旁瓣则显著减小，从减小泄漏观点出发，汉宁窗优于矩形窗。但汉宁窗主瓣加宽，相当于分析带宽加宽，频率分辨力下降。

（4）海明（Hamming）窗

海明窗也是余弦窗的一种，又称改进的升余弦窗。海明窗与汉宁窗都是余弦窗，只是加权系数不同。海明窗加权系数能使旁瓣达到更小。分析表明，海明窗的第一旁瓣衰减为－42dB。海明窗的频谱也是由3个矩形时间窗的频谱合成，但其旁瓣衰减速度为20dB/(10oct)，这比汉宁窗衰减速度慢。海明窗与汉宁窗都是很有用的窗函数。

（5）高斯窗

高斯窗是一种指数窗。高斯窗谱无负的旁瓣，第一旁瓣衰减达－5dB。高斯窗谱的主瓣较宽，故而频率分辨力低。高斯窗函数常被用来截断一些非周期信号，如指数衰减信号等。

对于窗函数的选择，应考虑被分析信号的性质与处理要求。如果仅要求精确读出主瓣频率，而不考虑幅值精度，则可选用主瓣宽度比较窄而便于分辨的矩形窗，例如测量物体的自振频率等；如果分析窄带信号，且有较强的干扰噪声，则应选用旁瓣幅度小的窗函数，如汉宁窗、三角窗等；对于随时间按指数衰减的函数，可采用指数窗来提高信噪比。

复习思考题

1. A/D转换器的原理及主要技术指标是什么？
2. 简述采样、量化和编码的概念。
3. 什么是采样定理？不满足采样定理对测试信号有什么影响？
4. 数字信号采样中为什么会有能量泄漏？
5. 窗函数的作用是什么？
6. 说明窗函数的选用原则。

第7章 测试信号的显示记录与分析

学习要点

测试信号的显示、记录直观给出信号的大小和波形，再经过信号的分析，进一步了解测试信号的时域和频域特征，给出测试的有益结果。

测试信号的显示、记录和分析是测试系统不可缺少的组成部分。测试人员通过显示仪器观察各路信号的大小或实时波形，及时掌握测试系统的动态信息，必要时对测试系统的参数作相应调整，对信号进行有益分析。

7.1 测试信号的显示

传统的显示和信号记录装置包括万用表、阴极射线管示波器、XY记录仪、模拟磁带记录仪等。近年来，随着计算机技术的飞速发展，记录与显示仪器从根本上发生了变化，数字式设备已成为显示与记录装置的主流，数字式设备的广泛应用给信号的显示与记录方式赋予了新的内容。示波器是测试中最常用的显示仪器，有模拟示波器、数字示波器和数字存储示波器三种类型。

(1) 模拟示波器

模拟示波器以传统的阴极射线管示波器为代表，该示波器的核心部分为阴极射线管，从阴极发射的电子束经水平和垂直两套偏转极板的作用，精确聚焦到荧光屏上。通常水平偏转极板上施加锯齿波扫描信号，以控制电子束自左向右的运动，被测信号施加在垂直偏转极板上时，控制电子束在垂直方向上的运动，从而在荧光屏上显示出信号的轨迹。调整锯齿波的频率可改变示波器的时基，以适应各种频率信号的测量。所以，这种示波器最常见工作方式是显示输入信号的时间历程，即显示 $x(t)$ 曲线。这种示波器具有频带宽、动态响应好等优点，最高可达到8MHz带宽，可记录到1ns左右的快速瞬变偶发波形，适合于显示瞬态、高频及低频的各种信号，目前仍在许多场合使用。

(2) 数字示波器

数字示波器是随着数字电子与计算机技术的发展而发展起来的一种新型示波器，它用一个核心器件——A/D转换器将被测模拟信号进行模数转换并存储，再以数字信号方式显示。

与模拟示波器相比，数字示波器具有许多突出的优点

① 具有灵活的波形触发功能，可以进行负延迟（预触发），便于观测触发前的信号状况。

② 具有数据存储与回放功能，便于观测单次过程和缓慢变化的信号，也便于进行后续数据处理。

③ 具有高分辨率的显示系统，便于对各类性质的信号进行观察，可看到更多的信号细节。

④ 便于程控，可实现自动测量。

⑤ 可进行数据通信。

目前，数字示波器的带宽已达到 1GHz 以上，为防止波形失真，采样率可达到带宽的 5～10倍。

(3) 数字存储示波器

数字存储示波器有与数字示波器一样的数据采集前端，即经 A/D 转换器将被测模拟信号进行模数转换并存储。与数字示波器不同的是其显示方式采用模拟方式，将已存储的数字信号通过 D/A 转换器恢复为模拟信号，再将信号波形重现在阴极射线管或液晶显示屏上。

7.2 测试信号的记录

传统的信号记录仪器包括光线示波器、XY 记录仪、模拟磁带记录仪等。光线示波器和 XY 记录仪将被测信号记录在纸质介质上，频率响应差、分辨率低、记录长度受物理载体限制，需要通过手工方式进行后续处理，使用时有诸多不便之处，正逐渐被淘汰。模拟磁带记录仪可以将多路信号以模拟量的形式同步地存储到磁带上，但输出只能是模拟量形式，与后续信号处理仪器的接口能力差，而且输入输出之间的电平转换比较麻烦，所以目前已很少使用。

近年来，信号的记录方式愈来愈趋向于两种途径：一种是用数据采集仪器进行信号的记录，一种是以计算机内插 A/D 卡的形式进行信号记录。此外，有一些新型仪器前端可直接实现数据采集与记录。

(1) 用数据采集仪器进行信号记录

如奥地利 DEWETRON 公司生产的 DEWE-2010 多通道数据采集分析仪，包括两个内部模块的插槽，可以内置 11 路信号调理模块［如电桥输入模块、ICP 传感器输入模块、频率-电压转换模块、热电偶（热电阻）输入模块、计数模块等］；另有 16 通道电压同步输入；外部还可以连接 DEWE-RACK 盒，用于扩展模拟输入通道（最多可扩展到 256 通道）。DEWE-2010 的采样频率范围在 0～100kHz，存储容量在 80GB 以上，在采样速率为 5kHz 时 16 通道同时采集可连续记录数十小时的数据。系统提供有数据采集、记录、分析、输出及打印的专用软件 DEWEsoft，同时也能运行所有的 Windows 软件（Excel，LabVIEW 等）。

(2) 用计算机内插 A/D 卡进行数据采集与记录

计算机内插 A/D 卡进行数据采集与记录是一种经济易行的方式，它充分利用通用计算机的硬件资源（总线、机箱、电源、存储器及系统软件），借助于插入微机或工控机内的 A/D卡与数据采集软件相结合，完成记录任务。这种方式下，信号的采集速度与 A/D 卡转换速率和计算机与外存的速度有关，信号记录长度与计算机外存储器容量有关。

（3）仪器前端直接实现数据采集与记录

近年来一些新型仪器（如美国DP公司的多通道分析仪），这些仪器的前端含有DSP模块，可用以实现采集控制，可将通过采样和A/D转换的信号直接送入前端仪器中的海量存储器（如100G硬盘），实现存储。这些存取的信号可通过某些接口母线由计算机调出实现后续的信号处理和显示。

7.3　测试信号的分析

通过测试系统所得到的信号含有有用信息，同时也由于测试系统外部和内部各种因素的影响，夹杂着许多不需要的成分。这就需要对所测得的信号作进一步的加工变换和运算等一系列处理，以达到下列要求。

① 剔除混杂在信号中的噪声和干扰，消除测试过程中信号所受到的“污染”，即实现信号和噪声分离。

② 削弱信号中的多余内容，将有用的部分强化，以利于从信号中提取有用的特征信息。

③ 修正波形的畸变，以得到可靠的结果。动态测试在绝大多数情况下得不到真实的波形，所以直接用未经分析处理和修正的波形去求测量结果，往往会产生很大误差，甚至会得出错误结论。

信号可在时域和频域中描述，相应的信号分析也可以归纳为时域分析和频域分析。信号的时域分析手段常指波形分析，即用示波器、万用表等普通仪器直接显示信号波形，读取特征参数。

7.3.1　信号的时域分析

7.3.1.1　周期信号幅值分析

周期信号 $x(t)$ 周期为 T，常用均值、绝对均值、峰值、有效值表示信号的幅域强度。

（1）均值 μ_x

$$\mu_x = \frac{1}{T}\int_0^T x(t)\mathrm{d}t \tag{7-1}$$

对离散信号，均值为

$$\mu_x = \sum_{n=1}^{N} x(n)/N \tag{7-2}$$

式中，N 为采样点总数。

平均值表示了信号中的常值分量，对于正负形状相同的信号，$\mu_x=0$。当信号经过电容隔直流后，均值也为零。

（2）绝对均值 $\overline{\mu_x}$

$$\overline{\mu_x} = \frac{1}{T}\int_0^T |x(t)|\mathrm{d}t \tag{7-3}$$

对离散数据

$$\overline{\mu_x} = \sum_{n=1}^{N} |x(n)|/N \tag{7-4}$$

（3）峰值 x_{F}

$$x_F = E\ |x(t)|_{\max} \tag{7-5}$$

对离散数据

$$x_F = E\ |x(n)|_{\max} \tag{7-6}$$

(4) 均方值 ψ_x^2 及有效值 $x_{rms}=\psi_x$

均方值

$$\psi_x^2 = \frac{1}{T}\int_0^T x^2(t)\mathrm{d}t \tag{7-7}$$

对离散信号

$$\psi_x^2 = \sum_{n=1}^{N} x^2(n)/N \tag{7-8}$$

绝对均值$\overline{\mu_x}$，峰值 x_F 及有效值 x_{rms}的比值是无量纲因子。

峰值因子 C 定义为

$$C = x_F / x_{rms} \tag{7-9}$$

脉冲因子 I 定义为

$$I = x_F / \overline{\mu_x} \tag{7-10}$$

波形因子 F 定义为

$$F = x_{rms} / \overline{\mu_x} = I/C \tag{7-11}$$

7.3.1.2 随机信号的统计分析

研究随机信号，需要在相同的条件下取得多个记录并分析其统计规律性。

(1) 概率密度函数 $p(x)$

概率密度函数表示信号幅值落在指定区间内的概率。概率密度函数定义见本书 2.4.2 中所述。

(2) 联合概率密度函数 $p(x, y)$

两维随机变量 $x(t)$、$y(t)$ 的联合概率密度函数，表示在同一时刻，$x(t)$ 落在 $(x, x+\Delta x)$ 及 $y(t)$ 落在 $(y, y+\Delta y)$ 的概率，即

$$P_r[x<x(t)\leqslant x+\Delta x;\ y<y(t)\leqslant y+\Delta y] = \lim_{T\to\infty}\sum \Delta t_i / T \tag{7-12}$$

因此，联合概率密度函数

$$p(x,y) = \lim_{\Delta x,\Delta y\to 0}\frac{1}{\Delta x\Delta y}\left[\lim_{T\to\infty}\sum \Delta t_i/T\right] \tag{7-13}$$

若 $x(t)$ 与 $y(t)$ 相互独立，那么 $p(x, y)=p(x)p(y)$。

7.3.1.3 一维随机信号的数字特征（在某 t 时）

(1) 均值 μ_x

$$\mu_x = \int_{-\infty}^{\infty} x p(x)\mathrm{d}x \tag{7-14}$$

对于各态遍历信号，取样时间为 T，则

$$\mu_x = \lim_{T\to\infty}\frac{1}{T}\int_0^T x(t)\mathrm{d}t \tag{7-15}$$

均值表示信号的常值分量。

(2) 均方值 ψ_x^2

$$\psi_x^2=\int_{-\infty}^{\infty}x^2(t)p(x)\mathrm{d}x \tag{7-16}$$

对于各态遍历信号

$$\psi_x^2=\lim_{T\to\infty}\frac{1}{T}\int_0^T x^2(t)\mathrm{d}t \tag{7-17}$$

均方值表示了信号的平均功率。ψ_x 为均方值的正根，称为有效值。

(3) 方差 σ_x^2

$$\sigma_x^2=\int_{-\infty}^{\infty}[x(t)-\mu_x]^2 p(x)\mathrm{d}x \tag{7-18}$$

对于各态遍历信号

$$\sigma_x^2=\lim_{T\to\infty}\frac{1}{T}\int_0^T[x(t)-\mu_x]^2\mathrm{d}t \tag{7-19}$$

方差描述了信号波动分量对 μ_x 的离散程度。σ_x 为 σ_x^2 的正平方根，称为标准差。实际测量时，信号的取样时间 T 是有限的，按上述各式计算的 μ_x、ψ_x、σ_x 均是估计值。

(4) ψ_x、σ_x、μ_x 的关系

对于随机信号

$$\sigma_x^2=\psi_x^2-\mu_x^2 \tag{7-20}$$

7.3.1.4 相关函数

(1) 相关和相关系数 ρ_{xy}

在测试结果的分析中，相关是一个非常重要的概念。所谓“相关”是指变量之间线性关系的密切程度。对于确定信号来说，两个变量之间的关系可用函数来描述，两者一一对应，并为确定的数值关系，称为精确相关。对于随机信号来说，两个随机变量虽不具有这种确定的关系，但是如果这两个变量之间具有某种内在的物理联系，通过大量统计分析就能发现它们之间还是存在着某种虽不精确，但确有相应的、表征其特性的近似关系。

图 7-1 表示由两个随机变量 x 和 y 组成的数据点的分布情况。图 7-1(b) 中各点分布很分散，可以说变量 x 和 y 之间是无关的。图 7-1(a) 中变量 x 和 y 虽无确定关系，但从总体上看，有明显的线性关系，因此说它们之间有一定的相关关系。

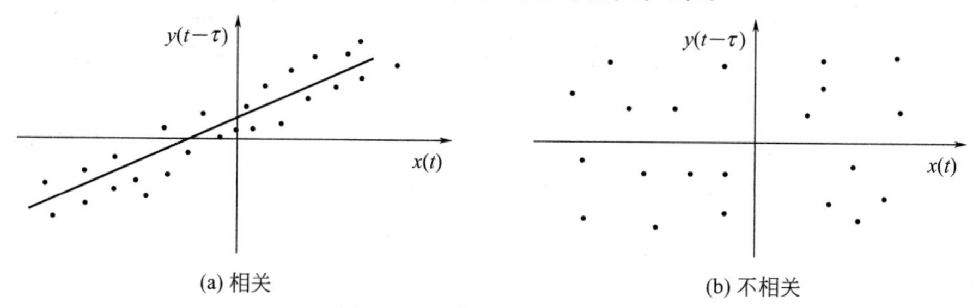

图 7-1 x、y 变量的相关性

相关系数 ρ_{xy} 可以用来表征 x 和 y 两变量间线性相关的密切程度。设有一组数据 (x_i, y_i) $(i=1, 2, 3, \cdots, n)$，则由下式确定：

$$\rho_{xy}=\frac{\sum_{i=1}^{n}(x_i-\bar{x})(y_i-\bar{y})}{\sqrt{\sum_{i=1}^{n}(x_i-\bar{x})^2}\sqrt{\sum_{i=1}^{n}(y_i-\bar{y})^2}} \tag{7-21}$$

式中 $\bar{x}=\frac{1}{n}\sum_{i=1}^{n}x_i \quad \bar{y}=\frac{1}{n}\sum_{i=1}^{n}y_i$

若 $\rho_{xy}=\pm 1$，说明 x_i、y_i 之间严格相关。

若 $\rho_{xy}=0$，说明 x_i、y_i 不相关或无线性。

若 ρ_{xy} 在 0～1 之间，则越接近 1，线性相关越强；越接近 0，线性相关越弱。

在动态测试中所测的是客观事物变化过程的信号，所以动态测试中的相关性是指信号波形相互关联程度的一种函数，用相关系数函数来表征，简称相关函数。相关函数描述了两个信号之间的关系，也可以描述同一信号的现在值与过去值的关系。由相关函数还可以根据一个信号的过去值、现在值来估计未来值。

（2）自相关函数

样本函数 $x(t)$ 与时移样本函数 $x(t+\tau)$ 的相关程度常用自相关函数来描述，如式(7-22)所示。

$$R_{xx}(\tau)=\int_{-\infty}^{\infty}x(t)x(t+\tau)\mathrm{d}t \tag{7-22}$$

由上式可以看出，样本函数的自相关函数为偶函数，当 $\tau=0$ 时，自相关函数获得最大能量，即 $R_{xx}(0)=\int_{-\infty}^{\infty}x(t)x(t)\mathrm{d}t=E$。

根据对信号相关的定义，对于各态历经随机信号及功率信号 $x(t)$，为了使得自相关函数表达式不发散，因此对自相关函数 $R_{xx}(\tau)$ 重新定义为

$$R_{xx}(\tau)=\lim_{T\to\infty}\frac{1}{T}\int_{0}^{T}x(t)x(t+\tau)\mathrm{d}t \tag{7-23}$$

同理，对于周期信号 $x(t)$，其自相关函数 $R_{xx}(\tau)$ 可定义为

$$R_{xx}(\tau)=\frac{1}{T}\int_{0}^{T}x(t)x(t+\tau)\mathrm{d}t \tag{7-24}$$

可见，样本函数 $x(t)$ 的自相关函数 $R_{xx}(\tau)$ 是指相隔一定时间间隔的两个值 $x(t)$ 和 $x(t+\tau)$ 的乘积的平均值。给定一个 τ，便可求得一个 $R_{xx}(\tau)$，对应不同的 τ 值，可得到 $R_{xx}(\tau)$ 随 τ 变化的曲线，其自变量是 τ，τ 是时间坐标的移动值，可取正也可取负。当 τ 等于 0 或取 T 的整数倍时，$x(t)$ 与 $x(t+\tau)$ 相等，$R_{xx}(\tau)$ 取得最大值，此时，$x(t)$ 为平均功率，这种方法常用于石油管道检测、博物馆防盗检测中。

（3）互相关函数

实际中，两个信号可能产生时延 τ，这时就需要研究两个信号在时延中的相关性。因此，对于不同类型的信号对应的互相关函数定义为以下三种形式：

$$\begin{cases}R_{xy}(\tau)=\int_{-\infty}^{\infty}x(t)y(t+\tau)\mathrm{d}t\\ R_{xy}(\tau)=\lim\limits_{T\to\infty}\frac{1}{T}\int_{0}^{T}x(t)y(t+\tau)\mathrm{d}t\\ R_{xy}(\tau)=\frac{1}{T}\int_{0}^{T}x(t)y(t+\tau)\mathrm{d}t\end{cases} \tag{7-25}$$

如果 $x(t)$ 与 $y(t)$ 为功率信号，则上述定义失去意义，通常把功率信号的相关函数定义为

$$R_{xx}(\tau)=\lim_{T\to\infty}\frac{1}{T}\int_{-T/2}^{T/2}x(t)x(t-\tau)\mathrm{d}t \tag{7-26}$$

$$R_{xy}(\tau)=\lim_{T\to\infty}\frac{1}{T}\int_{-T/2}^{T/2}x(t)y(t-\tau)\mathrm{d}t \tag{7-27}$$

$$R_{yx}(\tau)=\lim_{T\to\infty}\frac{1}{T}\int_{-T/2}^{T/2}y(t)x(t-\tau)\mathrm{d}t \tag{7-28}$$

能量信号和功率信号相关函数的量纲不同，前者为能量，后者为功率。

(4) 相关函数的性质及典型信号的自相关函数

相关函数具有以下的性质。

① 自相关函数是 τ 的偶函数。互相关函数既不是 τ 的偶函数，也不是 τ 的奇函数，它满足下式：

$$R_{xy}(\tau)\neq R_{yx}(\tau) \tag{7-29}$$

② 当 $\tau=0$ 时，自相关函数具有最大值。

③ 周期信号的自相关函数仍然是同频率的周期信号，但不具有原信号的相位信息。

④ 两个周期信号的互相关函数仍然是同频率的周期信号，且保留了原信号的相位信息。

⑤ 两个非同频率的周期信号互不相关。

相关函数的这些性质在工程应用中具有重要价值。例如，利用性质③，可以对由轮廓仪测量的零件表面粗糙度信号作自相关分析，根据其周期性判别影响表面粗糙度的因素；利用性质④，可进行雷达测距及机械系统的振源分析；利用性质⑤，可进行信号的同频检测，即在噪声背景下提取有用的信息。

图 7-2 是测钢带运动速度的示意图。它是用两个间隔一定距离 d 的传感器作不接触测量。钢带表面的反射光经透镜聚焦在相距为 d 的光电池上。反射光强度的波动通过光电池被转换为电信号，再进行相关处理。当可调延时 τ 等于钢带上某点在两个测点之间经过的时间 τ_d 时，互相关函数为最大值，钢带的运动速度为 $v=d/\tau_d$。

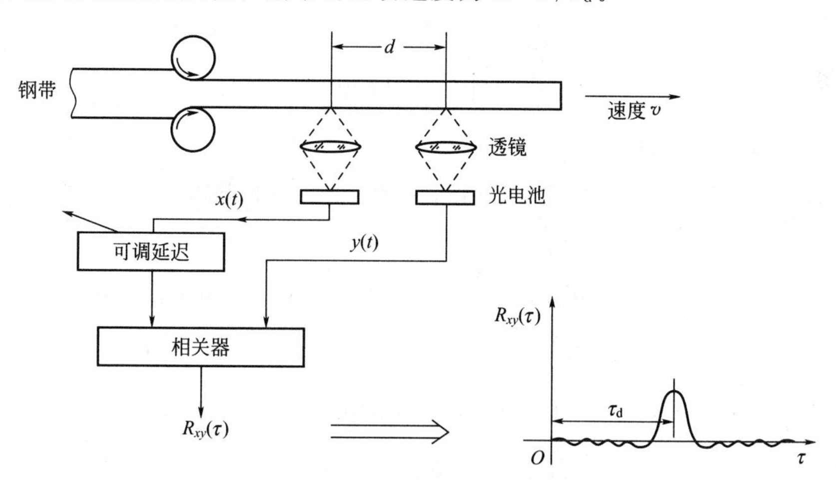

图 7-2 测钢带运动速度的示意图

图 7-3 是测定深埋在地下的输油管裂损位置示意图。漏损处 K 视为向两侧传播声响的声源，在两侧管道上分别放置传感器 1 和 2，因为两个传感器距漏损处不等远，则漏油的音响传至两传感器就有时差，在互相关图上 $\tau=\tau_m$ 处 $R_{x_1x_2}(\tau)$ 有最大值，这个 τ_m 就是时差，由 τ_m 就可确定漏损处的位置。

相关是指变量之间存在一定的关系，可通过协方差、相关系数、自相关和互相关函数来描述，其中相关系数、自相关和互相关函数见前文。协方差定义如下：

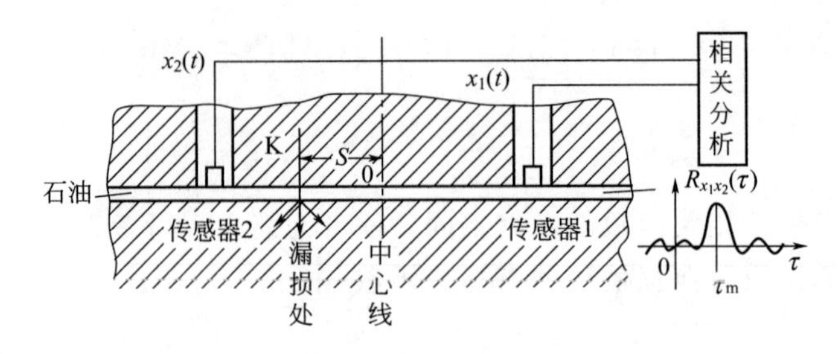

图 7-3 确定输油管裂损位置示意图

$$C_{xx}(\tau)=\lim_{T\to\infty}\frac{1}{T}\int_0^T[x(t)-\mu_x][x(t+\tau)-\mu_x]\mathrm{d}t \tag{7-30}$$

它与自相关函数的关系如式(7-31) 所示。

$$C_{xx}(\tau)=R_{xx}(\tau)-\mu_x^2 \tag{7-31}$$

7.3.2 信号频域分析

时域中的相关分析为在噪声背景下提取有用信息提供了途径。功率谱分析则从频域提供相关技术所能提供的信息，它是研究平稳随机过程的重要方法。信号分析中，很重要的一个方面是分析信号的频率结构组成。

随机信号是时域无限信号，其积分不能收敛，因此不能直接进行傅里叶变换。而且，随机信号的频率、幅值和相位都是随机的，所以从理论上讲，一般不作幅值谱和相位谱分析，而是用具有统计特性的功率谱密度作频域分析。

均值为零的随机信号的相关函数在 $\tau\to\infty$时是收敛的，所以其傅里叶变换是存在的。定义自相关函数的傅里叶变换为该信号的自功率谱密度函数，简称自谱或功率谱，记作

$$S_x(f)=\int_{-\infty}^{\infty}R_x(\tau)\mathrm{e}^{-\mathrm{j}2\pi f\tau}\mathrm{d}\tau \tag{7-32}$$

7.3.2.1 Parseval 定理

对于两信号 $x(t)$和 $y(t)$，要先取一段时间 T 的信号作乘积并取平均值，然后令 $T\to\infty$，可以得到

$$\frac{1}{T}\int_{-T/2}^{T/2}x(t)y(t)\mathrm{d}(t)=\frac{1}{T}\int_{-\infty}^{\infty}y(t)\left[\frac{1}{2\pi}\int_{-\infty}^{\infty}X(\omega)\,\mathrm{e}^{\mathrm{j}\omega t}\mathrm{d}\omega\right]\mathrm{d}t$$

即

$$\int_{-\infty}^{\infty}x(t)y(t)\mathrm{d}t=\frac{1}{2\pi}\int_{-\infty}^{\infty}X(\omega)Y^*(\omega)\mathrm{d}\omega=\frac{1}{2\pi}\int_{-\infty}^{\infty}Y(\omega)X^*(\omega)\mathrm{d}\omega$$

或写成

$$|H(f)|^2=S_{yy}(f)/S_{xx}(f) \tag{7-33}$$

若 $x(t)=y(t)$，那么

$$\int_{-\infty}^{\infty}x^2(t)\mathrm{d}t=\int_{-\infty}^{\infty}X(f)X^*(f)\mathrm{d}f=\int_{-\infty}^{\infty}|X(f)|^2\mathrm{d}f \tag{7-34}$$

式中，$Y^*(\omega)$为 $Y(\omega)$的共轭，$X^*(f)$ 为 $X(f)$ 的共轭。

Parseval 定理告诉人们：在时域中有限长信号的总能量，等于在频域中信号的总能量。

7.3.2.2 自功率谱密度函数

$|X^*(f)|^2$ 是沿频率的能量分布密度，称为能谱，其在整个时间轴上的平均功率为

$$P_{\mathrm{av}}=\lim_{T\to\infty}\frac{1}{T}\int_0^T x^2(t)\mathrm{d}t=\int_{-\infty}^{\infty}\frac{1}{T}|X(f)|^2\mathrm{d}f \tag{7-35}$$

因此，定义自功率谱密度函数 $S_x(f)$ 为

$$S_x(f)=\lim_{T\to\infty}\frac{1}{T}|X(f)|^2 \tag{7-36}$$

$S_{xx}(f)$ 为双边功率谱，根据能量等效原则，定义单边自功率谱密度函数为

$$G_{xx}(f)=\frac{2}{T}|X(f)|^2 \quad (f\geqslant 0) \tag{7-37}$$

一般 T 是有限的，因此，式(7-36)、式(7-37) 是自功率谱的估算值。自功率谱密度函数简称为自谱或自功率谱。

另一种定义方法是以自相关函数定义自功率谱密度（维纳-辛钦定理），于是

$$R_x(\tau)=\int_{-\infty}^{\infty}S_x(f)\mathrm{e}^{\mathrm{j}2\pi f\tau}\mathrm{d}f \tag{7-38}$$

$S_x(f)$和$R_x(\tau)$是傅里叶变换对，两者是唯一对应的，$S_x(f)$ 中包含着 $R_x(\tau)$ 的全部信息，$R_x(\tau)$ 和 $S_x(f)$ 都为实偶函数。因为 $S_x(f)$ 分布在所有频率上，所以称为双边谱。实际中，用定义在非负频率上的谱 $G_x(f)=2S_x(f)$ 更为方便，$G_x(f)$ 称为单边谱。单边功率谱密度函数与双边功率谱密度函数的关系如图 7-4 所示。

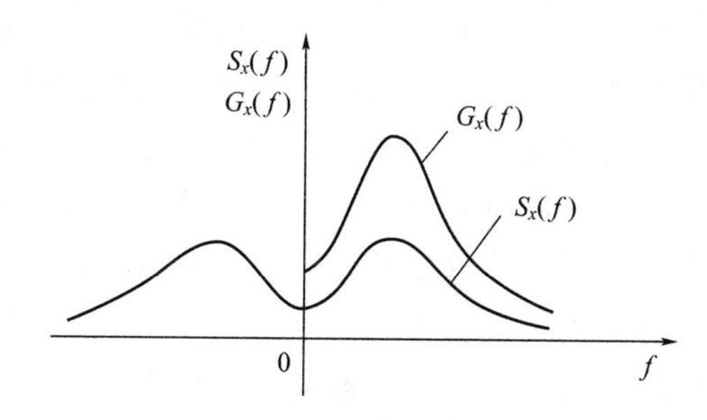

图 7-4 单边功率谱与双边功率谱

见前一章节中所述的互相关系数，自功率谱密度 $R_x(\tau)$ 可以通过自相关函数 $R_{xx}(\tau)$ 作傅里叶变换得到，因此，自功率谱密度可以通过 $R_x(\tau)=\int_{-\infty}^{\infty}R_{xx}(\tau)\mathrm{e}^{-\mathrm{j}2\pi f\tau}\mathrm{d}\tau$ 求得，根据式(7-26) 可得 $R_x(\tau)=\frac{1}{T}X^*(f)X(f)$。

由此可见，自功率谱密度函数反映信号的频率结构，其大小为幅值 $X(f)$ 的平方，因此自功率谱密度函数频率结构更为明显。由于自相关函数 $R_x(\tau)$ 不包含信号的相位信息，因此自功率谱 $R_x(\tau)$ 也不包含相位信息。

假设一个线性系统频率特性为 $H(f)$，可知 $H(f)=Y(f)/X(f)$，将其代入 $R_x(\tau)=\frac{1}{T}X^*(f)X(f)$中，可以得到

$$|H(f)|^2=S_{yy}(f)/S_{xx}(f) \tag{7-39}$$

通过上式和测得 $S_{yy}(f)$、$S_{xx}(f)$，可以得到系统的幅频特性，但是得不到相频特性。

另外，自相关函数可以检出信号中的周期成分。周期信号的谱线是脉冲函数，因此含有周期成分的相关函数无法进行傅氏变换。在实际处理时，需要乘以窗函数，即所谓的截断。例如矩形窗（或海明窗、汉宁窗等）。相乘后的周期函数不再是连续不断的，它在自功率谱图形中以较陡峰值形态出现。

7.3.2.3 互相关谱密度函数

由自功率谱密度函数的性质，可求得两函数积在频域内的分布函数。因此，定义互功率谱密度函数为

$$S_{xy}(f)=\lim_{T\to\infty}\frac{1}{T}X^*(f)Y(f) \tag{7-40}$$

及

$$S_{yx}(f)=\lim_{T\to\infty}\frac{1}{T}Y^*(f)X(f) \tag{7-41}$$

此外，还可以利用互相关函数来定义互功率谱密度函数，同样可通过互相关函数的傅里叶变换来求取互功率谱密度函数（简称互谱）：

$$S_{xy}(f)=\int_{-\infty}^{\infty}R_{xy}(\tau)\mathrm{e}^{-\mathrm{j}2\pi f\tau}\mathrm{d}\tau \tag{7-42}$$

于是

$$R_{xy}(\tau)=\int_{-\infty}^{\infty}S_{xy}(f)\mathrm{e}^{\mathrm{j}2\pi f\tau}\mathrm{d}f \tag{7-43}$$

$$G_{xy}(f)=2S_{xy}(f) \tag{7-44}$$

功率谱分析在工程应用上具有重要意义。例如，在研究机械运动的物理机理时，关于在何频率下机械结构或设备损伤最严重，如何减小这些情况下功率消耗，以及对机构的设计和设备的故障诊断等均具有指导意义。另外，利用功率谱的数学特点，可以较精确地求出系统的频响函数。实际系统由于不可避免地混入干扰噪声，从而引起测量误差，为了消除由于这些因素带来的误差，可以先在时域作相关分析，再在频域作运算。理论上信号中的随机噪声在时域作相关分析时如 τ 取得足够长，可使其相关函数值为零，而随机噪声与有用信号相互没有任何关系，二者之间互相关函数也为零。所以，经过相关处理可剔除噪声成分，仅留下有用信号的相关函数，从而得到有用信号的功率谱，由功率谱即可求得频响函数。这样求得的频响函数是较精确的。至于功率谱和频响函数之间的关系，可由数学上导出。现给出结果如下：

$$|H(f)|=\frac{S_y(f)}{S_x(f)} \tag{7-45}$$

$$H(f)=\frac{S_{xy}(f)}{S_x(f)} \tag{7-46}$$

式中 $H(f)$ ——系统的频响函数；

$S_x(f)$ ——输入信号 $x(t)$ 的自谱；

$S_y(f)$ ——输出信号 $y(t)$ 的自谱；

$S_{xy}(f)$ ——输入信号 $x(t)$ 和输出信号 $y(t)$ 的互谱。

由式(7-45) 和式(7-46) 可见，通过输出与输入信号的自谱之比可以得到系统频响函数中的幅频特性，得不到相频特性。而通过输入和输出信号的互谱与输入信号的自谱之比，系统频响函数的幅频、相频特性都可以得到。类似地，可得

$$H(f)=S_{xy}/S_{xx}(f)\text{或}H(f)=S_{yy}(f)/S_{yx}(f) \tag{7-47}$$

利用输出与输入信号的互功率谱密度函数与输入信号的自功率谱密度函数比来求频率特性 $H(f)$ 时，尽管测量过程中可能混入噪声（不需要的信号），但是采用 $S_{xy}(f)$，排除了

与输入信号不同频率的干扰。不过应该注意，输入信号（大多为激振信号）本身不应混入不需要成分，否则不能排除影响。

7.3.2.4　相干函数 γ_{xy}^2

$$\gamma_{xy}^2=\frac{|S_{xy}(f)|^2}{S_{xx}(f)S_{yy}(f)} \tag{7-48}$$

7.3.2.5　能量谱

对于非周期信号，特别是瞬态信号，由于持续时间 T 有限，因此，应采用能量谱分析。能量谱为

$$E_{xx}(f)=X^*(f)X(f) \tag{7-49}$$

或

$$E_{xy}(f)=X^*(f)Y(f) \tag{7-50}$$

相关分析在工程应用中具有重要价值。例如，利用自相关函数，可以对由轮廓仪测量的零件表面粗糙度信号作自相关分析，根据其周期性判别影响表面粗糙度的因素；利用性质互相关函数，可进行雷达测距及机械系统的振源分析；利用两个非同频率的周期信号互不相关的性质，可进行信号的同频检测，即在噪声背景下提取有用的信息。

［**例 7-1**］桥梁固有频率测量可用来判断桥梁结构安全状况，对重要桥梁通常每年进行一次测量。当桥梁固有频率发生变化时，说明桥梁结构有变化，具有安全隐患。桥梁固有频率测量可采用在桥梁中部的桥身上粘贴应变片，形成半桥或全桥的测量电路。图 7-5 为桥梁固有频率测量示意图。

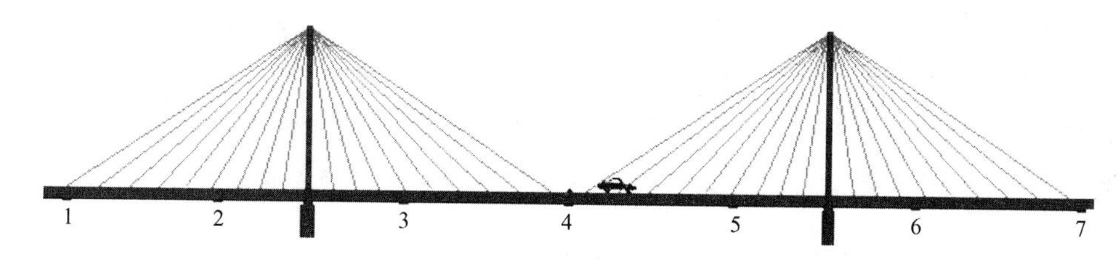

图 7-5　桥梁固有频率测量示意图

桥梁固有频率测量可采用在桥梁中部的桥身上粘贴应变片，形成半桥（双臂电桥）或全桥（四臂电桥）的测量电路。然后用载重 20t、30t 的卡车以每小时 40km、80km 的速度通过大桥。在桥梁中部的桥面上设置一个三角枕木障碍，当前进中的汽车遇到障碍时对桥梁形成一个冲击力，激起桥梁的脉冲响应振动，从而得到被测信号（或者用一个重物连接绳索系在桥中间，然后突然剪短绳索）。用应变片测量振动引起的桥身应变，从应变信号中就可以分析出桥梁的固有频率，根据分析可知测试信号可以是阶跃信号，也可以是脉冲信号。若为双臂半桥电路，则有相邻桥臂应变片初值相同，如图 7-6 所示，贴片示意图如图 7-7 所示。

根据图 7-6 可得，双臂电桥输出电压为

$$U_{BD}=\frac{1}{2}\times\frac{\Delta R}{R}U_i=\frac{1}{2}(1+2\mu)\varepsilon U_i \tag{7-51}$$

由图 7-8 可知，放大器的输出电压 $U_o=\frac{R_f}{R_1}(U_{i1}-U_{i2})=\frac{R_f}{R_1}U_{BD}$，可以对电桥式应变片测量电路输出的毫伏级微弱信号进行放大，计算输出信号的自相关函数，当其取得最大值时，对应的频率为其固有频率。

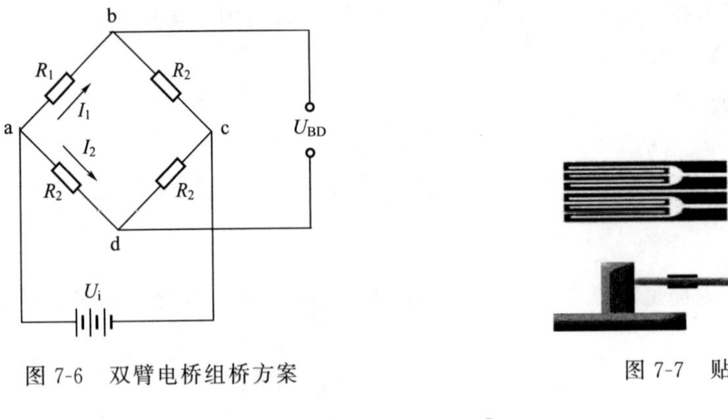

图 7-6 双臂电桥组桥方案

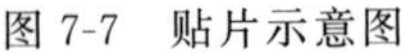

图 7-7 贴片示意图

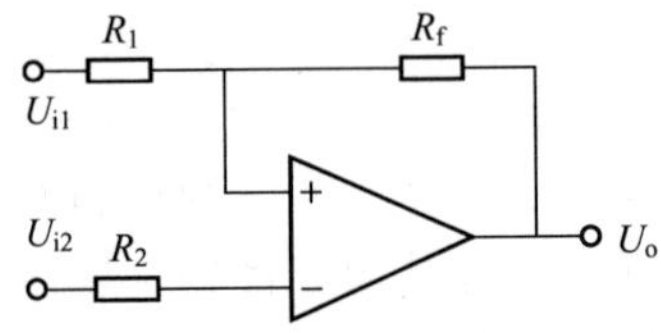

图 7-8 差动放大器电路示意图

复习思考题

1. 举例说明示波器的类型有哪些？如何选用？

2. 常用的测试信号记录设备有哪些？说出三种。

3. 自相关函数和互相关函数在工程上有何应用？举例说明。

4. 已知随机信号输入信号为 $x(t)$ 的自功率谱密度函数为 $S_x(f)$，将其输入传递函数为 $H(s)=\dfrac{1}{1+\tau s}$ 的系统中，试求该系统的输出信号 $y(t)$ 的自功率谱密度函数 $S_y(f)$，以及输入、输出函数的互功率谱密度函数 $S_{xy}(f)$。

5. 相关系数与相关函数的区别是什么？相关分析有什么用途？举例说明。

6. 自相关函数和互相关函数在工程上有何应用？举例说明。

7. 简述自相关函数、互相关函数、自谱密度函数、互谱密度函数的数学表达式，说明其物理意义和在工程中的用途。

8. 某地下石油管道发生意外裂损，其可能的裂损位置 K 如图 7-9 所示。工程技术人员在管道上分别安置了传感器 1 和传感器 2，试图精确测出裂损位置。试根据有关信号分析技术说明其测试原理，并求出漏损处距中心线距离 S。

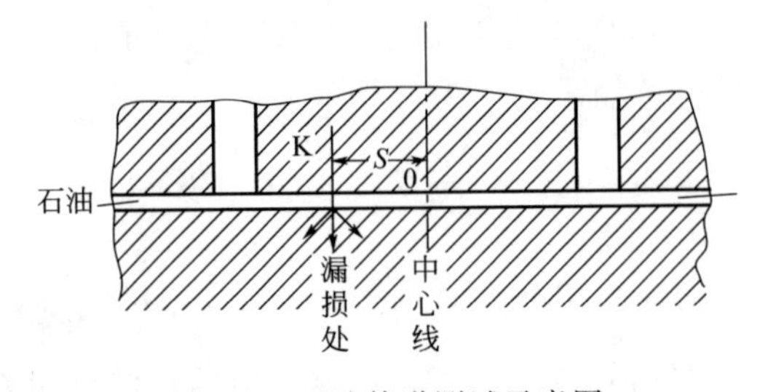

图 7-9 石油管道测试示意图

练 习 题

一、判断题

1. 描述周期信号的数学工具是傅氏变换。（ ）

2. $f(t)=\sin\omega_0 t+\sin\sqrt{2}\omega_0 t$ 是非周期信号。（ ）

3. 用常系数微分方程描述的系统称为相似系统。（ ）

4. 数字信号的特征是时间上离散，幅值上连续。（ ）

5. 传递函数相同的各种装置，其动态特性均相同。（ ）

6. 非周期信号不能用确定函数关系描述。（ ）

7. 测量装置的灵敏度越高，其测量范围就越大。（ ）

8. 如果信号分析设备的通频带比磁带记录下的信号频带窄，将磁带记录仪的重放速度变快，则也可以满足分析要求。（ ）

9. 瞬变信号 $x(t)$，其频谱为 $X(f)$，则 $|X(f)|^2$ 表示信号沿频率轴的能量分布密度。（ ）

10. 线性系统的叠加原理表明加于线性系统的各个输入量所产生的响应过程互不影响（ ）

11. 测试装置能检测输入信号的最小变化能力灵敏度。（ ）

12. 当输入信号 $x(t)$ 一定时，系统的输出 $y(t)$ 将完全取决于传递函数 $H(s)$，而与该系统的物理模型无关。（ ）

13. 幅频特性是指响应与激励信号的振幅比与频率的关系。（ ）

14. 一线性系统不满足“不失真测试”条件，若用它传输一个 1000Hz 的正弦信号，则必然导致输出波形失真。（ ）

15. 若 $F[x(t)]=X(f)$，k 为大于零的常数，则相应的频域信号为 $X\left(\frac{f}{k}\right)$。（ ）

16. 随机信号的频谱都是单边谱。（ ）

17. $x(t)$ 与 δ 函数卷积，则其结果就是简单地在发生脉冲的坐标位置上重新构图。（ ）

18. 一个理想的测试装置，其输入和输出之间应具有很好的线性关系。（ ）

19. 用一阶系统作测试系统，为了获得较佳的工作性能，其时间常数 τ 应尽量大。（ ）

20. 用二阶系统作测量装置时，为获得较宽的工作频率范围，系统的阻尼比应接近于 0.707。（ ）

21. 二级系统中，当相频特性中 $\varphi(\omega)=-90^\circ$ 所对应的频率 ω 作为系统固有频率 ω_n 的

估计时，该值与系统阻尼比的大小略有关系。（　　）

22. 用二阶系统作测量装置时，影响幅值测量误差大小的参数有灵敏度。（　　）

23. 系统的传递函数 $H(s)=Y(s)/X(s)$，$Y(s)$、$X(s)$ 分别为响应与激励的拉氏变换，表明 $H(s)$ 将随 $X(s)$ 的减小而增大。（　　）

24. 频率不变性原理是指：线性测试系统的输出信号的频率总等于输出信号的频率。（　　）

25. 阻尼比为 0.5 的二阶系统的相频特性曲线在较宽范围内近似于直线。（　　）

26. 从测试不失真的角度讲，二阶测试系统均应是阻尼系统。（　　）

27. 负载效应指测量环节与被测量环节相连时对测量结果的影响。（　　）

28. 幅频特性是指影响与激励信号的振幅比与频率的关系。（　　）

29. 利用函数的卷积可在频域上说明信号输入、输出和测量装置特性三者之间的关系。（　　）

30. 测量装置的相频特性表示了信号各频率分量的初相位和频率间的函数关系。（　　）

31. 测量装置能进行不失真测试的条件是：其幅频特性为常数，相频特性为零。（　　）

32. 在常系数线性系统中，当初始条件为零时，系统的输出量与输入量之比的拉氏变换称为传递系数。（　　）

33. 一线性系统不满足“不失真测试”的条件，若用它传输一个频率为 1000Hz 的正弦信号，则必然导致输出波形失真。（　　）

34. 各系统串联时，总系统函数等于各组成系统传递函数之积。（　　）

35. 灵敏度是指输出量和输入量的比值，又称放大倍数。（　　）

36. 传递函数表征了系统的传递特性，并反映了物理结构。因此，凡传递函数相同的系统，其物理结构必然相同。（　　）

37. 在同样的测试的条件下，输入信号由小增大，然后由大减小时，对同一输入量所得到的不同输出量之差称为回程误差。（　　）

38. 涡流式传感器属于能量控制型传感器。（　　）

39. 电涡流式传感器是利用金属材料的电涡流效应工作的。（　　）

40. 压电加速度计的灵敏度越高，其工作频率越宽。（　　）

41. 测量装置的灵敏度越高，其测量范围就越大。（　　）

42. 滑线变阻器式传感器不适于微小位移量测量。（　　）

43. 传感器的灵敏度越高，意味着传感器所能感知的被测量越小。（　　）

44. 传感器的响应特性必须在所测频率范围内努力保持不失真测试条件。（　　）

45. 传感器的静态特性中，输出量的变化量与引起此变化的输入量的变化量之比称为线性度。（　　）

46. 金属应变片与半导体应变片在工作原理上都是利用金属形变引起电阻的变化。（　　）

47. 半导体应变片的灵敏度随半导体尺寸的不同而不同。（　　）

48. 测量小应变时，应选用灵敏度高的金属丝应变片；测量大应变时，应选用灵敏度低的半导体应变片。（　　）

49. 为使电缆的长短不影响压电式传感器的灵敏度，应选用电压放大器做后续处理比较合适。（　　）

50. 能够感受湿度的电容式传感器属于变极距的电容传感器。(　　)

51. 压电传感器的前置放大器的主要作用是对传感器输出信号进行调节。(　　)

52. 压电式传感器是利用某些物质的压阻效应而工作的。(　　)

53. 差动式电容传感器的灵敏度比单极式提高一倍，而且非线性也大为减小。(　　)

54. 涡流式传感器可以作为位移、振动测量，还可作为测厚。(　　)

55. 霍尔元件所产生的霍尔电势取决于元件所在磁场的磁感应强度。(　　)

56. 在压电式传感器中，为了提高灵敏度，往往采用多片压电芯片构成一个压电组件。(　　)

57. 电荷放大器使压电加速度计输出的电荷量得到放大，由此而得电荷放大器的名称。(　　)

58. 在变压器式传感器中，源方与副方互感 M 的大小与绕组匝数成正比，与穿过线圈的磁通成正比，与磁回路中磁阻成正比。(　　)

59. 半导体式传感器是磁敏、霍尔元件、气敏传感器、压敏传感器及色敏传感器等。(　　)

60. 块状金属导体置于变化的磁场中或在磁场中作切割磁力线运动时，导体内部会产生一圈圈闭合的电流，利用该原理制作的传感器称为磁电式传感器。(　　)

61. 用光电二极管二维阵列组成面型传感器测量物体的形状所得的图像的分辨率最高只能是一个像素。如果所测得图像长为 1，对应 N 个像素，分辨率为 $1/N$。假设 N 为 200，则分辨率最高只能是 1/200。(　　)

62. A/D 转换就是把模拟信号转换成连续的数字信号。(　　)

63. 只要采样频率足够高，在频域中就不会引起泄漏。(　　)

64. 如果采样频率不能满足采样定理，就会引起频谱混叠。(　　)

65. 只要信号一经截断，就不可避免地引起混叠。(　　)

66. 对一个具有有限频谱（$0\sim f_c$）的连续信号采样，若满足 $2f_cT_s\geqslant 1$，采样后得到的输出信号就能恢复为原来的信号（T_s为采样时间间隔）。(　　)

67. 选择好的窗函数对信号进行截取，可以达到能量不泄漏的目的。(　　)

68. 正弦信号的自相关函数，使原有的相位信息保持不变。(　　)

69. 若信号的自相关函数为脉冲函数，则其功率谱密度函数比为常数。(　　)

70. 相关系数是表征两个变量间线性的密切程度，其值越大则相关越密切。(　　)

71. 互相关函数的最大值一定在 $\tau=0$ 处。(　　)

72. 互相关函数是可正可负的实函数。(　　)

73. 互相函数是两个信号在频域上的关系。(　　)

74. 互相关函数是在频域中描述两个信号相似程度的函数。(　　)

75. 自相关函数是实偶函数，互相关函数也是实偶函数。(　　)

76. 相关函数和相关系数一样，都可以用它们数值的大小来衡量两函数的相关程度。(　　)

77. 设信号 $x(t)$ 的自功率谱密度函数为常数，则 $x(t)$ 的自相关函数为常数。(　　)

78. 互相关函数是非奇非偶函数。(　　)

79. 两个正弦信号间存在同频则一定相关，不相同则不一定相关。(　　)

80. 三角窗与矩形窗比较，主瓣宽约为矩形窗的两倍，但旁瓣小，而且无负旁瓣。

(　　)

81. 相干函数的取值范围为（−1，+1）。(　　)

82. 在电桥测量电路中，由于电桥接法不同，输出的电压灵敏度也不同，差动半桥接法可以获得最大的输出。(　　)

83. 将应变片贴于不同的弹性元件上，就可以实现对力、压力、位移等物理量的测量。(　　)

84. 使用电阻应变仪时，在半桥双臂各并联一片电阻应变片可以提高灵敏度。(　　)

85. 实际直流电桥的预调平衡对纯电阻和电容加以调整。(　　)

86. 交流电桥的输出信号经放大后，直接记录就能获得其输入信号的模拟信号了。(　　)

87. 交流电桥可测静态应变，也可测动态应变。(　　)

88. 实际的测量电桥往往取 4 个桥臂的初始电阻相等，这种电桥被称为全等臂电桥。(　　)

89. 在调频过程中，为保证测量精度，对应于零信号的载波中心频率应远低于信号的最高频率成分。(　　)

90. 一般把控制高频振荡波的缓变信号称为调制波，载送缓变信号的高频振荡称为载波，调制后的振荡波称为已调波。(　　)

91. 幅值调制装置实质是一个乘法器。(　　)

92. 调制是指利用被测缓变信号来控制或改变高频振荡波的某个参数，使其按被测信号的规律变化，以利于信号的放大与传输。(　　)

93. 解调是对已调波进行鉴别以恢复缓变的测量信号。(　　)

94. 在同步调制与解调中要求载波频率不同，相位相反。(　　)

95. 一阶 RC 低通滤波器，当电阻 R 增大时，滤波器上限截止频率将会减小。(　　)

96. 低通滤波器阶跃响应的建立时间 t 与带宽 B 成正比。(　　)

97. 品质因数 Q 值增加，则滤波器分辨能力提高。(　　)

98. 实际滤波器的纹波幅度 d 与通带内幅频特性的平均值 A 相比越小越好。(　　)

99. 滤波器的频率特性可以看作是对单位脉冲信号的响应。(　　)

100. 滤波器的宽带表示其频率分辨率，宽带越窄分辨率越高。(　　)

101. 若滤波器的单位冲激响应为 $h(t)$，输入的单位阶跃信号为 $u(t)$，则滤波器的输出为 $u(t)*h(t)$。(　　)

二、选择题

1. 准周期信号属于（　　）信号。

A. 周期信号　　B. 非周期信号　　C. 随机信号　　D. 复杂周期信号

2. 回程误差是指同一输入量下所得（　　）与测量系统满量程输出值的百分比。

A. 滞后偏差的最大值　　B. 滞后偏差的最小值

C. 超前偏差的最大值　　D. 超前偏差的最小值

3. 周期信号的频谱是（　　）。

A. 离散的，只发生在基数频率的整数倍　　B. 连续的，随着频率的增大而减小

C. 连续的，只在有限区间的非零值　　D. 离散的，各频率成分频率比不是有理数

4.（　　）是一阶系统的动态特性参数。

A. 固有频率　B. 线性度　C. 阻尼比　D. 时间常数

5. 能用同一数学表达式表示的系统称为（　　）。

A. 自控系统　B. 测试系统　C. 相似系统　D. 以上都不是

6. 我国常用的电工、热工仪表是按（　　）值进行精度分级的。

A. 绝对误差　B. 相对误差　C. 引用误差　D. 粗大误差

7. 方波是由（　　）合成。

A. 奇次谐波合成　B. 偶次谐波合成　C. 二者都包括　D. 都不是

8. 信号 $x(t)=A\sin(\omega t+\varphi)$ 的均方根值 x_{rms} 为（　　）。

A. A　B. $A/2$　C. $\sqrt{A}$　D. $\frac{\sqrt{2}}{2}A$

9. 信息的载体是（　　）。

A. 信号　B. 频率　C. 测试　D. 试验

10. 根据变量的相似特性来分，力、电流属于（　　）范畴，即一个作用点上其速率变化率等于零。

A. 跨越变量　B. 通过变量　C. 常量　D. 以上都不是

11. 已知系统的输出量和系统特性，求输入的问题属于（　　）的问题。

A. 控制系统　B. 系统辨识　C. 测试系统　D. 以上都不是

12. 以下信号中属于准周期信号的是（　　）。

A. $y=\sin x$　B. $y=\sin x+\cos\pi x$　C. $y=\sin x+\pi\cos x$　D. $y=\sin x+\cos x$

13. 以下不属于测试装置静态特性的是（　　）。

A. 线性度　B. 时间常数　C. 灵敏度　D. 回程误差

14. 以下信号中不属于非周期信号的是（　　）。

A. 指数信号　B. 阶跃信号　C. 单位脉冲信号　D. 正弦信号

15. 如果时域信号为虚奇函数，则其对应的频域信号是（　　）函数。

A. 实偶　B. 实奇　C. 虚偶　D. 虚奇

16. 以下属于一阶系统参数的是（　　）。

A. 灵敏度　B. 回程误差　C. 阻尼比　D. 时间常数

17. 在一测试系统中，被测信号频率为 1000Hz，幅值为 4V，另有两干扰信号分别为 2000Hz，8V 和 500Hz，2V，则利用（　　）提取有用信号。

A. 叠加性　B. 比例性　C. 频率保持性　D. 幅值保持性

18. 下列哪个参数反映测试系统的随机误差的大小？（　　）

A. 灵敏度　B. 重复性　C. 滞后量　D. 线性度

19. 传感器的静态特性中，输出量的变化量与引起此变化的输入量的变化量之比称为（　　）。

A. 线性度　B. 灵敏度　C. 稳定性　D. 回程误差

20. 用二阶系统作为测试装置时，影响幅值测试误差大小的参数有（　　）。

A. 时间常数　B. 灵敏度

C. 固有频率和阻尼率　D. 回程误差

21. 信噪比越大则（　　）。

A. 有用信号的成分越大，噪声影响越小　B. 有用信号的成分越大，噪声影响越大

C. 有用信号的成分越小，噪声影响越小　　D. 有用信号的成分越小，噪声影响越大

22. 测试系统能够检测的输入信号的最小变化能力称为（　　）。

A. 精度　　B. 灵敏度　　C. 精密度　　D. 分辨率

23. 传感器的输出量对于随时间变化输入量的响应特性称为传感器的（　　）特性。

A. 幅频　　B. 相频　　C. 输入输出　　D. 静态

24. 关于传递函数的特点，下列叙述不正确的是（　　）。

A. 与具体的物理结构无关　　B. 反映测试系统的传输和响应特性

C. 与输入有关　　D. 只反映测试系统的特性

25. 用一阶系统作为测试系统，为了获得较佳的工作性能，其时间常数 τ 应（　　）。

A. 尽量大　　B. 尽量小

C. 根据系统特性而定　　D. 无穷大

26. 在下面的传感器的主要性能指标中，能够反映传感器对于随时间变化的动态量的响应特征的是（　　），能够反映多次连续测量测量值的分度的是（　　）。

A. 灵敏度，动态特性　　B. 动态特性，线性度

C. 动态特性，重复度　　D. 稳定度，动态特性

27. 已知一阶测试系统，传递函数为 $H(s)=1/(1+s)$，则测量信号 $x(t)=\sin 2t$ 的输出信号为（　　）。

A. $1/\sqrt{5}\sin(2t-\arctan 2)$　　B. $\sin(2t-\arctan 2)$

C. $2/(\sqrt{5}\sin 2t)$　　D. $1/\sqrt{5}\sin(2-\arctan 2)t$

28. 一阶测试系统的单位斜坡响应为下列哪一个？（　　）

A. $y(t)=t+\tau e^{-t/\tau}$　　B. $y(t)=-t+\tau e^{-t/\tau}$

C. $y(t)=t-\tau+\tau e^{-t/\tau}$　　D. $y(t)=2t-\tau+\tau e^{-t/\tau}$

29. 阻尼比为（　　）的二阶测试系统的相频特性曲线在较宽范围内近似于直线。

A. 0.5　　B. 0.7　　C. 1.0　　D. 0.1

30. 一阶测试系统与二阶测试系统的瞬态响应之间最重要的差别是（　　）。

A. 在阻尼状态下，二阶系统具有衰减正弦振荡，而一阶系统不存在

B. 在欠阻尼状态下，一阶系统具有衰减正弦振荡，而二阶系统不存在

C. 在欠阻尼状态下，二阶系统具有衰减正弦振荡，而一阶系统不存在

D. 以上说法均不正确

31. 对于线性系统，当输入为 $x(t)$、输出为 $y(t)$、系统的频率响应为 $H(f)$ 时，其输入输出的功率谱与系统的频率响应关系为（　　）。

A. $S_y(f)=|H(f)|^2\cdot S_{xy}(f)$　　B. $S_x(f)=-|H(f)|\cdot S_y(f)$

C. $S_x(f)=H(f)\cdot S_y(f)$　　D. $S_x(f)=-H(f)\cdot S_y(f)$

32. 以下对二阶测试环节叙述正确的是（　　）。

A. 测试环节的静态灵敏度应高于被测试环节的静态灵敏度

B. 测试系统的固有频率越高越好

C. 测试系统的固有频率应低于被测试环节的固有频率

D. 测试环节的静态灵敏度应低于被测试环节的静态灵敏度

33. 输出信号与输入信号的相位差随频率变化的关系就是（　　）。

A. 幅频特性　　B. 相频特性　　C. 传递函数　　D. 频率响应函数

34. 若要求信号在传输过程中不失真，则输出与输入应满足：在幅值上（　　）差一个比例因子，在时间上（　　）滞后一段时间。

A. 允许，允许　　B. 允许，不允许

C. 不允许，允许　　D. 不允许，不允许

35. 线性测试系统产生失真是由（　　）两种因素造成的。

A. 幅值失真，相位失真　　B. 幅值失真，频率失真

C. 线性失真，相位失真　　D. 线性失真，频率失真

36. 下列对负载效应的表达错误的是（　　）。

A. 测量环节作为被测量环节的负数，接到测量系统时，连接点的状态将发生改变

B. 测量环节作为被测量环节的负数，两环节将保持原来的传递函数

C. 测量环节作为被测量环节的负数，整个测量系统传输特性将发生改变

D. 负数效应是指，测量环节与被测量环节相连时对测量结果的影响

37. 电路中鉴频的作用是（　　）。

A. 使高频电压转变成直流电压　　B. 使电感量转变成电压量

C. 使频率变化转变成电压变化　　D. 使频率转换成电流

38. 被测结构应变一定时，可以采用（　　）方法使电桥输出增大。

A. 多贴片　　B. 使 4 个桥臂上都是工作应变片

C. 交流测量电桥　　D. 电阻值较小的应变片

39. 用电桥进行测量时，可采用零测法和偏差测量法，其中零测法具有（　　）特点。

A. 测量精度较低　　B. 测量速度较快

C. 适于测量动态值　　D. 适于测量静态值

40. 电桥这种测量电路的作用是把传感器的参数变化为（　　）的输出。

A. 电阻　　B. 电容　　C. 电压或电流　　D. 电荷

41. 差动半桥解法的灵敏度是单臂电桥灵敏度的（　　）倍。

A. 1/2　　B. 1　　C. 2　　D. 3

42. 对于纯电阻交流电桥，除了（　　）平衡外，还要考虑（　　）平衡。

A. 电阻、电感　　B. 电容、电感

C. 电阻、电容　　D. 电感、电容

43. 采用阻值 $R=1\mathrm{k}\Omega$、灵敏度系数 $S=2.0$ 的金属电阻应变片与阻值为 $1\mathrm{k}\Omega$ 的固定电阻组成电桥，供桥电压为 20V，当应变系数 $\varepsilon=500\mu\varepsilon$ 时，要使输出电压大于 10mV，则应采用的桥接方式为（设负载阻抗为无穷大）（　　）。

A. 单臂电桥　　B. 差动半桥　　C. 差动全桥　　D. 单臂双桥

44. 在测试装置中，常用 5～10kHz 的交流作为电桥电路的激励电压，当被测量为动态量时，该电桥的输出波形为（　　）。

A. 调频波　　B. 调相波

C. 调幅波　　D. 与激励频率相同的等幅波

45. 为使调幅波能保持原来信号的频谱图形，不发生重叠和失真，载波频率 f_0 必须（　　）原信号中的最高频率 f_m。

A. 等于　　B. 低于　　C. 高于　　D. 接近

46. 为了能从调频波中很好地恢复原被测信号，通常用（　　）作为调节器。

A. 鉴频器　　B. 整流器　　C. 鉴相器　　D. 相敏检波器

47. 在同步调制与解调中要求载波（　　）。

A. 同频反相　　B. 同频同相

C. 频率不同，相位相同　　D. 频率不同，相位相反

48. 抗混滤波器的截止频率是其幅值特性值等于（　　）时所对应的频率。

A. $A_0/2$　　B. $A_0/\sqrt{2}$　　C. $A_0/3$　　D. $A_0/4$

49. 测量信号经过频率调制后，所得到的调频波的频率是随（　　）而变化的。

A. 信号频率　　B. 信号幅值

C. 信号相位　　D. 信号与载波间的频率差

50. 电容传感器如果采用调频测量电路，此时传感器电容是振荡器（　　）的一部分。

A. 负载　　B. 隔直电路　　C. 谐振回路　　D. 反馈回路

51. 只使在 $f_1 \sim f_2$ 间的频率的信号通过，应采用（　　）滤波器。

A. 带阻　　B. 带通　　C. 高通　　D. 低通

52. 当正弦电压 $\sin 2t$ V 输入到一个简单 RC 低通滤波器电路后（时间常数 $\tau = 1/2$），稳态时在输出端的电压是（　　）V。

A. $\sin t$　　B. $\frac{\sqrt{2}}{2}\sin 2t$　　C. $\frac{1}{2}\sin 2t$　　D. $\sin(2t - 45°)$

53. 载波频率为 f_0，调制信号的最高频率为 f_m，两者的关系为（　　）。

A. $f_0 = f_m$　　B. $f_0 \gg f_m$　　C. $f_m \gg f_0$　　D. $f_m > f_0$

54. 相敏检波的特点是（　　）。

A. $A_0/2$　　B. $A_0/\sqrt{2}$　　C. $A_0/3$　　D. $A_0/4$

55. 低通滤波的截止频率是幅频特性值等于（　　）时所对应的频率（A_0 为 $f=0$ 时对应的幅频特性值）。

A. $A_0/2$　　B. $A_0/\sqrt{2}$　　C. $A_0/3$　　D. $A_0/4$

56. 一选频装置，其幅频特性在 $f_1 \sim f_2$ 之间平直，而在 $0 \sim f_1$ 及 $f_2 \sim \infty$ 的这两段均受到极大衰减，该选频装置是（　　）滤波器。

A. 高通　　B. 低通　　C. 带通　　D. 带阻

57. 在测试的结果分析中，相关是变量之间的（　　）。

A. 线性关系　　B. 函数关系　　C. 物理关系　　D. 近似关系

58. 若采样信号频谱中的最高频率分量频率为 2000Hz，则根据采样定理，采样频率应选择为（　　）。

A. 小于 2000Hz　　B. 等于 2000Hz　　C. 小于 4000Hz　　D. 大于 4000Hz

59. 当两信号的互相关函数在 t_0 有峰值，表明其中一个信号和另一个信号时移 t_0 时，相关程度（　　）。

A. 最低　　B. 最高　　C. 适中　　D. 一般

60. 相干函数的取值在（　　）范围。

A. +1 与 −1　　B. 0 与 +1　　C. −1 与 0　　D. 任意取值

61. 正弦信号的自相关函数，使原有的相位信息（　　）。

A. 不变　　B. 丢失　　C. 相移　　D. 变为 90°

62. 已知信号 $x(t)$ 与 $y(t)$ 的互相关函数为 $R_{xy}(\tau)$，则 $y(t)$ 与 $x(t)$ 的互相关函数 $R_{yx}(\tau)$ 为（　　）。

A. $R_{xy}(\tau)$　　B. $R_{xy}(-\tau)$　　C. $-R_{xy}(\tau)$　　D. $-R_{xy}(-\tau)$

63. 设信号 $x(t)$ 的自相关函数为脉冲函数，则其功率谱密度函数必为（　　）。

A. 脉冲函数　　B. 有延时的脉冲函数

C. 零　　D. 常数

64. 自相关函数是一个（　　）函数。

A. 奇　　B. 偶　　C. 非奇非偶　　D. 三角

65. 对连续时间信号进行采样时，保持信号的记录时间不变，采样频率越高，则（　　）。

A. 泄漏误差就越大　　B. 量化误差就越小

C. 采样点数就越多　　D. 频域上的分辨率就越低

66. 就连续时间信号进行离散化时产生混叠的重要原因是（　　）。

A. 记录时间太长　　B. 采样间隔太宽

C. 记录时间太短　　D. 采样间隔太窄

67. A/D 转换器是将（　　）信号转换成（　　）信号的装置。

A. 随机信号　　B. 模拟信号　　C. 周期信号　　D. 数字信号

68. 已知信号的自相关函数为 $3\cos\omega\tau$，则该信号的均方值为（　　）。

A. 9　　B. 3　　C. $\sqrt{3}$　　D. 6

69. 数字信号的特征是（　　）。

A. 时间上离散、幅值上连续　　B. 时间、幅值上都离散

C. 时间上连续，幅值上量化　　D. 时间、幅值上都连续

70. 两个同频率正弦信号的互相关函数（　　）。

A. 保留两信号的幅值、频率信息　　B. 只保留幅值信息

C. 保留两信号的幅值、频率、相位差信息　　D. 不保留任何信息

71. 两个不同频率的简谐信号，其互相关函数为（　　）。

A. 周期信号　　B. 常数　　C. 0　　D. 1

72. 信号 $x(t)$的自功率谱密度函数 $S_x(f)$是（　　）。

A. $x(t)$的傅里叶变换　　B. $x(t)$的自相关函数的傅里叶变换

C. 与 $x(t)$的幅值谱相等　　D. 与输入信号无关

73. 信号 $x(t)$和 $y(t)$的互谱 $S_{xy}(f)$是（　　）。

A. $x(t)$和 $y(t)$的卷积的傅里叶变换　　B. $x(t)$和 $y(t)$傅里叶变换的乘积

C. $x(t)\cdot y(t)$的傅里叶变换　　D. 互相关函数 $R_{xy}(\tau)$的傅里叶变换

74. 测得某信号的相关函数为一余弦曲线，则其（　　）是正弦信号的（　　）。

A. 可能　　B. 不可能　　C. 必定　　D. 自相关函数

E. 互相关函数

75. 正弦信号 $x(t)=x_0\sin(\omega t+\varphi)$的自相关函数为（　　）。

A. $x_0^2\sin\omega\tau$　　B. $\frac{x_0^2}{2}\cos\omega\tau$　　C. $\frac{x_0^2}{2}\sin\omega\tau$　　D. $x_0^2\cos\omega\tau$

76. 数字信号处理涉及的步骤是（　　）。

A. 模数转换、数字信号处理、数模转换　B. 采样、量化、计算
C. 平移、反褶、相乘　D. 编码、传输、解码

三、问答题

1. 简述动态信号的分类。
2. 何谓准周期信号？其有什么特点？
3. 周期信号从频谱上看有何特点？
4. 简要说明一个完整的测试系统的组成（并说明各组成部分的作用）。
5. 测试系统的基本要求有哪些？
6. 线性系统的频率保持性在测量中有何作用？
7. 什么叫灵敏度和分辨率？
8. 什么叫非线性度、定度曲线和拟合直线？如何表示？拟合直线的方法有哪些？
9. 什么叫回程误差？如何表示？引起回程误差的原因是什么？与重复性误差有何区别？
10. 测试系统的基本特征是什么？
11. 传递函数与频率响应函数之间有何关系？而这有何特点？
12. 一阶测试系统和二阶测试系统主要涉及哪些动态特征参数？这些动态特征参数的取值对系统性能有何影响？一般采用怎样的取值原则？
13. 什么叫权函数？它与输入和输出之间存在什么关系？如果某系统的输入为单位脉冲函数，则该系统的输出是什么？
14. 分别说明测试系统对任意输入、脉冲输入、单位阶跃输入和单位斜坡输入的响应。
15. 说明二阶测试系统的阻尼比 ζ 大多采用 0.6～0.7 的原因。
16. 一阶系统的时间常数 τ、二阶系统的频率 ω 和阻尼比 ζ 对系统有何影响？对其有何要求？
17. 说明理想的不失真测试系统的要求是：$A(f)=\text{const}$ ，$\varphi(f)=-\pi f t_0$。
18. 什么是传感器？
19. 什么是压电效应？
20. 简述电容式传感器的工作原理。
21. 如何改善单极变极距型电容传感器的非线性？
22. 试论述电容式传感器的工作原理，并讨论说明如何做才能使极距变化型电容传感器的灵敏度 ε 趋于定值（即输出与输入成线性关系）。
23. 试说明涡流式电感传感器的工作原理，并指出改变哪些参数可用于位移、振动测量，改变哪些参数可用于材料检测和无损探伤。
24. 若有一金属电阻应变片，其灵敏度 $S=2.5$，$R=120\Omega$，设工作时其应变为 $1200\mu\varepsilon$，问 ΔR 是多少？若将此应变片与 2V 直流电源组成回路，试求其应变时回路的电流各是多少？
25. 已知两极板电容传感器，其极板面积为 A，两极板介质为空气，极板间距 1mm，当极距减少 0.1mm 时，其电容变化量和传感器的灵敏度为多少？
26. 某一力传感器，经简化后为一个二阶系统。已知其固有频率 $f_n=1000\text{Hz}$，阻尼比 $\zeta=0.7$，若用它测量频率分别为 600Hz 的正弦交变力时，问输出与输入的幅值比和相位差各为多少？传感器的滞后时间为多少？
27. 用电阻应变片及双臂电桥测量悬臂梁的应变 ε。其贴片及组桥方法如附图 1 所示。

已知图中 $R_1=R_1'=R_2=R_2'=R=120\Omega$，上、下贴片位置对称，应变片的灵敏度系数 $k=2$。应变值 $\varepsilon=10\times10^{-3}$，电桥供桥电压 $u_i=3V$。试分别求出图（b）、图（c）组桥时的输出电压 $u_o=?$

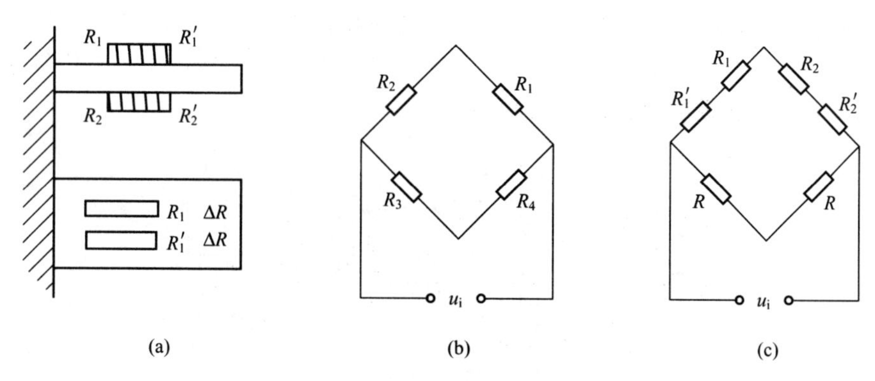

附图 1　桥式电路组桥及贴片示意图

28. 以阻值 $R=120\Omega$，灵敏度 $S=2$ 的电阻应变片与阻值 $R=120\Omega$ 的固定电阻组成的电桥，供桥电压为 3V，并假定负载为无穷大，当应变片的应变值为 $2\mu\varepsilon$ 和 $2000\mu\varepsilon$ 时，分别求出单臂、双臂电桥的输出电压，并比较两种情况下电桥的灵敏度（$\mu\varepsilon$ 微应变，即 $\mu\varepsilon=10^{-6}$）。

29. 求附图 2 中放大电路的输出电压是多少？

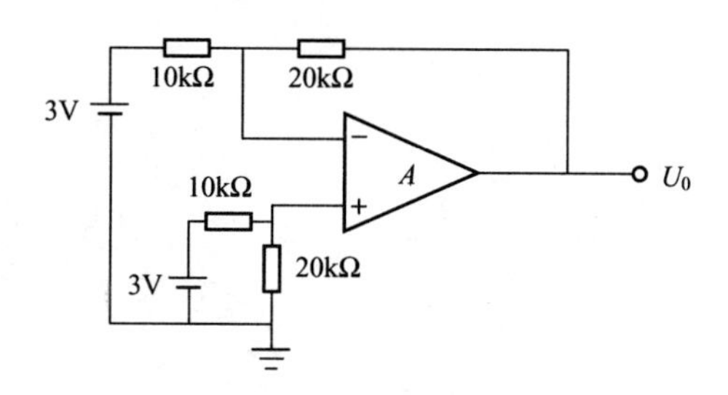

附图 2　放电电路示意图

30. 画图并说明用电桥对测试信号进行调制的原理。

31. 桥梁固有频率测量可用来判断桥梁结构安全状况，对重要桥梁通常每年进行一次测量。当桥梁固有频率发生变化时，说明桥梁结构有变化，具有安全隐患。要求：设计出一种应用应变片和电桥测量桥梁固有频率的方案。

32. 有人使用电阻应变仪时，发现灵敏度不够，于是试图在工作电桥上增加电阻应变片数以提高灵敏度。试问，在半桥双臂上各串联一片的情况下，是否可以提高灵敏度？为什么？

33. 有一钢杆件，既受拉力，又承受弯矩（如附图 3 所示），假定可供选用的桥臂电阻阻值基本相同，电阻应变片性能良好，试分别正确设计出只测拉力的布片和组桥方案。

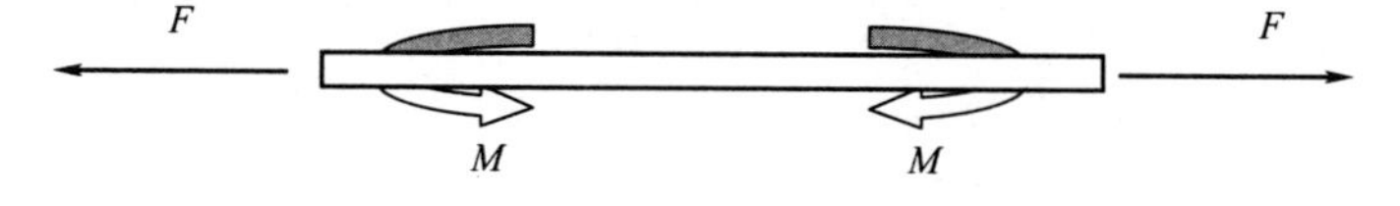

附图 3　拉力和扭矩的测量 1

34. 磁电式绝对振动速度传感器的弹簧刚度 $K=3200\text{N/m}$，测得其固有频率 $f_0=20\text{Hz}$，欲将 f_0 减为 10Hz，则弹簧刚度应为多少？能否将此类结构传感器的固有频率降至 1Hz 或更低？

35. 某地下石油管道发生意外裂损，其可能的裂损位置 K 如附图 4 所示。工程技术人员现在管道上分别安置了传感器 1 和 2，试图精确测出裂损位置。试根据有关信号分析技术说明其测试原理，并求出漏损处距中心线距离 S。

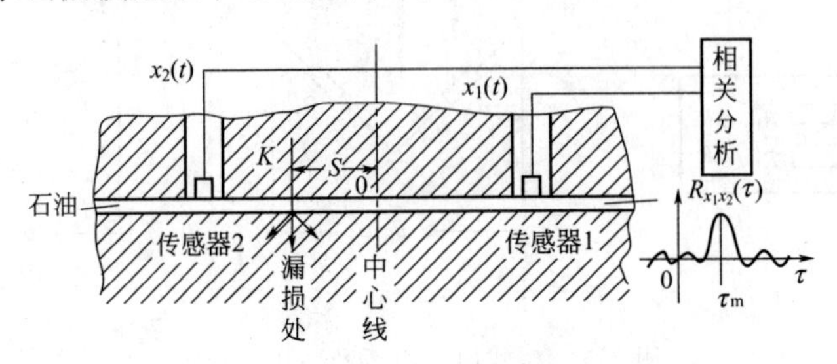

附图 4　漏油检测示意图

练习题参考答案

一、判断题

1. ×；2. √；3. ×；4. ×；5. √；6. ×；7. ×；8. ×；9. √；10. √；11. ×；12. √；13. ×；14. ×；15. √；16. ×；17. √；18. √；19. ×；20. ×；21. √；22. √；23. ×；24. ×；25. ×；26. ×；27. ×；28. √；29. √；30. ×；31. ×；32. ×；33. ×；34. √；35. ×；36. ×；37. ×；38. √；39. √；40. ×；41. ×；42. √；43. ×；44. √；45. ×；46. √；47. ×；48. √；49. ×；50. ×；51. ×；52. ×；53. √；54. √；55. √；56. √；57. ×；58. ×；59. ×；60. ×；61. √；62. ×；63. ×；64. √；65. ×；66. ×；67. ×；68. ×；69. √；70. ×；71. ×；72. √；73. ×；74. ×；75. ×；76. ×；77. ×；78. √；79. √；80. √；81. ×；82. ×；83. √；84. ×；85. ×；86. ×；87. √；88. √；89. ×；90. √；91. √；92. √；93. √；94. ×；95. √；96. ×；97. √；98. √；99. √；100. √；101. √。

二、选择题

1. B；2. A；3. A；4. D；5. C；6. C；7. A；8. D；9. A；10. B；11. C；12. B；13. B；14. D；15. B；16. D；17. C；18. B；19. B；20. C；21. A；22. D；23. C；24. C；25. B；26. B；27. A；28. C；29. B；30. C；31. A；32. B；33. B；34. A；35. A；36. B；37. C；38. B；39. D；40. C；41. C；42. C；43. C；44. C；45. C；46. D；47. B；48. B；49. A；50. C；51. B；52. B；53. C；54. A；55. B；56. C；57. A；58. D；59. B；60. B；61. B；62. B；63. D；64. B；65. C；66. B；67. D；68. B；69. B；70. C；71. C；72. B；73. D；74. C、D；75. B；76. A。

三、问答题

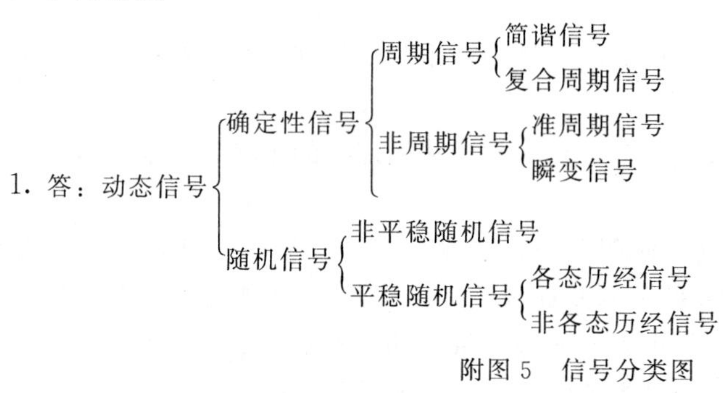

附图 5　信号分类图

2. 答：由有限个周期信号合成的确定性信号，但周期分量之间没有公倍关系，即没有公共周期的信号称为准周期信号。这种信号无法按某一确定的时间间隔周而复始重复出现，往往出现于通信、振动等系统之中，其特点为各谐波的频率比为无理数。

准周期信号是一种非周期信号，是由一系列没有公共周期的周期信号（如正弦或余弦信号）叠加组成的，与周期信号相比，所不同的只是其各个正弦信号的频率比不是有理数。因此，它的频谱与周期信号的频谱无本质区别，仍然是连续的。

3. 答：周期信号是由一个或几个以至无穷多个不同频率的谐波叠加而成。在频谱中，每一根谱线对应其中一种谐波，其频率范围是 $0\sim+\infty$，频谱是单边谱。

由傅里叶三角函数展开式，可知其频谱具有如下特点：

① 周期信号各谐波频率必定是基波频率的整数倍，不存在非整数倍的频率分量；

② 频谱是离散的；

③ 由幅频谱线看出谐波幅值总的趋势是随谐波次数增高而减小；

④ 相频谱表明各谐波之间有严格的相位关系。

从复值域上看，其复频谱具有如下特点：

① 幅频谱对称于纵坐标，即信号谐波幅值是频率的偶函数；

② 相频谱对称于坐标原点，即信号谐波的相角是频率的奇函数；

③ 复频谱（双边谱）与单边谱比较，对应于某一角频率 $n\omega_0$，单边谱只有一条谱线，而双边谱在 $\pm n\omega_0$ 处各有一条谱线，因而谱线增加了一倍，但谱线高度却减少了一半。

4. 答：一个完善的测试系统是由若干个不同功能的环节所组成的，它们是实验装置、测试装置（传感器、中间变换器）、数据处理装置及显示或记录装置，如附图 6 所示。

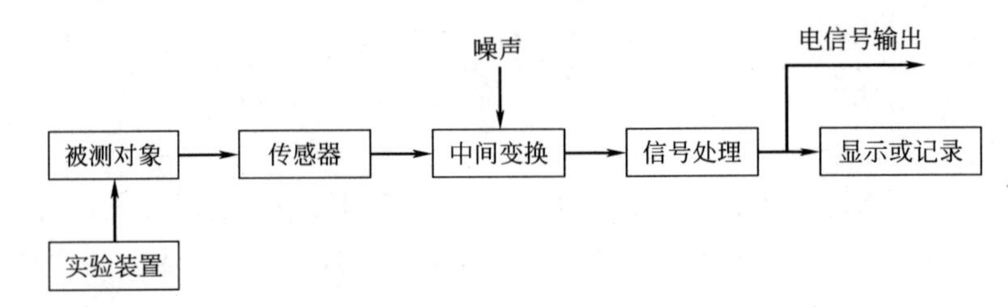

附图 6　系统组成

实验装置是使被测对象处于预定状态下，并将其有关方面的内在特性充分显露出来，它是使测量能有效进行的一种专门装置。

测试装置的作用是将被测信号（如激振力及振动产生的位移、速度或加速度等）通过传感器变换成电信号，然后再经过后接仪器的再变换、放大和运算等，将其变成易于处理和记录的信号。

数据分析处理装置是将测试装置输出的电信号进一步分析处理，以便获得所需要的测试结果。

显示或记录装置是测试系统的输出环节，它将分析和处理过的被测信号显示或记录（存储）下来，以供进一步分析研究。

5. 答：对测试系统的基本要求就是使测试系统的输出信号能够真实地反映被测物理量的变化过程，不使信号发生畸变，即实现不失真测试。一个理想的测试系统应该具有单一的、确定的输入、输出关系，即对于每个确定的输入量，都应有唯一的输出量与之对应，并且以输出和输入呈线性关系为最佳，而且系统的特性不应随时间的推移发生改变。

6. 答：线性系统的频率保持性，在测试工作中具有非常重要的作用。因为在实际测试中，测试得到的信号常常会受到其他信号或噪声的干扰，只有与输入信号频率相同的成分才可能是由输入引起的相应响应，其他的频率成分都是干扰噪声。利用这一特性，就可以采用相应的滤波技术，在有很强的噪声干扰的情况下，也能将有用的信息提取出来。同样，在故障诊断中，根据测试信号的主要频率成分，在排除干扰的基础上，依据频率保持特性推出输入信号也应包含该频率成分，通过寻找产生该频率成分的原因，就可以诊断出故障的原因。

7. 答：灵敏度是表征测试系统对输入信号变化的一种反应能力。一般情况下，当系统的输入 x 有一个微小增量 Δx 时，将引起系统的输出 y 也发生相应的微量变化 Δy，则定义该系统的灵敏度为 $S=\Delta y/\Delta x$。分辨率是指测试系统所能检测出来的输入量的最小变化量，通常是以最小单位输出量所对应的输入量来表示的，是用来描述装置对输入微小变化的响应能力。分辨率与灵敏度有密切的关系，它是灵敏度的倒数。

一个测试系统的分辨率越高，表示它所能检测出的输入量最小变化量的值越小。对于数字测试系统，其输出显示系统的最后一位所代表的输入量即为该系统的分辨率；对于模拟测试系统，是用其输出指示标尺最小分度值的一半所代表的输入量来表示其分辨率的。分辨率也称为灵敏阈或灵敏限或鉴别力阈。

8. 答：非线性度是指系统的输出和输入之间保持常值比例关系（线性关系）的一种度量。在静态测量中，通常用实验的办法获取系统的输入-输出关系曲线，并称之为“定度（标定）曲线”。由定度曲线采用拟合方法得到的输入-输出之间的线性关系，称为“拟合直线”。非线性度就是定度曲线偏离其拟合直线的程度。作为静态特性参数，非线性度是采用在测试系统输出范围（全量程）A 内，定度曲线与该拟合直线的最大偏差 $B_{\max}$ 与 A 的比值来表示的，即非线度$=\dfrac{B_{\max}}{A}\times100\%$。

拟合直线常用的方法有两种：端基直线和最小二乘拟合直线。端基直线是一条通过测量范围的上下极限点的直线。这种拟合直线的方法简单易行，但因未考虑数据的分布情况，其拟合精度较低；最小二乘拟合直线是以测试系统实际特性曲线与拟合直线的偏差的平方和为最小的条件下所确定的直线，它是保证所有测量值最接近拟合直线、拟合精度很高的方法。

9. 答：回程误差也称滞差或滞后量或迟滞性，表征测试系统在全量程范围内，输入量递增变化（由小变大）中的定度曲线和递减变化（由大变小）中的定度曲线二者静态特性不一致的程度。它是判别实际测试系统与理想系统特性差别的一项指标参数。在测试系统的全量程范围内，不同输出量中差值最大者 $h_{\max}=y_{2i}-y_{1i}$ 与幅值 A 之比，即回程差$=\dfrac{h_{\max}}{A}\times100\%$。回程差是由于仪器仪表中的磁性材料的磁滞、弹性材料迟滞现象，以及机械机构中的摩擦和游隙及材料的受力变形等原因引起的，反映在测试过程中输入量在递增过程中的定度曲线与输入量在递减过程中的定度曲线往往不重合。

重复性误差是指测试装置在输入同一方向作全量程连续多次变动时，所得特性曲线不一致的程度。一般取正行程最大重复性偏差和反行程最大重复性偏差中的较大者，再以满量程输出的百分数表示。

10. 答：①静态特性，如灵敏度、漂移、线性、稳定性、精确度；②动态特性；③负载特性；④抗干扰特性。

11. 答：传递函数 $H(s)$ 是在复数域中描述和考察系统的特性，与在时域中用微积分方程来描述和考察系统的特性相比有许多优点。频率响应函数是在频域中描述和考察系统特性的。与传递函数相比，频率响应函数易通过实验来建立，且其物理概念清楚，利用它和传递函数的关系，极易求出传递函数。在系统传递函数 $H(s)$ 已经知道的情况下，令 $H(s)$ 中 s 的实部为零，即 $s=j\omega$ 便可以求得频率响应函数 $H(\omega)$。

12. 答：测试系统的动态特征指标：一阶系统的参数是时间常数 τ；二阶系统的参数是固有频率 ω_n 和阻尼比 ζ。一阶系统的时间常数 τ 越小，系统的工作频率范围越大，响应速度越快。二阶系统的阻尼比 ζ 一定时，ω_n 越高，系统的工作频率范围越大，响应速度越快；阻尼比的取值与给定的误差范围大小和输入信号的形式有关。为了增大系统的工作频率范围和提高响应速度，工作上一般选取 $\zeta=0.6\sim0.8$。

13. 答：系统传递函数 $H(s)$的拉普拉斯逆变换 $h(t)$称为权函数。系统的响应(输出)$y(t)$等于权函数与激励(输入)$x(t)$的卷积，即 $y(t)=h(t)*x(t)$，反映了系统输入及输出的关系。如果某系统的输入为单位脉冲函数 $\delta(t)$，则该系统的输出等于权函数，即 $y(t)=h(t)$或 $Y(s)=H(s)$。因此，权函数也称为单位脉冲响应函数。

14. 答：测试系统对任意输入的响应为 $y(t)=x(t)*h(t)$

一阶系统对脉冲输入的响应为 $y(t)=\dfrac{1}{\tau}e^{-t/\tau}$

二阶系统对脉冲输入的响应为 $y(t)=\dfrac{\omega_n}{\sqrt{1-\zeta^2}}e^{-3\omega_n t}\sin(\omega_n\sqrt{1-\zeta^2})t$

一阶系统对单位阶跃输入的响应为 $y(t)=1-e^{-t/\tau}$

二阶系统对单位阶跃输入的响应为

$$y(t)=1-\frac{-\zeta\omega_n t}{\sqrt{1-\zeta^2}}\sin\left[(\omega_n\sqrt{1-\zeta^2})t+\arctan\frac{\sqrt{1-\zeta^2}}{\zeta}\right]$$

一阶系统对单位斜坡输入的响应为 $y(t)=t-\tau(1-e^{-t/\tau})$

二阶系统对单位斜坡输入的响应为

$$y(t)=t-\frac{2\zeta}{\omega_n}+\frac{e^{-\zeta\omega_n t}}{\omega_n\sqrt{1-\zeta^2}}\sin\left[(\omega_n\sqrt{1-\zeta^2})t+\arctan\frac{2\zeta\sqrt{1-\zeta^2}}{2\zeta^2-1}\right]\text{(欠阻尼情况)}$$

$$y(t)=t-\frac{2}{\omega_n}+\frac{2}{\omega_n}\left(1+\frac{\omega_n t}{2}\right)e^{-\omega_n t}\text{(临阻尼情况)}$$

$$y(t)=t-\frac{2}{\omega_n}+\frac{1+2\zeta\sqrt{\zeta^2-1}-2\zeta^2}{2\omega_n\sqrt{\zeta^2-1}}e^{-(\zeta+\sqrt{\zeta^2-1})\omega_n t}-$$

$$\frac{1-2\zeta\sqrt{\zeta^2-1}-2\zeta^2}{2\omega_n\sqrt{\zeta^2-1}}e^{-(\zeta-\sqrt{\zeta^2-1})\omega_n t}\text{(过阻尼情况)}$$

15. 答：对于二阶系统：应使 $\zeta=0.6\sim0.7$，这样能减小动态误差。系统能以较短的时间进入偏离稳态不到 2%～5%的范围内，使系统的动态响应较好。当系统的阻尼比 ζ 在 0.7 左右时，$A(\omega)$ 的水平直线段会相应地更长一些。$\varphi(\omega)$ 与 ω 之间也在较宽频率范围内更接近线性。因而取 $\zeta=0.6\sim0.7$ 可获得较小的误差和较宽的工作频率范围，相位失真也很小。

16. 答：对于一阶系统来说，时间常数 τ 愈小，则测试系统的响应速度愈快，可以在较宽的频带内有较小的波形失真误差，所以一阶系统的时间常数 τ 愈小愈好。

对于二阶系统来说，当 $\omega < 0.3\omega_n$ 或 $\omega > (2.5 \sim 3)\omega_n$ 时，其频率特性受阻尼比的影响就很小。当 $\omega < 0.3\omega_n$ 时，$\varphi(\omega)$ 的数值较小，$\varphi(\omega)$-ω 特性曲线接近直线。$A(\omega)$ 的变化不超过 10%，输出波形的失真较小；$\varphi(\omega) \approx 180°$，此时可以通过减去固定相位或反相 180°的数据处理方法，使其相频特性基本上满足不失真的测试条件，但 $A(\omega)$ 值较小，必要时需提高增益。当 $0.3\omega_n < \omega < 2.5\omega_n$ 时，其频率特性受阻尼比的影响较大，需作具体分析；当 $\zeta = 0.6 \sim 0.8$ 时，二阶系统具有较好的综合特性。例如，当 $\zeta = 0.7$ 时，在 $0 \sim 0.58\omega_n$ 的带宽内，$A(\omega)$ 的变化不超过 5%，同时 $\varphi(\omega)$-ω 也接近于直线，所以，此时波形失真较小。

17. 答：记不失真测试系统的输入为 $x(t)$，输出为 $y(t)$。不失真，即输出 $y(t)$ 只可放大 S 倍和延时 t_0 时刻，即应对 $y(t) = Sx(t - t_0)$ 左、右分别作傅氏变换，有：

$$Y(f) = SX(f)e^{-j2\pi f t_0}\text{，即 } H(f) = \frac{Y(f)}{X(f)} = Se^{-j2\pi f t_0}$$

故对不失真测试系统的要求是：$A(f)$ = 常数，$\varphi(f) = -2\pi f t_0$。

18. 答：传感器是把非电信号转换成电信号的装置。

19. 答：某些材料，如石英、钛酸钡等晶体，当受外力作用时，不仅几何尺寸发生变化，而且内部极化，一些表面出现电荷，形成电场。当外力去掉时，表面又重新回复到原来不带电状态，这种现象称为压电效应。

20. 答：电容式传感器是一种能将被测物理量转换成电容变化的传感器。它实际上是一个具有一个可变参数的电容器。

忽略边缘效应，电容的计算公式为

$$C = \frac{\varepsilon_0 \varepsilon A}{\delta}$$

式中 ε_0——真空中介电常数；

ε——极板间介质的相对介电常数，在真空中为 1；

δ——极板间的距离；

A——极板的介电面积。

此式表明，当被测的量使 ε、A 或 δ 发生变化时，都能引起电容 C 的变化。

21. 答：为减小非线性误差，一般取极距相对变化范围 $\Delta\delta/\delta_0 \leqslant 0.1$；为改善非线性，提高灵敏度和减少外界因素（如电源电压、环境温度等）的影响，常采用差动形式。

22. 解：电容式传感器是一种能将被测物理量转换成电容变化的传感器。它实际上是一个具有一个可变参数的电容器。忽略边缘效应，电容的计算公式为（见附图 7）

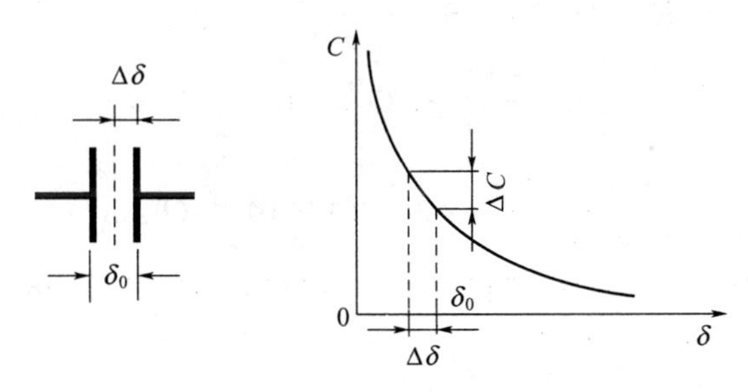

附图 7 传感器工作原理图

$$C=\frac{\varepsilon_0\varepsilon A}{\delta}$$

式中　ε_0——真空中介电常数；

ε——极板间介质的相对介电常数，在真空中为1；

δ——极板间的距离；

A——极板的介电面积。

此式表明，当被测的量使ε、A或δ发生变化时，都能引起电容C的变化，此即电容式传感器的工作原理。

极距变化型传感器的灵敏度S为

$$S=\frac{dC}{d\delta}=-\frac{\varepsilon_0\varepsilon A}{\delta^2}$$

可知S不是常数，而是与极距平方成反比，为获得近似线性关系，通常规定极距变化型电容传感器在极小范围内工作。若极距变化范围为（δ_0，$\delta_0+\Delta\delta$），则有

$$S=\frac{dC}{d\delta}=-\frac{\varepsilon_0\varepsilon A}{(\delta_0+\Delta\delta)^2}=-\frac{\varepsilon_0\varepsilon A}{\delta_0^2\left(1+\frac{\Delta\delta}{\delta_0}\right)^2}\approx-\frac{\varepsilon_0\varepsilon A}{\delta_0^2}$$

因为在$\frac{\Delta\delta}{\delta_0}\approx 0.1$时，经过这种线性化处理后，灵敏度$S$趋于定值，传感器输出与输入近似地成线性关系。

23. 答：涡流式电感传感器的变换原理是利用金属体在交变磁场中的涡电流效应，金属板置于一只线圈的附近，相互间距为δ_0。当线圈中有一高频交变电流i通过时，便产生磁通Φ，此交变磁通通过邻近的金属板，金属板上便产生感应电流i_1，这种电流在金属体内是闭合的，称为“涡电流”，由于涡流磁场的作用使原线圈的等效阻抗Z发生变化，变化程度与线圈与金属板的距离δ、金属板的电阻率ρ、磁导率μ以及线圈励磁圆频率ω有关。

若其他参数不变化：

如果只变化δ，则可作为位移、振动测量；

如果只变化ρ或μ值，则可作为材料检测和无损探伤。

24. 解：$\frac{dR}{R}=S\varepsilon$，$dR=R\varepsilon S=120\times1200\times10^{-6}\times2.5=0.36\Omega$

无应变时$i(t)=\frac{U}{2R}=\frac{2}{2\times120}=8.33\times10^{-3}A=8.33mA$

有应变时$i(t)=\frac{U}{2R+\Delta R}=\frac{2}{240+0.36}=8.32\times10^{-3}A=8.32mA$

25. 解：$C=\frac{\varepsilon_0\varepsilon A}{\delta}=\frac{8.85\times10^{-12}\varepsilon A}{1\times10^{-3}}=8.85A\times10^{-19}(F/m^2)$

$$C'=\frac{\varepsilon_0\varepsilon A}{\delta+\Delta\delta}=\frac{8.85\times10^{-12}\varepsilon A}{0.9\times10^{-3}}=9.83A\times10^{-19}(F/m^2)$$

$$\Delta C=C'-C=(9.83-8.85)\times10^{-19}=0.98\times10^{-19}(F/m^2)$$

$$S=\frac{\Delta C}{C}=\frac{0.98A\times10^{-19}}{8.85A\times10^{-19}}=11\%$$

26. 解：当输入信号的频率$f=600Hz$时，$\frac{f}{f_n}=\frac{600}{1000}=0.6$，则

$$A(\omega)=\frac{1}{\sqrt{(1-0.6^2)^2+4\times0.7^2\times0.6^2}}=0.95$$

$$\varphi(\omega)=-\arctan\frac{2\times0.7\times0.6}{1-0.6^2}=-52.7°=-0.92\text{rad}$$

可见，用该传感器测试$\frac{\omega}{\omega_n}\leqslant0.6$这一频率段的信号时，幅值误差最大不超过5%。

该传感器的输出信号相对于输入信号的滞后时间为

$$T_{f=600}=\frac{|\varphi(\omega)|}{\omega}=\frac{920}{2\pi\times600}=0.24\text{ms}$$

27. 解：图(b) 组桥时的输出电压为

$$u_o=\frac{R_1+\Delta R_1}{R_1+\Delta R_1+R_2-\Delta R_2}\cdot u_i-\frac{R}{R+R}\cdot u_i$$
$$=\frac{R_1+\Delta R_1}{R_1+R_2}\cdot u_i-\frac{1}{2}u_i=\frac{\Delta R}{2R}\cdot u_i$$
$$=\frac{1}{2}k\cdot\varepsilon\cdot u_i=0.03\text{V}$$

图 (c) 组桥时的输出电压为

$$u_o=\frac{R_1+\Delta R_1+R_1'+\Delta R_1'}{R_1+\Delta R_1+R_1'+\Delta R_1'+R_2+R_2'-\Delta R_2-\Delta R_2'}\cdot u_i-\frac{R}{R+R}\cdot u_i$$
$$=\frac{2R+2\Delta R}{4R}\cdot u_i-\frac{1}{2}u_i$$
$$=\frac{1}{2}\times\frac{\Delta R}{R}\cdot u_i=\frac{1}{2}k\cdot\varepsilon\cdot u_i=0.03\text{V}$$

28. 解：(1) 单臂电桥输出电压

① 当应变片为 $2\mu\varepsilon$ 时

$$u_o=\frac{1}{4}\times\frac{\Delta R}{R}u_i$$
$$=\frac{1}{4}S\varepsilon u_i$$
$$=\frac{1}{4}\times2\times2\times10^{-6}\times3=3\times10^{-6}\text{V}$$

② 当应变值为 $2000\mu\varepsilon$ 时

$$u_o=\frac{1}{4}\times2\times2000\times10^{-6}\times3=3\times10^{-3}\text{V}$$

(2) 双臂电桥输出电压

① 当应变片为 $2\mu\varepsilon$ 时

$$u_o=\frac{1}{2}\times\frac{\Delta R}{R}u_i$$
$$=\frac{1}{2}S\varepsilon u_i$$
$$=\frac{1}{2}\times2\times2\times10^{-6}\times3=6\times10^{-6}\text{V}$$

② 当应变值为 2000$\mu\varepsilon$ 时

$$u_o=\frac{1}{2}\times 2\times 2000\times 10^{-6}\times 3=6\times 10^{-3}\text{V}$$

双臂电桥比单臂电桥的电压输出灵敏度提高一倍。

29. 解：由理想放大器特性可得

$$U_+=U_- \qquad U_+=\frac{20}{10+20}\times 3=2\text{V}$$

则有

$$\frac{U_- -(-3)}{10}=\frac{U_0-U_-}{20}$$

解得 U_0 为 12V。

30. 解：设供桥电压为：$e_0=U=U_m\sin\omega t$

则对于纯电阻电桥，单臂测量时，其输出电压为

$$U_{BD}=e_y=\frac{U}{4}K\ \frac{\Delta R}{R}=\frac{1}{4}KU\varepsilon=\frac{1}{4}K\varepsilon\cdot U_m\sin\omega t$$

① 当 $\varepsilon=0$ 时，

$$U_{BD}=0$$

② 当 $\varepsilon=A$（常数）时

若 $A>0$（拉应变），输出 $U_{BD}=\frac{1}{4}KA\cdot U_m\sin\omega t$（$t$ 轴上正弦波）

若 $A<0$（压应变），输出

$$U_{BD}=\frac{1}{4}K(-A)\cdot U_m\sin\omega t$$

$$=\frac{1}{4}KA\cdot U_m\sin(\omega t+\pi)$$

（位于 t 轴下方与载波相位相反的正弦波）

当 $\varepsilon=E\sin\omega_R t$ 时

$$U_{BD}=\left(\frac{1}{4}KEU_m\sin\omega_R t\right)\sin\omega t\,(\omega_R\ll\omega,\text{正弦波})$$

可见，调幅是将一个高频简谐信号与低频的测试信号相乘，使高频信号幅值随测试信号的变化而变化。性能良好的线性乘法器、霍尔元件等均可作调幅装置。

31. 解：桥梁固有频率测量可采用在桥梁中部的桥身上粘贴应变片，形成半桥或全桥的测量电路，如附图 8 所示。

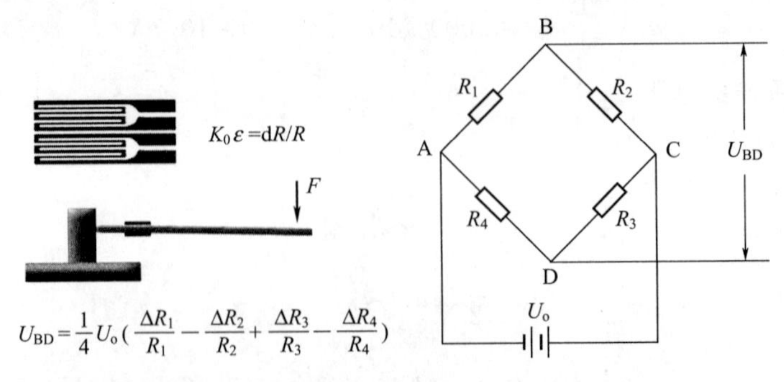

附图 8 桥梁布桥及贴片示意图

然后用载重20t、30t……的卡车以每小时40km、80km的速度通过大桥。在桥梁中部的桥面上设置一个三角枕木障碍，当前进中的汽车遇到障碍时对桥梁形成一个冲击力，激起桥梁的脉冲响应振动。用应变片测量振动引起的桥身应变，从应变信号中就可以分析出桥梁的固有频率。

采用半桥电桥式应变片测量电路和由运算放大器构成的差动放大器电路。

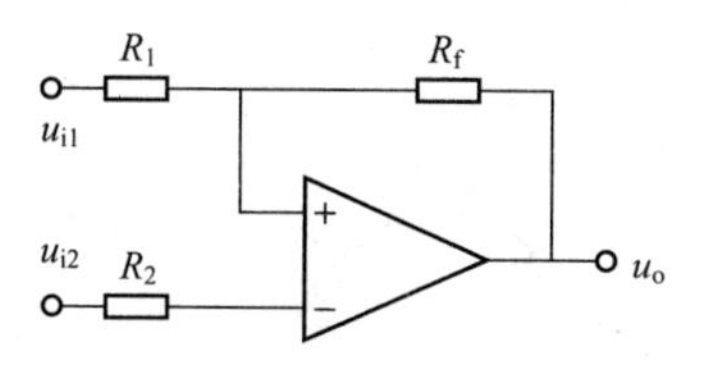

附图9　测量电路示意图

取 $R_1=R_4$，$R_2=R_3$，则电桥的输出电压 $U_o=\frac{R_f}{R_1}(U_B-U_D)$ 可以对电桥式应变片测量电路输出的毫伏级微弱信号进行放大，供后续的分析系统使用。

补充知识：在集成运算放大器中有一种差动放大器，如附图9所示，当 $R_1=R_2$ 时，它的表达式是 $u_o=\frac{R_f}{R_1}(u_{i2}-u_{i1})$。

32. 答：不能提高灵敏度。

因为半桥双臂时，其输出电压为 $u_o=\frac{1}{2}u_i\cdot\frac{\Delta R}{R}$，当两桥臂各串联电阻应变片时，其电阻的相对变化量为 $\frac{2\Delta R}{2R}=\frac{\Delta R}{R}$，即仍然没有发生变化，故灵敏度不变，要提高灵敏度只能将双臂电桥改为全桥连接。这时 $u_o=u_i\cdot\frac{\Delta R}{R}$。

33. 答：本钢杆件是受弯曲与拉伸（压缩）的组合变形。

（1）应力应变分析

杆件受拉、弯联合作用，由拉力 F 引起的应力为 $\sigma_r=F/A$，在截面均匀分布，其应力应变关系为 $\sigma_r=E\varepsilon_r$；由弯矩 M 在上下表面引起的应力为 $\sigma_M=\pm M/W$，其应力应变关系为 $\sigma_M=E\varepsilon_M$，当拉、弯同时作用时，零件上、下表面的应力、应变分别为 $\sigma_{1,2}=\sigma_r+\sigma_M=F/A\pm M/W$。所以，只要分别单独测得 ε_r、ε_M 实际应变值，便可分别求得拉力 F 和弯矩 M 各是多少。

（2）贴片（如附图10所示）

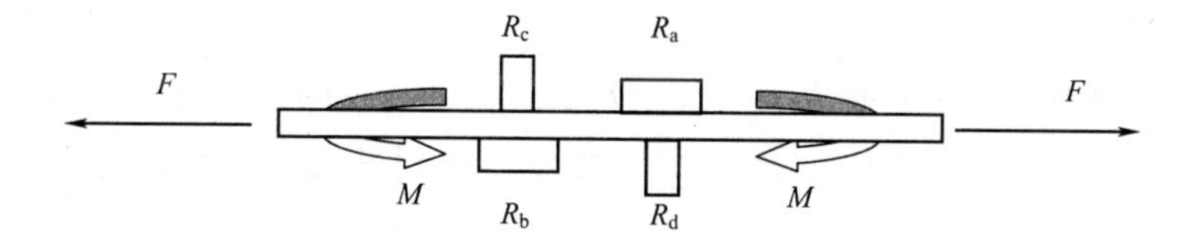

附图10　拉力和扭矩的测量2

采用4个相同的应变片，在上下表面上，R_a、R_b 沿轴线方向，R_c、R_d 沿轴线垂直方

向上，各应变片所承受的应变分别是

$$R_a: \varepsilon_a=\varepsilon_F+\varepsilon_M \qquad R_b: \varepsilon_b=\varepsilon_F-\varepsilon_M$$

$$R_c: \varepsilon_c=-\mu(\varepsilon_r+\varepsilon_M) \quad R_d: \varepsilon_d=-\mu(\varepsilon_r-\varepsilon_M)$$

（3）组桥

组桥的目的在于消除测弯曲引起的拉压应变，组桥如附图 11 所示，各桥臂相应的应变分别是：

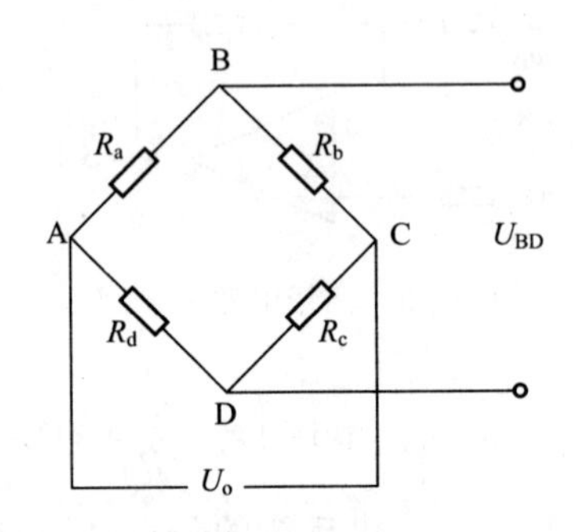

附图 11　桥式电路组桥

$$\varepsilon_1=\varepsilon_a;\ \varepsilon_2=\varepsilon_b;\ \varepsilon_3=\varepsilon_c;\ \varepsilon_4=\varepsilon_d$$

$$U_{BD}=\frac{U_o}{4}K(\varepsilon_1+\varepsilon_4-\varepsilon_2-\varepsilon_3)=\frac{U_o}{4}K(\varepsilon_a+\varepsilon_d-\varepsilon_b-\varepsilon_c)=\frac{U_o}{4}K[2(1+\mu)\varepsilon_M]$$

静态变仪读数 $\varepsilon_{仪}=2\ (1+\mu)\varepsilon_M$，实际弯曲应变 $\varepsilon_M=\frac{\varepsilon_{仪}}{2\ (1+\mu)}$，拉伸应变已由电桥自动消除。

34. 解：①

$$f=\frac{1}{2\pi}\sqrt{\frac{K}{m}}$$

所以

$$\frac{f_1}{f_2}=\frac{\sqrt{K_1}}{\sqrt{K_2}}$$

即

$$\frac{20}{10}=\sqrt{\frac{3200}{K_2}},\ K_2=800\text{N/m}$$

② 若将固有频率降低至 1Hz，则 $K_2=8\text{N/m}$。

③ 为降低传感器的固有频率，则必须使活动质量块 m 加大，或降低弹簧的刚度 K。在重力场中使用时其会产生较大的静态变形，结构上有困难。

35. 解：设中心线处到传感器 1、2 的距离分别各为 L，则破损处到传感器 1 的距离就为 $L+S$、到传感器 2 的距离为 $L-S$。

（1）测试原理

漏油声音传到传感器 1、2 形成信号 $x_1(t)$、$x_2(t)$，时间差为 τ，因为声源是同一个，故 $x_1(t)$、$x_2(t)$的互相关函数 $R_{xy}(\tau)$必在某处(τ_m)达到最大值，且时间差 $\Delta t=\tau_m$，由 τ_m 计算漏损处的位置。

（2）求漏损处 K 距离中心线的距离 S

由于中心线距传感器 1、2 的距离均为 L(m)，声速为 v(m/s)，由图知：传至传感器 1、2 的时间分别为

$$t_1=\frac{S+L}{v},\quad t_2=\frac{S-L}{v}$$

时间差为

$$\Delta t=t_1-t_2=\frac{2S}{v}$$

由相关分析可得出 $\tau_m=\Delta t$，而声速已知，故 S 可求出：

$$S=\frac{1}{2}\Delta t\cdot v=\frac{1}{2}\tau_m\cdot v$$

参 考 文 献

[1] 熊诗波，黄长艺．机械工程测试技术基础［M］．第3版．北京：机械工业出版社，2011.

[2] 蔡共宣，林富生．工程测试与信号处理［M］．武汉：华中科技大学出版社，2011.

[3] 祝海林．机械工程测试技术［M］. 北京：机械工业出版社，2012.

[4] 谢里阳，孙红春，林贵瑜．机械工程测试技术［M］. 北京：机械工业出版社，2012.

[5] 王伯雄，王雪，陈非凡．工程测试技术［M］. 北京：清华大学出版社，2012.

[6] 程佩青．数字信号处理教程［M］. 第4版．北京：清华大学出版社，2013.

[7] 何广军．现代测试技术原理与应用［M］. 北京：国防工业出版社，2012.

[8] 李江全．LabVIEW虚拟仪器从入门到测控应用130例［M］. 北京：电子工业出版社，2013.

[9] 刘晋霞，胡仁喜，康士廷．LabVIEW 2012中文版虚拟仪器从入门到精通［M］．第3版．北京：机械工业出版社，2013.

[10] 卜云峰．检测技术［M］．第2版．北京：机械工业出版社，2013.

[11] 钱显毅，钱爱玲，钱显忠．传感器原理与应用［M］. 北京：中国水利水电出版社，2013.